Naubereit/Weihert
Einführung in die Ermüdungsfestigkeit

Harry Naubereit
Jan Weihert

Einführung in die Ermüdungsfestigkeit

Ein Lehr- und Übungsbuch mit Beispielen und Aufgaben sowie dem PC-Programm Fatigue 1.1 zur Berechnung der Ermüdungsfestigkeit

Mit 72 Bildern und 45 Tabellen sowie einer CD-ROM

Carl Hanser Verlag München Wien

Doz. Dr.-Ing. habil. Harry Naubereit
Universität Rostock, Fachbereich Maschinenbau und Schiffstechnik
(Kapitel 1 bis 6, 8)

Dipl.-Ing. Jan Weihert
MET Motoren- und Energietechnik GmbH Rostock
(Kapitel 7)

Die Deutsche Bibliothek – CIP-Einheitsaufnahme

Einführung in die Ermüdungsfestigkeit [Medienkombination] : ein
Lehr- und Übungsbuch mit Beispielen und Aufgaben sowie dem PC-
Programm Fatigue 1.1 zur Berechnung der Ermüdungsfestigkeit /
Harry Naubereit ; Jan Weihert . – München ; Wien : Hanser
 ISBN 3-446-21028-8
Buch. Mit 45 Tabellen.– 1999
CD-ROM. 1999

Alle in diesem Buch enthaltenen Programme, Verfahren und Bilder wurden nach bestem Wissen erstellt und mit Sorgfalt getestet. Dennoch sind Fehler nicht ganz auszuschließen. Aus diesem Grund ist das im vorliegenden Buch enthaltene Programm-Material mit keiner Verpflichtung oder Garantie irgendeiner Art verbunden. Autoren und Verlag übernehmen infolgedessen keine Verantwortung und werden keine daraus folgende oder sonstige Haftung übernehmen, die auf irgendeine Art aus der Benutzung dieses Programm-Materials oder Teilen davon entsteht.

Die Wiedergabe von Gebrauchsnamen, Handelsnamen, Warenbezeichnungen usw. in diesem Werk berechtigt auch ohne besondere Kennzeichnung nicht zu der Annahme, daß solche Namen im Sinne der Warenzeichen- und Markenschutz-Gesetzgebung als frei zu betrachten wären und daher von jedermann benutzt werden dürften.

Dieses Werk ist urheberrechtlich geschützt.
Alle Rechte, auch die der Übersetzung, des Nachdrucks und der Vervielfältigung des Buches oder Teilen daraus, vorbehalten. Kein Teil des Werkes darf ohne schriftliche Genehmigung des Verlages in irgendeiner Form (Fotokopie, Mikrofilm oder ein anderes Verfahren), auch nicht für Zwecke der Unterrichtsgestaltung, reproduziert oder unter Verwendung elektronischer Systeme verarbeitet, vervielfältigt oder verbreitet werden.

© 1999 Carl Hanser Verlag München Wien
http://www.hanser.de
Umschlaggestaltung: MCP • Agentur für Marketing - Communications - Production, Holzkirchen
Druck und Bindung: Druckhaus „Thomas Müntzer" GmbH, Bad Langensalza
Printed in Germany

Vorwort

Spektakuläre Unfälle mit einer großen Anzahl von Toten und Verletzten haben häufig Ermüdungsschäden als Ursache. Dadurch hat die Ermüdungsfestigkeit international eine große Bedeutung erlangt. Eine Studie des amerikanischen Energieministeriums kommt zum Ergebnis, daß 90 % aller Versagensfälle auf Ermüdungsschäden zurückzuführen sind. Durch die Berechnung der Lebensdauer der Bauteile während der Entwicklungsphase kann das Risiko des Versagens der Erzeugnisse stark reduziert werden. Dieses **Lehr- und Übungsbuch** vermittelt die Grundlagen zur Berechnung der Lebensdauer. Es werden die Lebensdauerberechnungen der Maschinenbauteile nach der FKM-Richtlinie und der Schweißverbindungen nach der Stahlbaunorm dargestellt. Die genannten Berechnungsmethoden sind für mechanisch gekerbte Bauteile und Schweißverbindungen anwendbar. Das PC-Programm **Fatigue** ermöglicht die Berechnung der Beispiele und Aufgaben sowie die Lebensdauer- und Rißwachstumsberechnung zur Erzeugnisentwicklung.

An der Universität Rostock besteht seit 1980 ein Betriebsfestigkeitslabor. Zur gleichen Zeit wurde die Vorlesung „Betriebsfestigkeit" für Studenten des Maschinenbaues in die Studienordnung aufgenommen. Seit 1995 wird die Vorlesung mit „Ermüdungsfestigkeit" bezeichnet. Die Vorlesung „Ermüdungsfestigkeit im Stahlbau" ist seitdem in der Studienordnung für Bauingenieure enthalten. Die Vorlesungen **Betriebsfestigkeit** bzw. **Ermüdungsfestigkeit** werden nicht an allen Hochschulen und Universitäten in den Studienordnungen für den Studiengang Maschinenbau angeboten. Deshalb wurden an der Universität Rostock Weiterbildungsveranstaltungen zur Ermüdungsfestigkeit für Ingenieure durchgeführt. Das Skript der Vorlesung und die Weiterbildungsunterlagen zur Ermüdungsfestigkeit bilden die Grundlagen dieses Buches. Es enthält die Auswertung von Betriebsbeanspruchungen, Konzepte zur Berechnung der Lebensdauer und zu Rißwachstumsberechnungen. **Fragen, Beispiele** und **Aufgaben** einschließlich deren Lösungen sind den Studierenden eine wertvolle Studienhilfe. Dieses Buch soll auch Praktikern die Einarbeitung in die Ermüdungsfestigkeit ermöglichen, um Problemstellungen zur Berechnung der Lebensdauer und des Rißwachstums zu lösen.

Das PC-Programm Fatigue 1.1 wurde am Institut für Technische Mechanik der Universität Rostock entwickelt. Es wird zur Versuchsauswertung im Betriebsfestigkeitslabor des Institutes verwendet und dient den Studenten zur Lösung von Übungs- und Belegaufgaben im Rahmen der Vorlesung „Ermüdungsfestigkeit". Es ist auch Bestandteil der Weiterbildung „Ermüdungsfestigkeit für Praktiker". Mit dem Programm können Beanspruchungskollektive aus Häufigkeitsverteilungen, Werkstoffkennwerte aus Versuchsergebnissen, Lebensdauerwerte nach verschiedenen Konzepten und das Rißwachstum bei Einstufen- und Kollektivbelastung berechnet werden.

Dieses Programm entstand in ständiger Weiterentwicklung des Programms Betriebsfestigkeit.

- Betrfest 1.0 Beanspruchungskollektive, Nennspannungskonzept
  FRANK SCHUBERT, Diplomarbeit, Universität Rostock, 1988
- Betrfest 2.0 Erweiterung um Rißwachstumsberechnungen
  BEATE LASCHITZA, Diplomarbeit, Universität Rostock, 1991
  GERT FOTH, Diplomarbeit, Universität Rostock, 1992
- Betrfest 3.0 Erweiterung um Kerbgrundkonzept
  UWE KARP, Diplomarbeit, Universität Rostock, 1993
- Fatigue 1.0 Version für Windows 95
  JAN WEIHERT, BMBF gefördertes Projekt, 1997

Die Verfasser danken den Diplomanden und Mitarbeitern für Ihre tatkräftige Mitwirkung bei der Manuskriptherstellung und der Entwicklung des PC-Programmes Fatigue 1.1.

Das Programm Fatigue 1.0 einschließlich Programmbeschreibung entstand im Rahmen des BMBF-Vorhabens mit dem FKZ 18S0059B. Für die Förderung durch den Bundesminister für Bildung und Forschung sei an dieser Stelle gedankt.

Nicht zuletzt möchten wir dem Verlag, insbesondere Herrn Dipl.-Phys. JOCHEN HORN, für sein Entgegenkommen, die Informationen zur Skriptgestaltung und die gute Zusammenarbeit danken.

Hinweise und Anregungen von Studierenden, Lehrenden und Praktikern nehmen die Autoren gern entgegen.

Rostock, Februar 1999   H. NAUBEREIT

                                                    J. WEIHERT

Inhaltsverzeichnis

1 Einführung 9
- 1.1 Geschichtliche Entwicklung 9
- 1.2 Ermüdungsfestigkeitskonzepte 9
- 1.3 Inhalt der Programmbeschreibung 14
- 1.4 Inhalt der Übungen 15

2 Auswertung von Betriebsbeanspruchungen 16
- 2.1 Charakterisierung der Betriebsbeanspruchungen 16
- 2.2 Ermittlung der Betriebsbeanspruchungen 18
- 2.3 Auswertung im Amplitudenbereich 19
  - 2.3.1 Grundlagen 19
  - 2.3.2 Einparametrische Zählverfahren 20
  - 2.3.3 Zweiparametrische Zählverfahren 22
  - 2.3.4 Anwendungsbereiche der Zählverfahren 28
  - 2.3.5 Häufigkeitsverteilungen 28
- 2.4 Auswertung im Zeitbereich 35
- 2.5 Auswertung im Frequenzbereich 35
- 2.6 Fragen 37

3 Lebensdauer nach dem Nennspannungskonzept 38
- 3.1 Nennspannungskonzept 38
- 3.2 Wöhlerlinien aus Versuchsergebnissen 38
  - 3.2.1 Grundlagen 38
  - 3.2.2 Zeitfestigkeit 41
  - 3.2.3 Dauerfestigkeit 45
- 3.3 Berechnung der Lebensdauer nach Hypothesen 51
  - 3.3.1 Originale Miner-Hypothese 52
  - 3.3.2 Elementare Miner-Hypothese 53
  - 3.3.3 Modifizierte Miner-Hypothese 53
- 3.4 Richtlinie für Maschinenbauteile 54
  - 3.4.1 Beanspruchung 54
  - 3.4.2 Wöhlerlinie 54
- 3.5 Normen für den Stahlbau 58
  - 3.5.1 DINVENV 1993 - Stahlbau 58
  - 3.5.2 DIN 15018 - Krane 63
  - 3.5.3 DIN 4132 - Kranbahnen 65
  - 3.5.4 Vergleichsbetrachtungen zum Ermüdungsfestigkeitsnachweis 66
- 3.6 Fragen 69

4 Lebensdauer nach örtlichen Konzepten 70
- 4.1 Kerbgrundkonzept 70
  - 4.1.1 Werkstoffkennwerte 70
  - 4.1.2 Beanspruchung im Kerbgrund 79
  - 4.1.3 Berechnung der Lebensdauer 80

4.2 Kerbspannungskonzept 83
4.3 Strukturspannungskonzept 89
4.4 Fragen 90

5 Ermüdungsrißwachstum angerissener Bauteile 91
5.1 Grundlagen 91
5.2 Spannungsintensitätsfaktoren 92
5.3 Werkstoffverhalten 97
5.4 Berechnung der Rißlänge 101
5.5 Fragen 104

6 Beispiele 105
6.1 Betriebsbeanspruchung 105
6.2 Nennspannungskonzept 113
6.3 Kerbgrundkonzept 124
6.4 Rißwachstumskonzept 130

7 Programmbeschreibung Fatigue 1.1 136
7.1 Einführung 136
    7.1.1 Installation 136
    7.1.2 Verwenden der Hilfe 138
7.2 Grundlagen 139
    7.2.1 Betriebsbeanspruchung 139
    7.2.2 Nennspannungskonzept 141
    7.2.3 Kerbgrundkonzept 147
    7.2.4 Rißwachstumskonzept 153
7.3 Programmbedienung 164
    7.3.1 Hauptfenster 164
    7.3.2 Betriebsbeanspruchung 166
    7.3.3 Nennspannungskonzept 170
    7.3.4 Kerbgrundkonzept 181
    7.3.5 Rißwachstumskonzept 195
    7.3.6 Allgemeine Dialoge 210

8 Aufgaben 217
8.1 Betriebsbeanspruchung 217
8.2 Nennspannungskonzept 224
8.3 Kerbgrundkonzept 233
8.4 Rißwachstumskonzept 247

Antworten zu den Fragen 259

Literaturverzeichnis 265

Sachwortverzeichnis 269

1 Einführung

1.1 Geschichtliche Entwicklung

Bereits 1829 wurden von ALBERT Untersuchungen an Ketten des Bergbaues durchgeführt, um die Bruchursache bei 93 000 Arbeitsgängen aufzuklären. Im Ergebnis systematischer Einstufenversuche veröffentlichte WÖHLER im Jahre 1870 den Zusammenhang zwischen Beanspruchung und ertragbarer Schwingspielzahl. Diese Kurve wurde ihm zu Ehren **Wöhlerlinie** genannt. Mit der stürmischen Entwicklung der Luftfahrtindustrie in den 30er Jahren des 20. Jahrhunderts mußte die nichteinstufige Betriebsbeanspruchung bei der Dimensionierung berücksichtigt werden. Der Begriff **Betriebsfestigkeit** wurde 1939 von GASSNER und TEICHMANN vom Institut für Festigkeit der Deutschen Versuchsanstalt für Luftfahrt (DVL) eingeführt. Die Betriebsfestigkeit ist die Festigkeit bei einer Betriebs- bzw. zufallsartigen Belastung.

MINER veröffentlichte 1945 die Theorie der linearen Schadensakkumulation. Auf den gleichen Gedanken basiert die Veröffentlichung von PALMGREEN im Jahre 1924 über die Lebensdauer von Kugellagern. Mit der Entwicklung der servohydraulischen Prüftechnik – Einführung des Hydropuls-Systems von der Carl Schenck AG im Jahre 1963 – konnte eine zufallsartige Betriebsbelastung im Versuch realisiert werden.

Damit setzte eine verstärkte Entwicklung der Betriebsfestigkeit in vielen Industriezweigen ein. Ausgehend vom Flugzeugbau, werden Betriebsfestigkeitsuntersuchungen im Straßenfahrzeugbau, Schienenfahrzeugbau, Landmaschinenbau, Kranbau, Brückenbau, Schwermaschinenbau, Anlagenbau, Schiffbau und in der Meerestechnik durchgeführt.

Die **Ermüdungsfestigkeit** wird als Oberbegriff zur Schwingfestigkeit (bei einstufiger Belastung), Betriebsfestigkeit (bei zufallsartiger Belastung) und Rißfortschritt (bei einstufiger- und zufallsartiger Belastung) verwendet.

1.2 Ermüdungsfestigkeitskonzepte

Der zeitabhängige Verlauf der zufallsartigen Beanspruchung muß zur Verwendung für die Konzepte der Ermüdungsfestigkeit ausgewertet werden. Mit mechanischen Klassiergeräten war eine einparametrische Auswertung der **Beanspruchungsfunktionen** möglich, wobei die Überschreitung von Klassengrenzen erfaßt wurde. Mit elektronischen Klassiergeräten ist eine einparametrische und eine zweiparametrische Auswertung der Beanspruchungsfunktionen möglich. Aus den Zählergebnissen der Auswertung wird das **Beanspruchungskollektiv** ermittelt. Das Beanspruchungskollektiv ist eine der Grundlagen für die Berechnung der Lebensdauer nach dem Nennspannungskonzept. Zur Berechnung der Rißlänge werden die Schwingbreiten der Beanspruchung verwendet. Diese folgen aus der zweiparametrischen Spitzenwertzählung. Unter Berücksichtigung der jeweiligen Mittelspannung wird die effektive Schwingbreite berechnet. Sie ist die beanspruchungsseitige Grundlage der Rißwachstumsberechnung nach dem **Rißwachstumskonzept**.

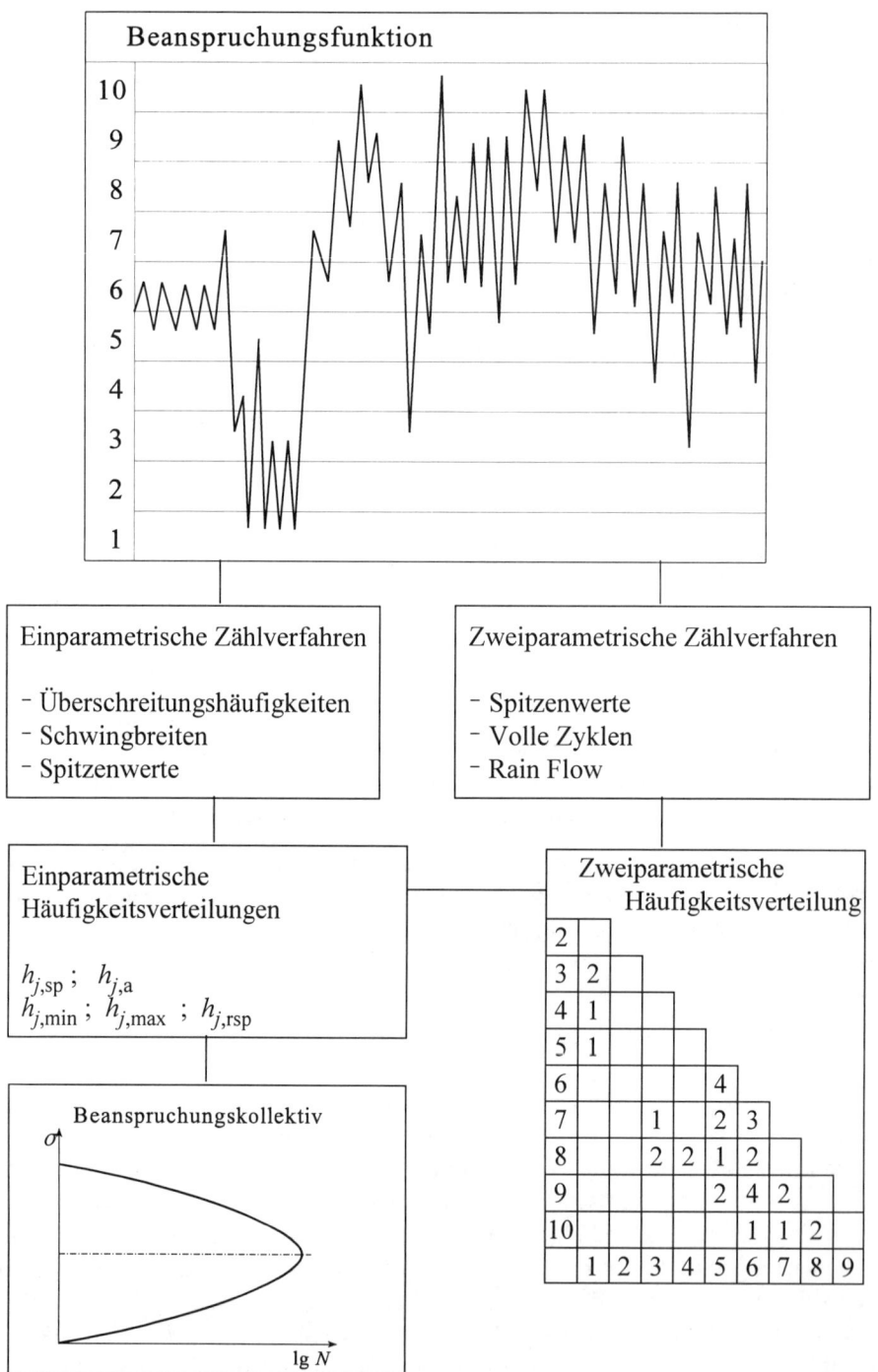

Bild 1.1 Auswertung von Betriebsbeanspruchungen

1.2 Ermüdungsfestigkeitskonzepte 11

Soll bei der Berechnung der Lebensdauer die elastisch-plastische Beanspruchung im Kerbgrund berücksichtigt werden, so ist bei der Auswertung der Beanspruchungsfunktionen das Zählverfahren „Volle Zyklen" oder „Rain Flow" zu verwenden. Die Anwendung dieses Zählverfahrens ist für die Lebensdauerberechnung nach dem Kerbgrundkonzept eine Voraussetzung. Das Bild 1.1 zeigt eine Übersicht zur Auswertung der Betriebsbeanspruchungen.

Zur Berechnung der Lebensdauer sind verschiedene Konzepte bekannt. Das **Nennspannungskonzept** wird verwendet, wenn für das zu berechnende Bauteil eine Nennspannung definiert werden kann. Das Bild 1.2 zeigt einen Überblick zum Nennspannungskonzept. Neben dem schon genannten Beanspruchungskollektiv, als Charakterisierung der Beanspruchung, wird die **Wöhlerlinie** des Bauteiles als Grundlage der Lebensdauerberechnung verwendet.

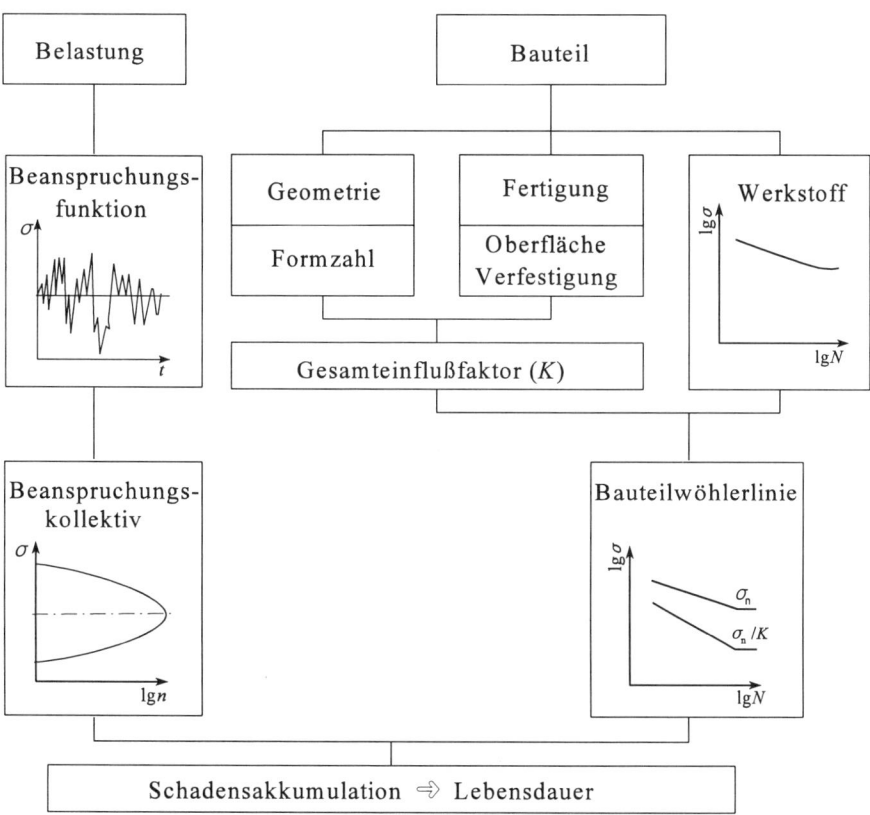

Bild 1.2 Nennspannungskonzept

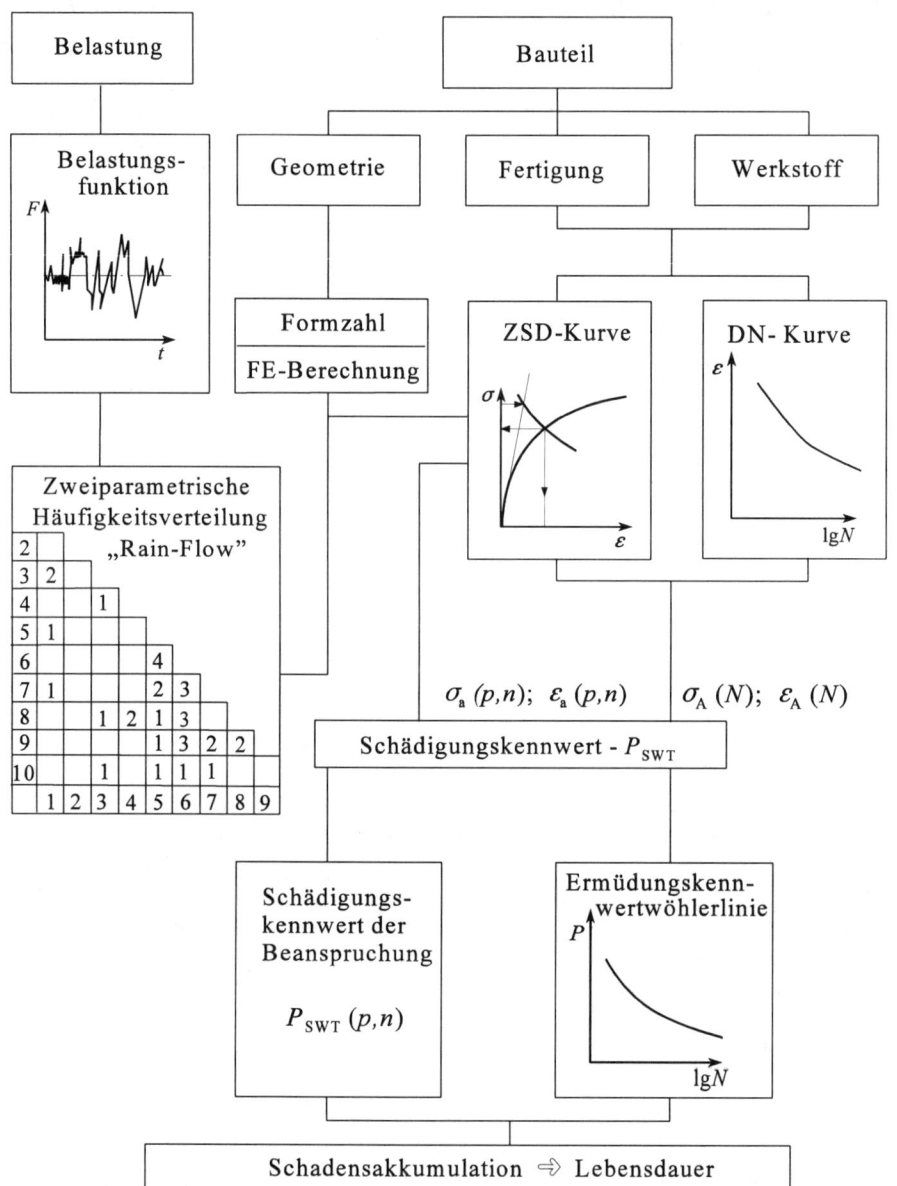

Bild 1.3 Kerbgrundkonzept

Die Bauteilwöhlerlinie ist vom Werkstoff und von einem Gesamteinflußfaktor abhängig. Bei mechanisch gekerbten Bauteilen ist der Gesamteinflußfaktor von der Geometrie (Formzahl) und der Fertigung (Oberflächenbeschaffenheit, Oberflächenverfestigung) abhängig. Bei Schweißverbindungen wird die Geometrie und Fertigung durch Kerbfälle charakterisiert. Die Wöhlerlinien werden in Abhängigkeit von einer Überlebenswahrscheinlichkeit oder als ertragbare bzw. als zulässige Wöhlerlinien vorgegeben. Daraus folgt unter Verwendung der Schadensakkumulationshypothesen eine zulässige oder ertragbare Lebens-

1.2 Ermüdungsfestigkeitskonzepte

dauer bzw. eine Lebensdauer für eine vorgegebene Überlebenswahrscheinlichkeit. Das Nennspannungskonzept wird sehr häufig in Vorschriften zur Lebensdauerberechnung verwendet.

Kann für die gefährdete Stelle eines Bauteils keine Nennspannung definiert werden, so besteht die Möglichkeit, das **Kerbgrundkonzept** anzuwenden. Dazu sind die zweiparametrische Häufigkeitsverteilung (nach den Zählverfahren „Volle Zyklen" oder „Rain Flow"), die zyklische Spannungs-Dehnungs-Kurve (ZSD-Kurve) und die Dehnungswöhlerlinie erforderlich. Für jedes Feld der zweiparametrischen Häufigkeitsverteilung wird mit der Formzahl die elastische (Hookesche) Oberspannung und Amplitude berechnet. Mit der ZSD-Kurve und der Neuber-Regel folgen daraus die elastisch-plastischen Werte der Oberspannung, der Spannungsamplitude und der Dehnungsamplitude. In Verbindung mit einem Schädigungskennwert und einer Schädigungshypothese kann aus dem Schädigungskennwert der Beanspruchung und der Schädigungskennwert-Wöhlerlinie der Mittelwert der Lebensdauer berechnet werden. Das Bild 1.3 zeigt eine Darstellung des Kerbgrundkonzeptes.

Neben dem Kerbgrundkonzept können auch das **Strukturspannungskonzept** und das **Kerbspannungskonzept** angewendet werden. Zur Bewertung der Ergebnisse von FE-Berechnungen der Bauteile bezüglich der Lebensdauer ist das Kerbspannungskonzept geeignet. An Kerben wird dazu ein definierter Übergangsradius verwendet. Die damit ermittelte elastische Kerbspannung bildet die Grundlage der Lebensdauerberechnung. Vom International Institute of Welding sind die zur Lebensdauerberechnung erforderlichen Wöhlerlinien für Schweißverbindungen in Abhängigkeit vom Sicherheitsfaktor angegeben.

Das Strukturspannungskonzept wird in verschiedenen Vorschriften zur Lebensdauerabschätzung verwendet. Dazu wird eine Strukturspannung auf der Grundlage der elastischen Spannungsverteilung definiert. Eine Strukturspannungswöhlerlinie ermöglicht die Berechnung der Lebensdauer nach Schadensakkumulationshypothesen.

Bei dynamisch belasteten Bauteilen spielt neben dem Anriß das Rißwachstumsverhalten eine große Rolle. In Bauteilen, in denen Risse zugelassen werden, darf zwischen zwei Inspektionen die Rißlänge keinen kritischen Wert erreichen. Dazu ist die Berechnung der Rißlänge in Abhängigkeit von den Belastungszyklen erforderlich. Das **Rißwachstumskonzept** auf der Grundlage der Spannungsintensitätsfaktoren kann dazu angewendet werden. Dieses Rißwachstumskonzept ist in Bild 1.4 dargestellt. In Abhängigkeit von der Bauteilgeometrie und der Schwingbreite der Belastung wird der zyklische Spannungsintensitätsfaktor berechnet.

Die Rißwachstumskurve ist im wesentlichen vom Werkstoff abhängig und kann im Bereich des stabilen Rißwachstums durch die **Paris-Erdogan-Gleichung** beschrieben werden. Für Stahl sind für den Mittelwert ($P = 50\,\%$) und für eine Erwartungswahrscheinlichkeit von $P = 95\,\%$ die Werte für die Konstanten der Paris-Erdogan-Gleichung veröffentlicht.

Mit einer numerischen Integration wird die **Rißlänge** in Abhängigkeit von der Belastungszyklenzahl bzw. die Belastungszyklenzahl für eine vorgegebene Rißlänge berechnet.

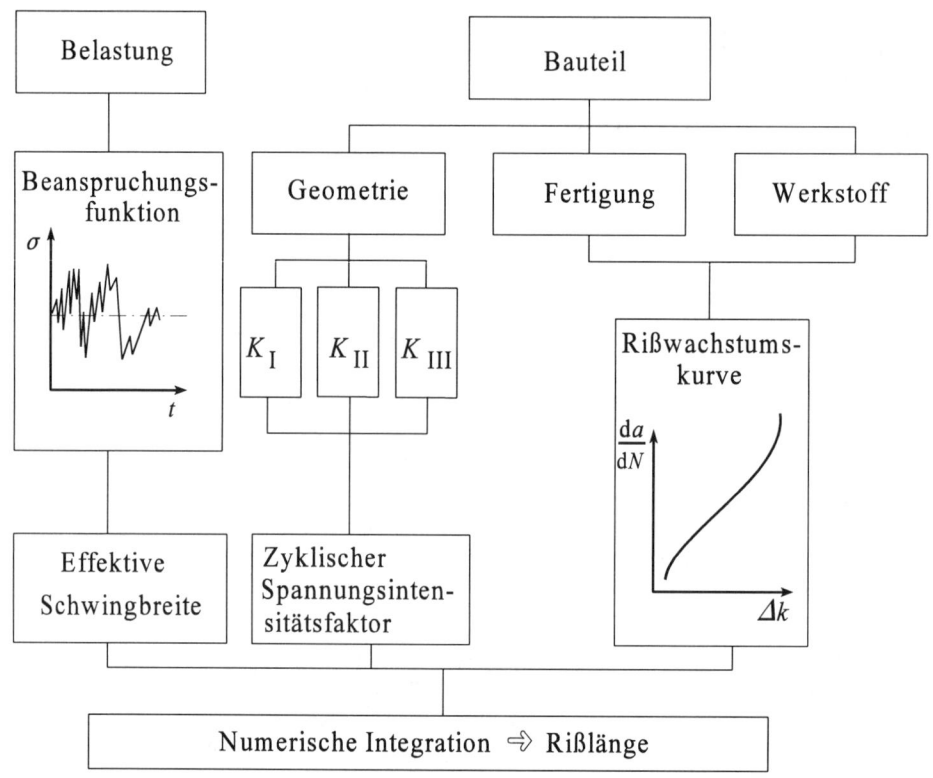

Bild 1.4 Rißwachstumskonzept

1.3 Inhalt der Programmbeschreibung

Die Nutzung des Programmes Fatigue 1.1 wird durch die Programmbeschreibung erleichtert. Nach einer kurzen Einleitung werden zu

- Betriebsbeanspruchung
- Nennspannungskonzept
- Kerbgrundkonzept
- Rißwachstumskonzept

die verwendeten Gleichungen zusammengestellt und die Variablen bezeichnet. Diese Darstellung ist im Programm unter „Hilfe" nachlesbar. Im Kapitel Programmbedienung werden Hinweise zum Dialog in den Fenstern

- Hauptfenster
- Nennspannungskonzept
- Kerbgrundkonzept
- Rißwachstumskonzept

gegeben. Die Betriebsbeanspruchung ist unter Beanspruchungskollektive dem Nennspannungskonzept zugeordnet. Für die verwendeten Parameter wird der Definitionsbereich angegeben. Im Abschnitt Allgemeine Dialoge sind Hinweise zum Protokoll, zu den Diagrammen und deren Ausdruck enthalten.

1.4 Inhalt der Übungen

Die Übungen gliedern sich in Fragen, Beispiele und Aufgaben. Jeweilige Schwerpunkte sind Betriebsbeanspruchung, Nennspannungskonzept, Kerbgrundkonzept und Rißwachstumskonzept. Bei den Konzepten werden die Ermittlung von Kennwerten und die Berechnung der Lebensdauer bzw. die Rißlängenberechnung behandelt.
Die Fragen sind den Kapiteln 2 bis 5 zugeordnet. Sie dienen dem Leser zum besseren Verständnis des Inhaltes der Ermüdungsfestigkeit und den Studierenden zur Prüfungsvorbereitung. Die Antworten sind am Ende des Buches zu finden.
Das Kapitel 6 enthält Beispiele und deren Lösungen in Form nachvollziehbarer Berechnungen zu den Schwerpunkten der Ermüdungsfestigkeit. Der Leser hat damit die Möglichkeit, die Anwendung der Gleichungen zu Kapitel 2 bis 5 zu üben. Die Beispiele und deren Lösungen veranschaulichen die Anwendungsmöglichkeiten der angegebenen Berechnungskonzepte und tragen zum Verständnis der Zusammenhänge bei.
In Kapitel 8 sind die Aufgaben zu den schon genannten Schwerpunkten mit dem PC-Programm Fatigue 1.1 gelöst. Die Auswahl der Aufgaben entspricht den gewählten Schwerpunkten der Beispiele. Die ausführliche Darstellung der Lösungen der Aufgaben erleichtert die Anwendung des PC-Programms Fatigue 1.1 für Ermüdungsfestigkeitsberechnungen.

2 Auswertung von Betriebsbeanspruchungen

2.1 Charakterisierung der Betriebsbeanspruchungen

Die Betriebsbeanspruchungen stellen den zeitlichen Verlauf der Beanspruchung dar und werden auch als **Beanspruchungsfunktion** bezeichnet. Es handelt sich um die örtliche Beanspruchung der Konstruktion, die aus dem Fertigungsprozeß als Eigenspannung und durch äußere Kräfte und Momente am Erzeugnis entsteht.

> Nach der Ursache sind die Komponenten der Beanspruchung:
> - Eigenspannungen
> - statische Beanspruchungen
> - dynamische Beanspruchungen

Die dynamische Beanspruchung wird in deterministische und in zufallsartige Beanspruchung unterteilt.

Deterministische Beanspruchungsfunktionen sind Funktionen, bei denen zu jedem Zeitpunkt der Funktionswert eindeutig bestimmt ist. Der bekannteste Verlauf ist die harmonische Schwingung.

$$\sigma(t) = \sigma_m + \sigma_a \sin(\omega t + \varphi) \tag{2.1}$$

Die Beanspruchung kann eine Normalspannung $\sigma(t)$ oder eine Schubspannung $\tau(t)$ sein, so daß allgemein die Bezeichnung $X(t)$ für die zeitabhängige Funktion $\sigma(t)$ bzw. $\tau(t)$ gewählt wird.

$$X(t) = X_m + X_a \sin(\omega t + \varphi) \tag{2.2}$$

Charakteristische Größen sind das **Maximum** ($X_m + X_a$), das **Minimum** ($X_m - X_a$), die **Schwingbreite** ($2 X_a$) und das **Spannungsverhältnis** R

$$R = \frac{X_{min}}{X_{max}} = \frac{X_m - X_a}{X_m + X_a} \tag{2.3}$$

Das Spannungsverhältnis wird nach [3,5,7,16] mit R und nach [14] mit $\varkappa$ bezeichnet (Bild 2.1). **Zufallsartige Beanspruchungsfunktionen** werden auch als regellose, stochastische oder Random-Funktionen bezeichnet. Gegenüber den deterministischen Funktionen ist bei der zufallsartigen Beanspruchungsfunktion der Funktionswert $X(t)$ nicht bekannt.

Es läßt sich mit statistischen Methoden nur voraussagen, mit welcher Wahrscheinlichkeit der Funktionswert zu erwarten ist. Bei einer stationären zufallsartigen Beanspruchungsfunktion sind die Kennwerte konstant. Sie können wie folgt berechnet werden.

$$\text{Mittelwert}: \quad X_m = \frac{1}{T} \int_0^T X(t)\, dt \tag{2.4}$$

2.1 Charakterisierung der Betriebsbeanspruchungen

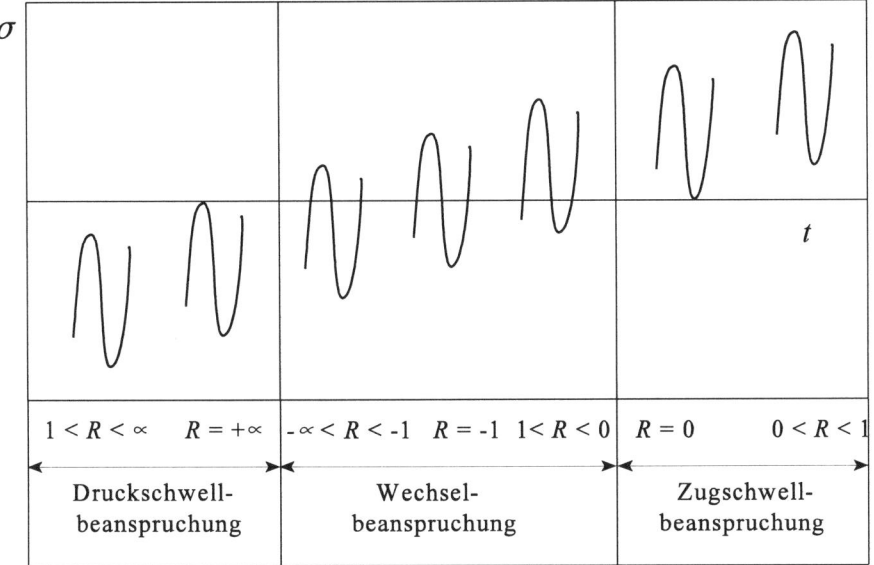

Bild 2.1 Beanspruchungsbereiche in Abhängigkeit von R

Varianz: $\quad s^2 = \dfrac{1}{T} \displaystyle\int_0^T [X(t) - X_m]^2 \, dt \quad$ (2.5)

Standardabweichung: $\quad s = \left| \sqrt{s^2} \right| \quad$ (2.6)

Bei instationären zufallsartigen Beanspruchungsfunktionen sind die statistischen Kennwerte nicht konstant; d.h., berechnete statistische Kennwerte gelten nur für einen definierten Zeitbereich.

Durch Stöße, Impulse oder Sprungfunktionen entstehende stoßartige Betriebsbeanspruchungen sind den instationären Beanspruchungsfunktionen zuzuordnen.

Einteilung der dynamischen Betriebsbeanspruchungen nach dem zeitlichen Verlauf:
- stationäre Beanspruchung
  - periodische Beanspruchung
  - zufallsartige Beanspruchung
- instationäre Beanspruchung
  - stoßartige Beanspruchung
  - zufallsartige Beanspruchung

Für den Ermüdungsfestigkeitsnachweis bildet die Betriebsbeanspruchung die Grundlage. Deshalb sind an die Beanspruchungsfunktion, die der Berechnung zu Grunde liegt, zwei Forderungen zu stellen.

> Forderungen an die Beanspruchungsfunktion:
> - Die Beanspruchungsfunktion muß für die Betriebsbeanspruchung des Erzeugnisses bzw. für das Bauteil charakteristisch sein; d.h. für die vorgesehene Betriebsdauer alle Betriebsbedingungen beinhalten.
> - Der Umfang der Beanspruchungsfunktion muß so groß sein, daß ein statistisch gesichertes Endergebnis mit entsprechender Wahrscheinlichkeit vorliegt.

2.2 Ermittlung der Betriebsbeanspruchungen

Eine Voraussetzung für den Betriebsfestigkeitsnachweis ist die **statistisch gesicherte Betriebsbeanspruchung**. Die Ermittlung der Betriebsbeanspruchung kann numerisch und experimentell erfolgen. Unter Verwendung von FEM-Programmen wird aus der statistisch gesicherten Belastung die Betriebsbeanspruchung berechnet. Die experimentelle Ermittlung der Betriebsbeanspruchung erfordert ein Erzeugnis, an dem unter den jeweiligen **Einsatzbedingungen** die Betriebsbeanspruchung gemessen werden kann.

Ausgehend von einer Analyse zum vorgesehenen Einsatz des Erzeugnisses, kann ein **Einsatzspiegel** aufgestellt werden. Der Ablaufplan zur Ermittlung des Einsatzspiegels eines Erzeugnisses sollte folgende Teilaufgaben beinhalten:

- Betriebsbedingungen, unter denen das Erzeugnis eingesetzt wird
- Gesamteinsatz, untergliedert in Einsatzzyklen und deren Betriebszustände
- Betriebszustände, untergliedert in Belastungszustände
- Umfang der Belastungszustände innerhalb der Einsatzzyklen
- Zuordnung der Funktionsgruppen zu den Belastungszuständen
- Umfang der Belastungszustände für jede Funktionsgruppe

Aus dem Einsatzspiegel folgt das Meßprogramm. Darin ist festzulegen, an welchem Bauteil welche Belastung oder Beanspruchung bei welchen Betriebszuständen zu messen ist. Bei der Durchführung der Beanspruchungsmessung kommt der Wahl der Geber eine große Bedeutung zu. Vorwiegend werden zur Messung von zeitabhängigen Belastungen oder Beanspruchungen **Dehnungsmeßstreifen** verwendet. Die Schaltung der Dehnungsmeßstreifen in der Brückenschaltung ist von der Meßaufgabe abhängig.

Zum Beispiel:

- Messung von Zugdruckkräften im Stab
- Messung von Biegemomenten im Balken
- Messung von Torsionsmomenten im Balken

Diese Probleme werden in der Meßtechnik behandelt. Unter Verwendung von Dehnungsmeßverstärkern erhält man die zeitabhängige Belastungs- oder Beanspruchungsfunktion als analoges elektrisches Signal. Dieses kann mit Magnetbandgeräten gespeichert oder mit

2.3 Auswertung im Amplitudenbereich

2.3.1 Grundlagen

Die Voraussetzung für die statistische Auswertung regelloser Beanspruchungsfunktionen ist die **Diskretisierung der Funktion**. Unter Diskretisierung versteht man das Ersetzen einer kontinuierlichen regellosen Beanspruchungsfunktion durch eine diskrete Folge von Zahlenwerten. Bei der Diskretisierung ist der Funktionsverlauf zu verschiedenen Zeitpunkten zu bestimmen bzw. sind verschiedene Merkmale zu bewerten.

Merkmale zur Diskretisierung der Funktion:
- die Funktion erreicht bzw. überschreitet ein bestimmtes Niveau
- die Schwingbreite hat definierte Werte
- die Funktion durchläuft einen Extremwert
- die Funktion wird zu äquidistanten Zeitpunkten bestimmt

Die ersten 3 Merkmale gehören zur Auswertung im Amplitudenbereich und das 4. Merkmal zur Auswertung im Zeitbereich. Diese Merkmale sind **Klassen** zuzuordnen. Dazu ist der Bereich zwischen dem größten und kleinsten Wert der Beanspruchungsfunktion in Klassen gleicher Breite einzuteilen, siehe Bild 2.2. Es werden nicht weniger als 12 und nicht mehr als 32 Klassen verwendet. Die Klassen sind fortlaufend in Richtung der positiven Funktionswerte zu numerieren. Die erste und letzte Klasse werden auch als **Randklassen** bezeichnet.

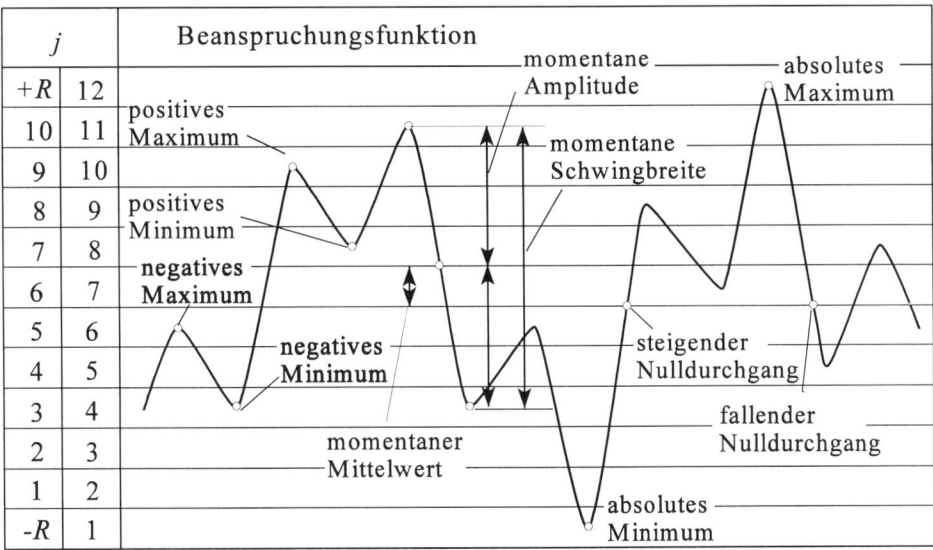

Bild 2.2 Beanspruchungsfunktion

In den Randklassen sind Funktionswerte einzuordnen, die in ihrer Größe keinen Beschränkungen nach außen unterworfen sind. Die **Klassengrenzen** sind mit $X_{G,j}$ und die **Klassenmitten** mit $X_{M,j}$ zu bezeichnen und können nach den folgenden Formeln aus den Bereichsgrenzen (X_{G0}, X_{Gk}) und der Anzahl der Klassen k berechnet werden.

$$X_{G,j} = X_{G,0} + (X_{G,k} - X_{G,0}) \frac{j}{k} \qquad (2.7)$$

$$X_{M,j} = X_{G,0} + \frac{(X_{G,k} - X_{G,0})(2j-1)}{2k} \qquad (2.8)$$

Für die Ermüdungsfestigkeit sind überlagerte Schwingungen erst ab einer gewissen Mindestgröße der Schwingbreite in die Auswertung einzubeziehen. Um eine Beeinträchtigung der Auswertung regelloser Beanspruchungsfunktionen durch kleinere, meist höherfrequente Schwingungen zu vermeiden, sind die Klassiereinrichtungen mit einer Filterung versehen, die 30 – 50 % der Klassenbreite beträgt.

2.3.2 Einparametrische Zählverfahren

Zählung der Überschreitungshäufigkeiten

Nach DIN 45 667 [11] wird das Zählverfahren auch als **Klassendurchgangsverfahren** bezeichnet. Die Zählimpulse werden ausgelöst, wenn die Funktion mit fallenden Funktionswerten eine Klassengrenze überschreitet (Bild 2.3).

j	Beanspruchungsfunktion	H_j	$h_{j,\text{sp}}$
12	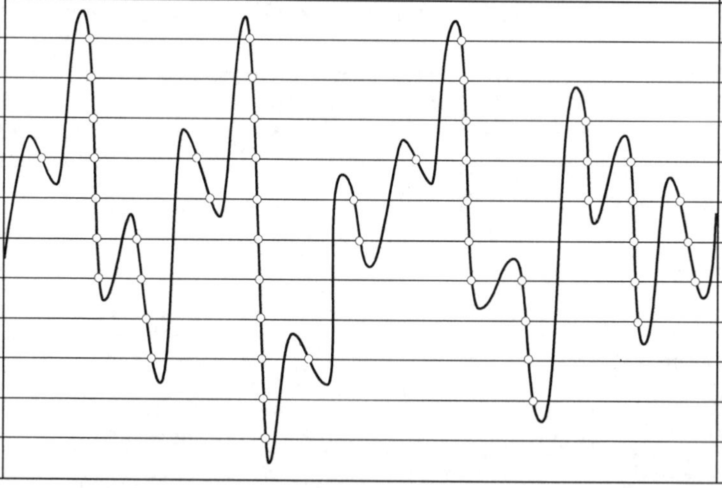	0	3
11		3	0
10		3	1
9		4	4
8		8	0
7		8	0
6		7	0
5		7	3
4		4	0
3		4	2
2		2	1
1		1	1

Bild 2.3 Zählung der Überschreitungshäufigkeiten

Diese Zählmethode entspricht einer **Summenhäufigkeitszählung**, bei der die Summation von beiden Randklassen aus erfolgt.

2.3 Auswertung im Amplitudenbereich

Der Mittelwert beträgt:

$$\bar{X} = (\sum X_{G,j} \cdot H_j) / \sum H_j \qquad (2.9)$$

Durch eine Differenzbildung erhält man die **Klassenhäufigkeiten der Spitzenwerte** $h_{j,\text{sp}}$.

$$h_{j,\text{sp}} = H_{j-1} - H_j \qquad \text{für} \quad X > \bar{X} \qquad (2.10)$$

$$h_{j,\text{sp}} = H_j - H_{j-1} \qquad \text{für} \quad X < \bar{X} \qquad (2.11)$$

Treten in einer Klasse Maxima und Minima auf, so erhält man als Klassenhäufigkeit der Spitzenwerte nur die Differenz.

$$h_{j,\text{sp}} = h_{j,\text{max}} - h_{j,\text{min}} \qquad \text{für} \quad X > \bar{X} \qquad (2.12)$$

$$h_{j,\text{sp}} = h_{j,\text{min}} - h_{j,\text{max}} \qquad \text{für} \quad X < \bar{X} \qquad (2.13)$$

Daraus folgt, daß die Summe $h_{j,\text{sp}}$ mit der Summe der Spitzenwerte nicht übereinstimmt.

Zählung der Schwingbreiten

Dieses Verfahren ist nach [11] auch als **Spannenverfahren** bekannt. Die Auslösung eines Zählimpulses erfolgt nur, wenn die Schwingbreite eine Mindestgrenze (0,3 - 0,5 der Klassenbreite) überschreitet. Die Zählung wird entsprechend der überbrückten Klassenbreiten vorgenommen, d.h., eine Schwingbreite von 4 Klassen wird in Klasse $j = 4$ gezählt (Bild 2.4). Dabei ist nur in einer Richtung zu zählen.

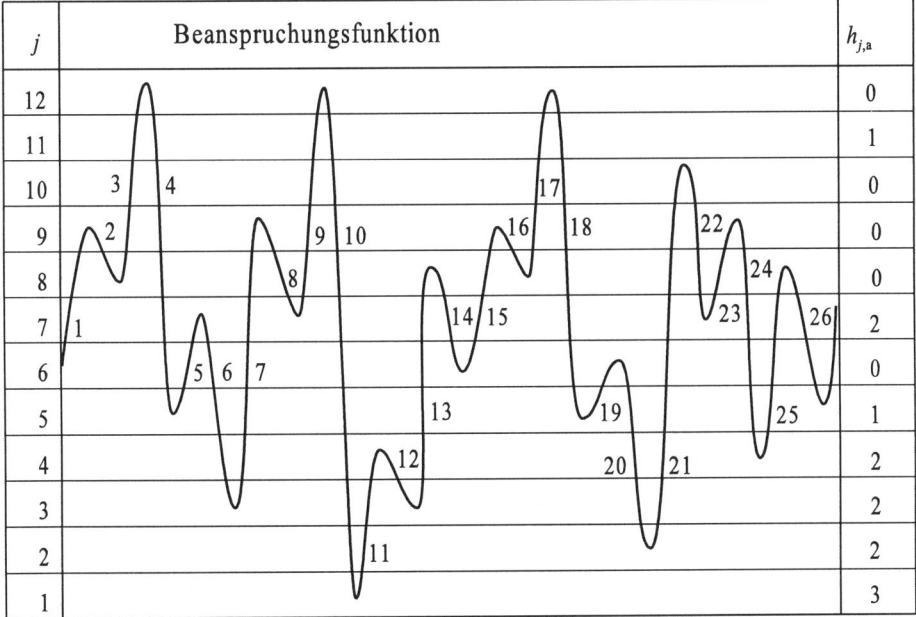

Bild 2.4 Zählung der Schwingbreiten

Zählung der Spitzenwerte

Beim **Spitzenwertverfahren III** erfolgt die Registrierung aller Maxima und aller Minima in den jeweiligen Klassen j (Bild 2.5). Der Mittelwert beträgt

$$\bar{X} = \left[\sum X_{M,j} \, (h_{j,\min} + h_{j,\max}) \right] / \left[\sum (h_{j,\min} + h_{j,\max}) \right] \qquad (2.14)$$

Das **Spitzenwertverfahren II** erfaßt nur die negativen Minima und die positiven Maxima.

$$h_{j,\text{rsp}} = h_{j,\min} \qquad \text{für } X > \bar{X} \qquad (2.15)$$
$$h_{j,\text{rsp}} = h_{j,\max} \qquad \text{für } X < \bar{X} \qquad (2.16)$$

Beim **Spitzenwertverfahren I** werden nur die dem Betrag nach größten Spitzenwerte zwischen zwei Durchgängen durch die Mittellinie erfaßt und in der entsprechenden Klasse registriert.

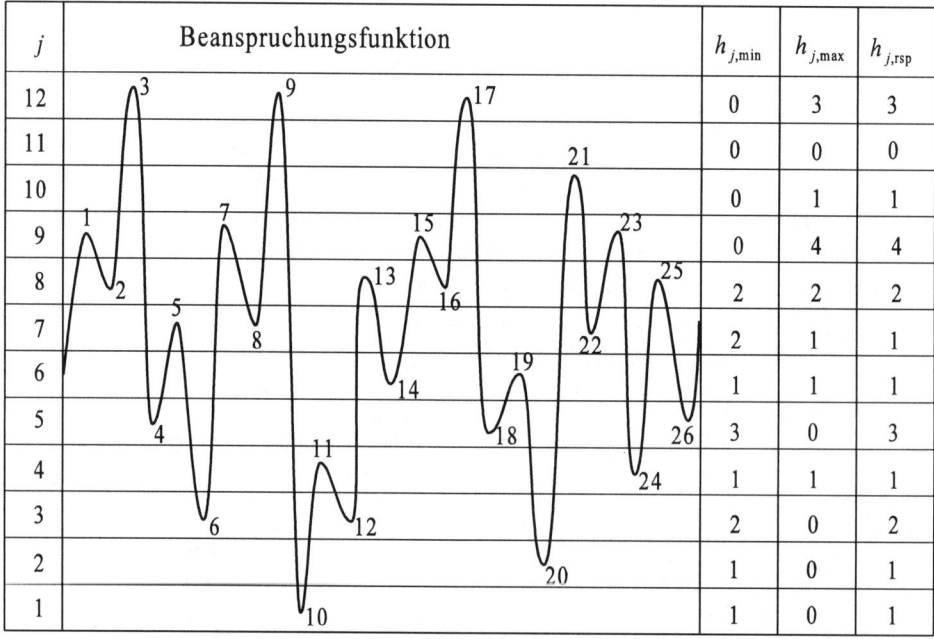

Bild 2.5 Zählung der Spitzenwerte

2.3.3 Zweiparametrische Zählverfahren

Zweiparametrische Spitzenwertzählung

Bei diesem Verfahren werden die **Größe der Schwingbreite** und deren **momentaner Mittelwert** berücksichtigt. Dies erfolgt durch Erfassung des Maximums und des darauffolgen- den Minimums. Da die steigenden und fallenden Schwingbreiten statistisch gleichwertig sind, wird nur eine der beiden Schwingbreiten, im allgemeinen die fallende Schwingbreite, ausgewertet und in einer Korrelationstabelle eingeordnet.

2.3 Auswertung im Amplitudenbereich

Auf der Ordinate werden die Klassen der Maxima und auf der Abszisse die Klassen der Minima aufgetragen.

$p \triangleq$ Nummer der Klasse j mit der Lage des Maximums

$n \triangleq$ Nummer der Klasse j mit der Lage des Minimums

Eine Schwingbreite von der Klasse p zur Klasse n wird in dem Feld (p,n) registriert, d.h. der Feldinhalt um 1 erhöht (siehe Bild 2.6 und Tabelle 2.1). Die Schwingbreite Nr. 14 von der 8. zur 6. Klasse wird z.B. im Feld (8,6) registriert. Aus der **Korrelationstabelle** sind durch gerichtete Summation alle einparametrischen Häufigkeitsverteilungen abzuleiten.

Summation in Zeilenrichtung $\Rightarrow h_{j,\max}$

Summation in Spaltenrichtung $\Rightarrow h_{j,\min}$

Summation in Richtung der Diagonalen $\Rightarrow h_{j,a}$

Aus $h_{j,\max}$ und $h_{j,\min}$ folgen $h_{j,\mathrm{sp}}$ und $h_{j,\mathrm{rsp}}$

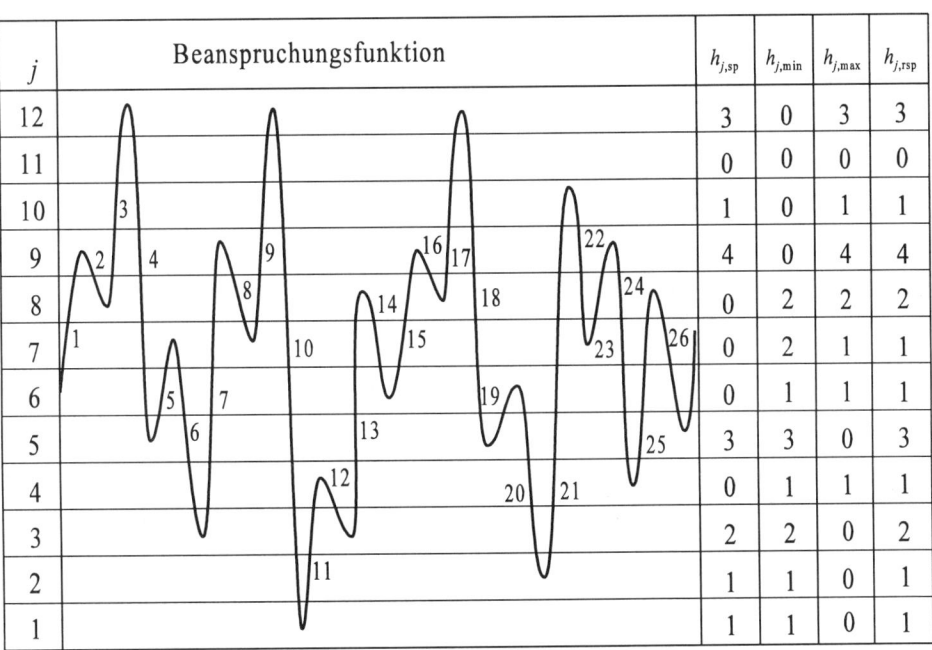

Bild 2.6 Zweiparametrische Spitzenwertzählung

Die zweiparametrische Spitzenwertzählung gestattet eine ausreichende Diskretisierung der Beanspruchungsfunktionen, und die Korrelationstabelle bildet auch die Grundlage zur Reproduktion der Beanspruchungsfunktion bei der Rechnersteuerung von Servohydraulischen Prüfanlagen.

Tabelle 2.1 Korrelationstabelle zur zweiparametrischen Spitzenwertzählung

$h_{j,\max}$	p	1	2	3	4	5	6	7	8	9	10	11
0	2											
0	3											
1	4			12								
0	5											
1	6		20									
1	7			6								
2	8					26	14					
4	9				24			8	2/16			
1	10					22						
0	11											
3	12		10			4/18						
n		1	2	3	4	5	6	7	8	9	10	11
$h_{j,\min}$		1	1	2	1	3	1	2	2	0	0	0

Zählverfahren „Volle Zyklen"

Das Zählverfahren Volle Zyklen beruht auf der Basis geschlossener Hystereseschleifen. Aus dem Hystereseablauf der Beanspruchungsfunktion (siehe Bild 2.7) ist zu erkennen, daß nicht nur die einzelnen Halbschwingspiele (1-2, 3-4, 5-6 und 7-8) für die Schädigung des Bauteiles von Bedeutung sind, sondern das Halbschwingspiel (3-8) einen wesentlichen Einfluß hat. Bei dem Klassierverfahren Volle Zyklen werden die Extremwerte der gesamten Beanspruchungsfunktion erfaßt und Vollschwingspiele mit gleicher Schwingbreite stufenweise ausgesondert.

Beginnend mit einer momentanen Schwingbreite von einer Klassenbreite (z.B. 1-2, 11-12, 15-16 und 18-19), werden diese Vollschwingspiele der Korrelationstabelle zugeordnet (siehe Bild 2.8, 2.9 und Tabelle 2.2) und die Spitzenwerte der Beanspruchungsfunktion gelöscht. Danach erfolgt die Registrierung der Vollschwingspiele mit 2 Klassenbreiten usw. bis zum letzten Schwingspiel zwischen dem absoluten Maximum und dem absoluten Minimum. Dieses Verfahren eignet sich nur für Beanspruchungsfunktionen, bei denen eine Speicherung aller Extremwerte möglich ist.

Zählverfahren „Rain Flow"

Das Zählverfahren Rain Flow eignet sich für eine Auswertung langer Beanspruchungsfunktionen, bei denen eine Speicherung der gesamten Beanspruchung nicht möglich ist.

2.3 Auswertung im Amplitudenbereich

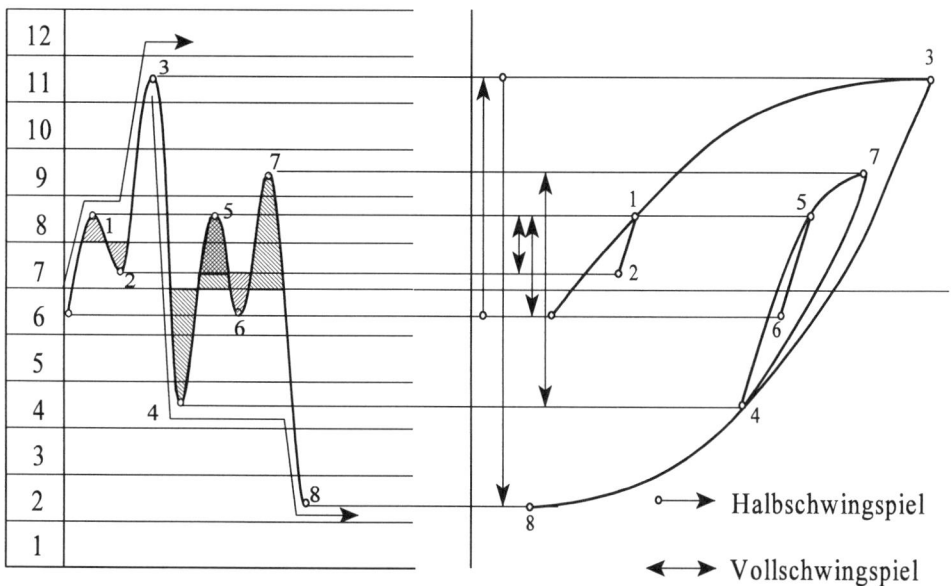

Bild 2.7 Hystereseablauf der Beanspruchungsfunktion

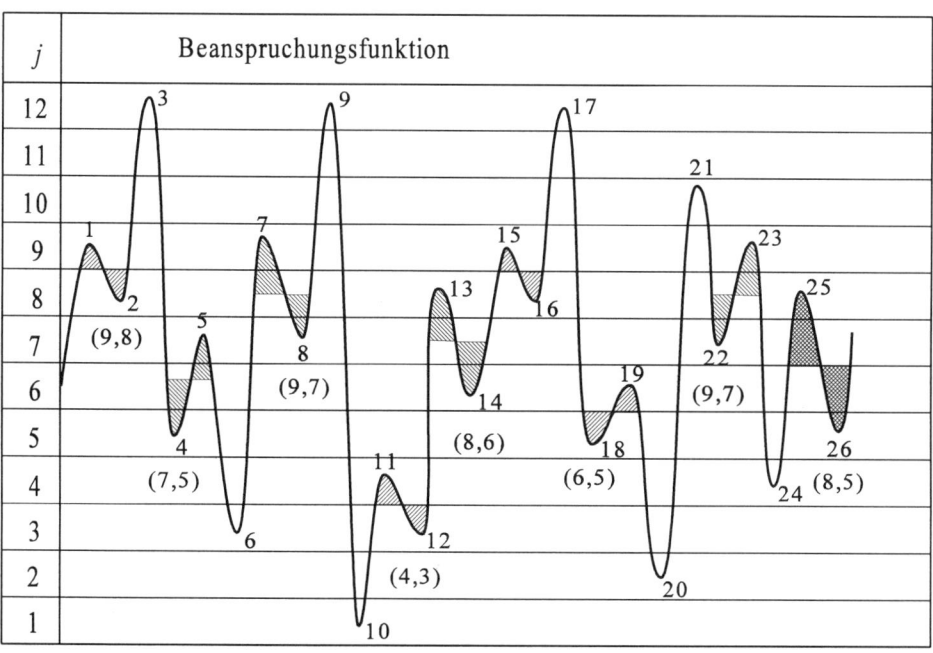

Bild 2.8 Momentane Schwingbreiten von 1 bis 3 Klassenbreiten

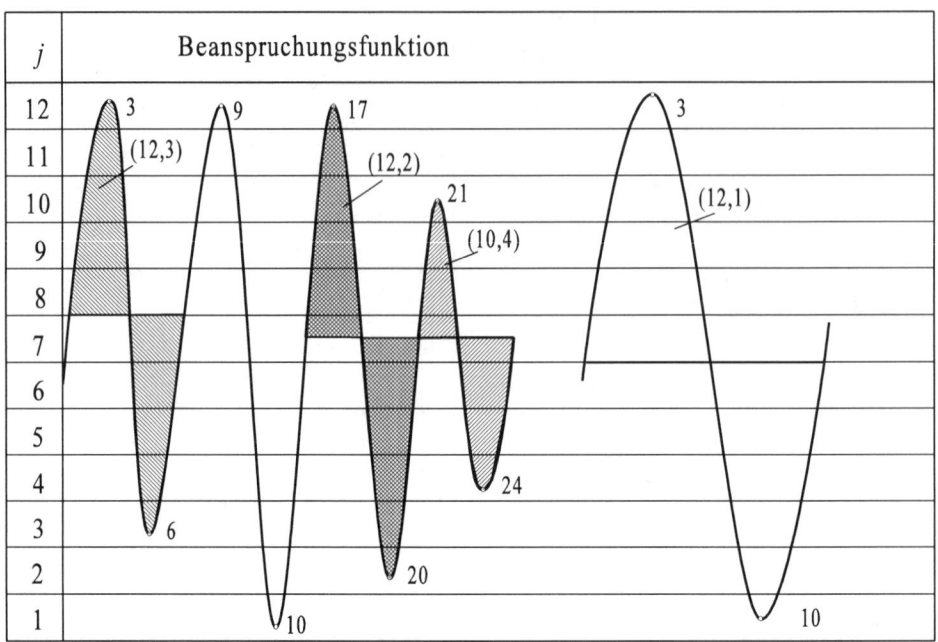

Bild 2.9 Zählverfahren Volle Zyklen

Tabelle 2.2 Korrelationstabelle zum Zählverfahren Volle Zyklen

$h_{j,\max}$	p											
	2											
	3											
1	4			X								
	5											
1	6					X						
1	7					X						
2	8					X	X					
4	9						XX	XX				
1	10				X							
	11											
3	12	X	X	X								
	n	1	2	3	4	5	6	7	8	9	10	11
	$h_{j,\min}$	1	1	2	1	3	1	2	2	0	0	0

2.3 Auswertung im Amplitudenbereich

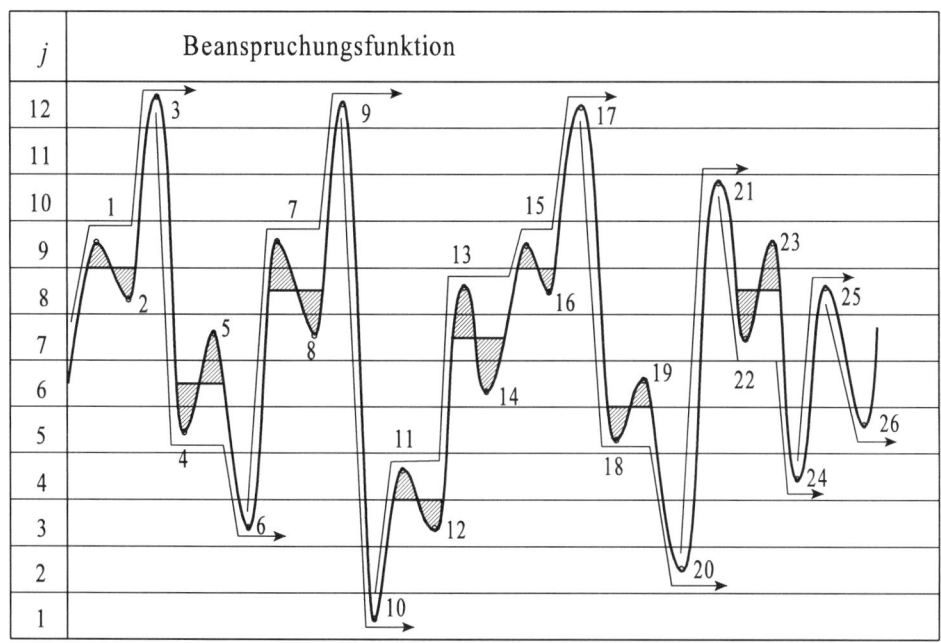

Bild 2.10 Zählverfahren Rain Flow

Tabelle 2.3 Korrelationstabelle zum Zählverfahren Rain Flow

$h_{j,\max}$	p										
0	2										
0	3										
1	4			x								
0	5										
1	6					x						
1	7					x						
2	8					x						
4	9						xx	xx				
1	10											
0	11											
3	12	x		x								
n		1	2	3	4	5	6	7	8	9	10	11
$h_{j,\min}$		1	1	2	1	3	1	2	2			

Dem Verfahren liegt die Modellvorstellung zugrunde, daß die Zeitachse vertikal verläuft und auf der Beanspruchungsfunktion „Regen fließt" (siehe Bild 2.10 und Tabelle 2.3). Beginnt der „Regen" z.B. bei einem Maximum (3), so kann er so lange fließen, bis ein weiteres Maximum (9) gleich oder größer ist, d.h. bis zum Minimum (6). Man erhält damit ein Halbschwingspiel (3-6) von der Klasse $p = 12$ zur Klasse $n = 3$, sowie ein Vollschwingspiel (4-5) von der Klasse $n = 4$ zur Klasse $p = 5$. Die Vollschwingspiele werden der Korrelationstabelle zugeordnet und die Halbschwingspiele so lange gespeichert, bis ein Halbschwingspiel zwischen den gleichen Klassen auftritt. Beide Halbschwingspiele werden dann zu einem Vollschwingspiel zusammengefaßt (z.B. 3-6 und 6-9). Die Ergebnisse der Klassierverfahren Volle Zyklen und Rain Flow liefern für große Häufigkeiten, d.h. für lange Beanspruchungsfunktionen, die gleichen Ergebnisse. Bei kurzen Beanspruchungsfunktionen müssen Rest-Halbschwingungen unterschiedlicher Klassenbreiten zusammengefaßt werden.

2.3.4 Anwendungsbereiche der Zählverfahren

Zur Charakterisierung einer zufallsartigen Beanspruchungsfunktion wird neben anderen Kennwerten der **Regelmäßigkeitsfaktor** i verwendet. Der Regelmäßigkeitsfaktor i ist der Quotient aus der Anzahl der Nulldurchgänge H_0 und der Anzahl der Spitzenwerte H_k.

$$i = \frac{H_0}{H_k} \tag{2.17}$$

Für die einzelnen Zählverfahren können die folgenden Anwendungsbereiche angegeben werden:

- Zählung der Überschreitungshäufigkeiten ($0,8 < i < 1,0$)
- Zählung der Schwingbreiten ($0,8 < i < 1,0$)
- Zählung der Spitzenwerte ($0,5 < i < 1,0$)
- Zählung der regulären Spitzenwerte ($0,5 < i < 1,0$)
- Zweiparametrische Spitzenwertzählung ($0,3 < i < 1,0$)
- Klassierverfahren „Volle Zyklen" und „Rain Flow" ($0,0 < i < 1,0$).

Für Beanspruchungsfunktionen mit einem Regelmäßigkeitsfaktor $i = 1$ liefern die ein- und zweiparametrischen Zählverfahren die gleichen Ergebnisse.

2.3.5. Häufigkeitsverteilungen

Absolute Klassenhäufigkeit

Die **absolute Klassenhäufigkeit** h_j ist das Ergebnis der Zählverfahren. Die Darstellung der Klassenhäufigkeit h_j erfolgt im log- Maßstab auf der Klassenmitte aufgetragen (Bild 2.11). Der funktionelle Zusammenhang wird als Häufigkeitsdichte $h(X)$ bezeichnet.

2.3 Auswertung im Amplitudenbereich

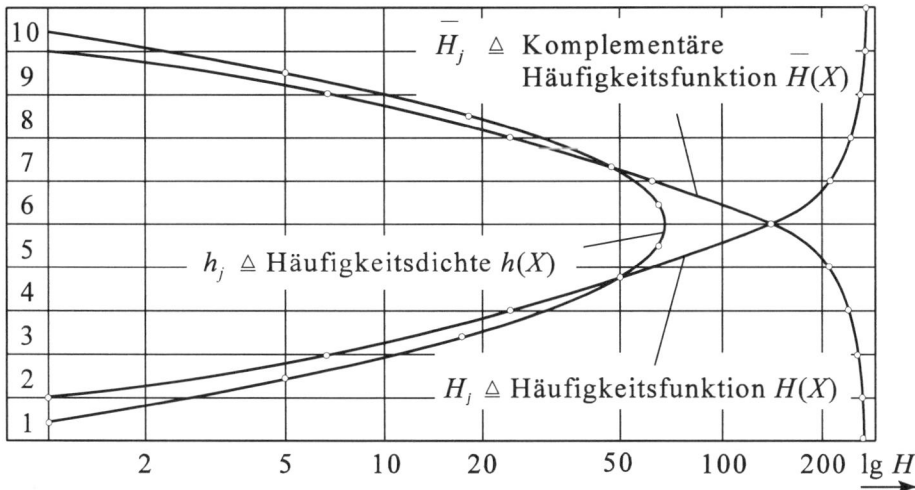

Bild 2.11 Häufigkeitsdichte und Häufigkeitsfunktion

Absolute Summenhäufigkeit

Die **absolute Summenhäufigkeit** H_j ist die Summe der innerhalb der Klassen 1 bis j anfallenden Häufigkeiten.

$$H_j = \sum_{j=1}^{j} h_j \qquad (2.18)$$

Die Darstellung der Summenhäufigkeit H_j erfolgt ebenfalls im log-Maßstab auf der jeweiligen Klassengrenze in Summationsrichtung. Der funktionelle Zusammenhang wird als **Häufigkeitsfunktion** $H(X)$ bezeichnet. Die **komplementäre Häufigkeitsfunktion** $\bar{H}(X)$ folgt aus der entgegengesetzten Summation.

$$\bar{H}_j = \sum_{j=k}^{j} h_j \qquad (2.19)$$

Eine besondere Stellung nehmen die Häufigkeitsfunktionen $H(X)$ und $\bar{H}(X)$ jeweils nur bis zum Mittelwert summiert ein. Diese Darstellung wird als **Beanspruchungskollektiv** bezeichnet. Einige Kennwerte des Beanspruchungskollektivs sollen im folgenden erläutert werden.

- **Kollektivumfang** ist die Lastzyklenzahl, die im Beanspruchungskollektiv enthalten ist.
- **Kollektivendwert** ist der Kollektivgrößtwert (absolutes Maximum) oder der Kollektivkleinstwert (absolutes Minimum).
- **Spannungsverhältnis des Kollektivs** ist der Quotient aus Kollektivkleinstwert und Kollektivgrößtwert.
- **Kollektivform** ist die Form der Häufigkeitsfunktion.

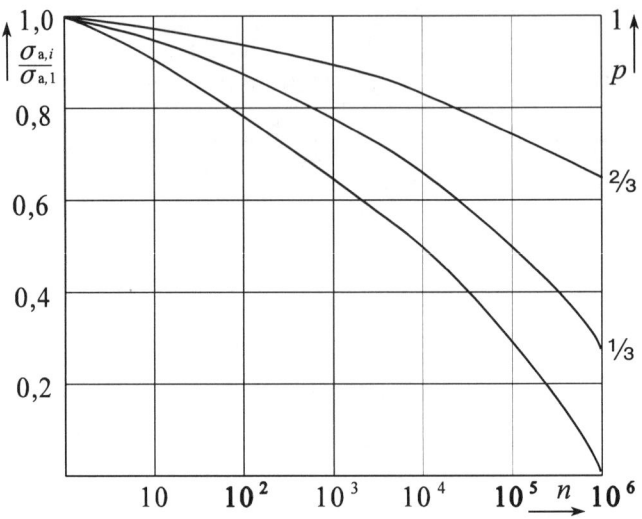

Bild 2.12 Bezogenes Beanspruchungskollektiv

Vom Laboratorium für Betriebsfestigkeit (LBF) wurden für experimentelle Untersuchungen normierte Kollektive verwendet. Es handelt sich hierbei um sogenannte p- und q-Wertkollektive. Die **p-Wertkollektive** werden im **Maschinenbau** [16] und im **Stahlbau** [14] als bezogene Spannungskollektive verwendet.

Diese Darstellungsform der Amplitudenkollektive erhält man, wenn jeweils ein Maximum und ein Minimum mit gleichem Abstand vom Mittelwert zu einem Lastzyklus zusammengefaßt werden, d.h. jeder Extremwert einer Halbschwingung entspricht (Bild 2.13 und 2.14).

$$n_j = \frac{h_j}{2} \tag{2.20}$$

z.B.: ist entsprechend Bild 2.13

$$n_5 = \frac{(h_{5,min} + h_{8,max})}{2} = \frac{(3+2)}{2} = 2,5 \triangleq 2$$

Relative Klassenhäufigkeit

Die relative Klassenhäufigkeit f_j ist die absolute Klassenhäufigkeit, bezogen auf die absolute Summenhäufigkeit der letzten Klasse k.

$$f_j = \frac{h_j}{\sum_{j=1}^{k} h_j} = \frac{h_j}{H_k} \tag{2.21}$$

2.3 Auswertung im Amplitudenbereich

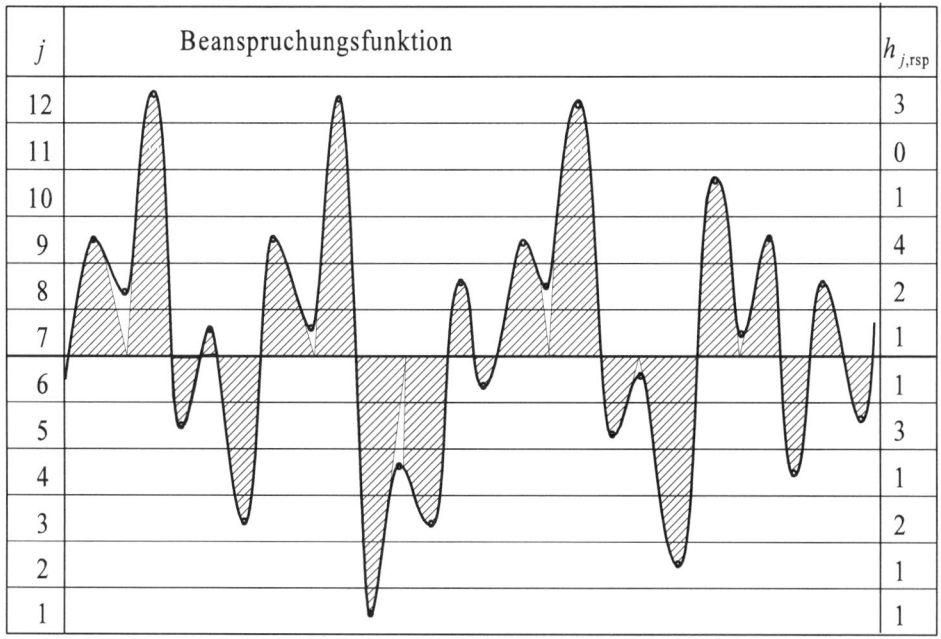

Bild 2.13 Beanspruchungsfunktion

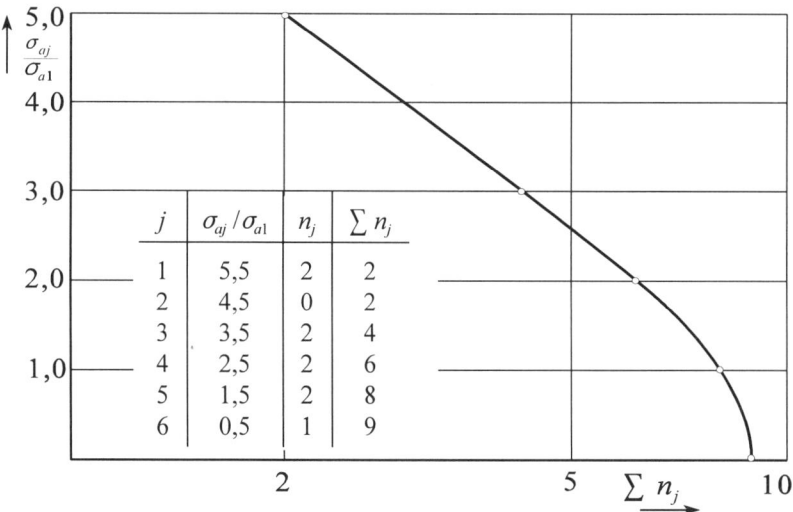

Bild 2.14 Amplitudenkollektiv

Die Darstellung der errechneten relativen Klassenhäufigkeiten erfolgt in Klassenmitte im Wahrscheinlichkeitsnetz, dessen Ordinate nach dem Gaußschen Integral eingeteilt ist (Bild 2.15). Diese Funktion wird als **Verteilungsdichte** $f(X)$ bezeichnet.

Relative Summenhäufigkeit

Die relative Summenhäufigkeit erhält man, indem die absolute Summenhäufigkeit auf die absolute Summenhäufigkeit der letzten Klasse bezogen wird.

$$F_j = \frac{H_j}{H_k} \qquad (2.22)$$

Im Wahrscheinlichkeitsnetz wird die relative Summenhäufigkeit an den Klassengrenzen in Summationsrichtung angetragen und die Darstellung als **Verteilungsfunktion** $F(X)$ bezeichnet. Unter Verwendung der Verteilungsfunktion (Bild 2.15) kann die erfaßte Wahrscheinlichkeit P_E ermittelt werden. Die erfaßte Wahrscheinlichkeit sagt aus, mit welcher Wahrscheinlichkeit sich ein Wert im Bereich zwischen der oberen und unteren Grenze der Verteilungsfunktion befindet.

$$P_E = P_{EO} - P_{EU} \qquad (2.23)$$

Zwischen der erfaßten Wahrscheinlichkeit und der Häufigkeit besteht folgender Zusammenhang

$$P_E = \left(1 - \frac{1}{H_k}\right) \cdot 100 = \left(1 - \frac{1}{n_k}\right) \cdot 100 \qquad (2.24)$$

Auf Grund der diskreten Verteilung mit einer endlichen Klassenbreite ΔX ist die tatsächlich **erfaßte Wahrscheinlichkeit** P_E^*, auch als **meßtechnisch erfaßte Wahrscheinlichkeit** P_M bezeichnet, größer als P_E. Die Differenz zwischen P_E und P_E^* ist von der Klassenbreite, d.h. von der Anzahl der gewählten Klassen k abhängig (Tabelle 2.4).

Tabelle 2.4 Ermittlung der Häufigkeitsfunktion und der Verteilungsfunktion

j	X_M [N/mm²]	h_j	H_j	$\bar{H}_j$	f_j [%]	F_j [%]	$\bar{f}_j$ [%]	h_j
0						0,04	0,04	1
1	40	1	1	278	0,36	0,36	0,32	7
2	60	5	6	277	1,80	2,16	1,80	42
3	80	18	24	272	6,47	8,63	6,47	151
4	100	44	68	254	15,83	24,46	15,83	368
5	120	71	139	210	25,54	50,00	25,54	594
6	140	71	210	139	25,54	75,54	25,54	594
7	160	44	254	68	15,83	91,37	15,83	368
8	180	18	272	24	6,47	97,84	6,47	151
9	200	5	277	6	1,80	99,64	1,80	42
10	220	1	278	1	0,36	99,961	0,32	7
11						99,997	0,04	1

2.3 Auswertung im Amplitudenbereich

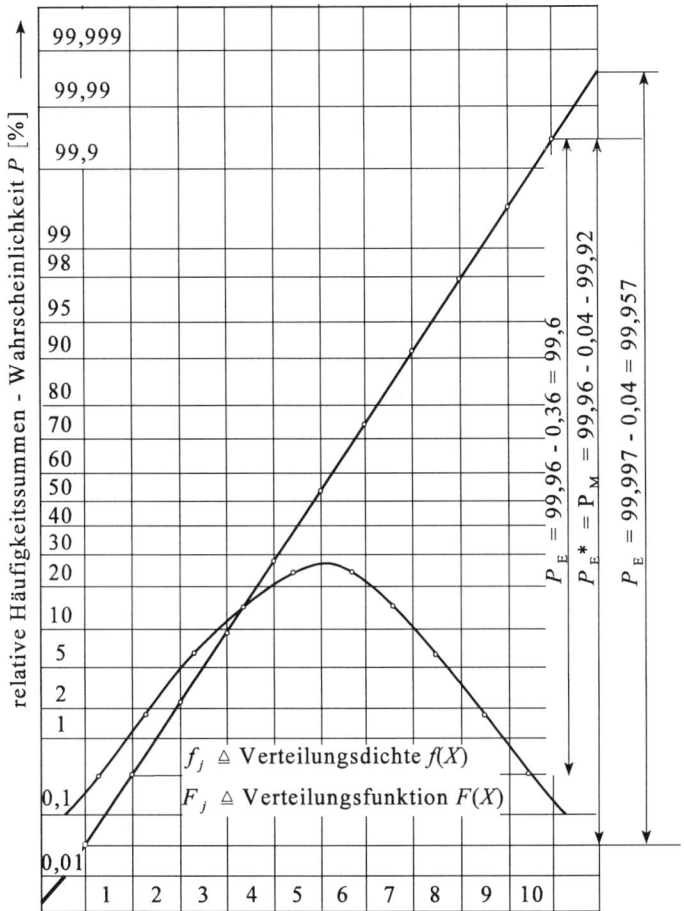

Bild 2.15 Verteilungsdichte und Verteilungsfunktion

Eine Extrapolation kann bei einem zu kleinen, meßtechnisch erfaßten Kollektivumfang vorgenommen werden. Dabei ist eine Extrapolation des erfaßten Bereiches um $2 \cdot \sigma$ möglich und man kann das Beanspruchungskollektiv bei diesem größeren Kollektivumfang ermitteln.

Berechnung statistischer Kennwerte

Arithmetischer Mittelwert

$$\bar{X} = \frac{\sum\limits_{j=1}^{k} X_{M,j} \cdot h_j}{\sum\limits_{j=1}^{k} h_j} \tag{2.25}$$

Varianz (Streuung)

$$s^2 = \frac{\sum_{j=1}^{k} (X_{M,j} - \bar{X})^2 h_j}{\left(\sum_{j=1}^{k} h_j\right) - 1} \qquad (2.26)$$

Standardabweichung

$$s = \left| \sqrt{s^2} \right| \qquad (2.27)$$

Korrelationskoeffizient der zweiparametrischen Häufigkeitsverteilung

$$r = \frac{\sum X_{M,p} \cdot X_{M,n} \cdot h_{p,n} - \sum \bar{X}_{max} \bar{X}_{min} h_{p,n}}{\sum s_{max} s_{min} h_{p,n}} \qquad (2.28)$$

Crestfaktor

Der Crestfaktor ist der Quotient aus dem absoluten Maximum der Beanspruchungsfunktion und der Standardabweichung

$$c = \frac{X_{max}}{s} \qquad (2.29)$$

Überlagerung von Beanspruchungskollektiven

Bei der Überlagerung von Beanspruchungskollektiven unterscheidet man relative und absolute Kollektive sowie **Teilkollektive** h_{ij} und **Gesamtkollektive** h_j. Relative Kollektive sind auf den Zeitraum der Messung oder auf die Wegeinheit bezogen, während absolute Kollektive die Häufigkeitsverteilung der gesamten Lebensdauer beinhalten. Ein Teilkollektiv ist ein Beanspruchungskollektiv, das bei mehreren möglichen Einsatzarten eines Bauteiles für eine bestimmte Einsatzart zutreffend ist, während das Gesamtkollektiv sich aus der Überlagerung von Teilkollektiven unter Berücksichtigung des Einsatzspiegels ergibt. Der Einsatzspiegel enthält die Zeitanteile der Teilkollektive.

Die Klassenhäufigkeiten des Gesamtkollektivs erhält man aus:

$$h_j = \sum_{i=1}^{n} h_{i,j} \cdot \tau_i \qquad (2.30)$$

Kenngrößen des Gesamtkollektivs sind die relativen Zeitanteile

$$\tau_i = \frac{t_i}{\sum_{i=1}^{n} t_i} \qquad (2.31)$$

und die relativen Häufigkeitsanteile

$$v_i = \frac{H_{ik}}{H_k}. \tag{2.32}$$

2.4 Auswertung im Zeitbereich

Mit dem Zählverfahren **Momentanwertzählung** ermittelt man zu **äquidistanten Zeitabständen** Δt (Taktzeit) die Funktionswerte und ordnet diese den Klassen zu (Bild 2.16). Dabei ist eine ausreichende Genauigkeit erst zu erzielen, wenn die Taktfrequenz mindestens 5fach höher liegt als die höchste zu berücksichtigende Frequenz der regellosen Beanspruchungsfunktion. Eine direkte Information über die Häufigkeit der Spitzenwerte bietet dieses Zählverfahren nicht. Es wird auch als Stichprobenverfahren bezeichnet.

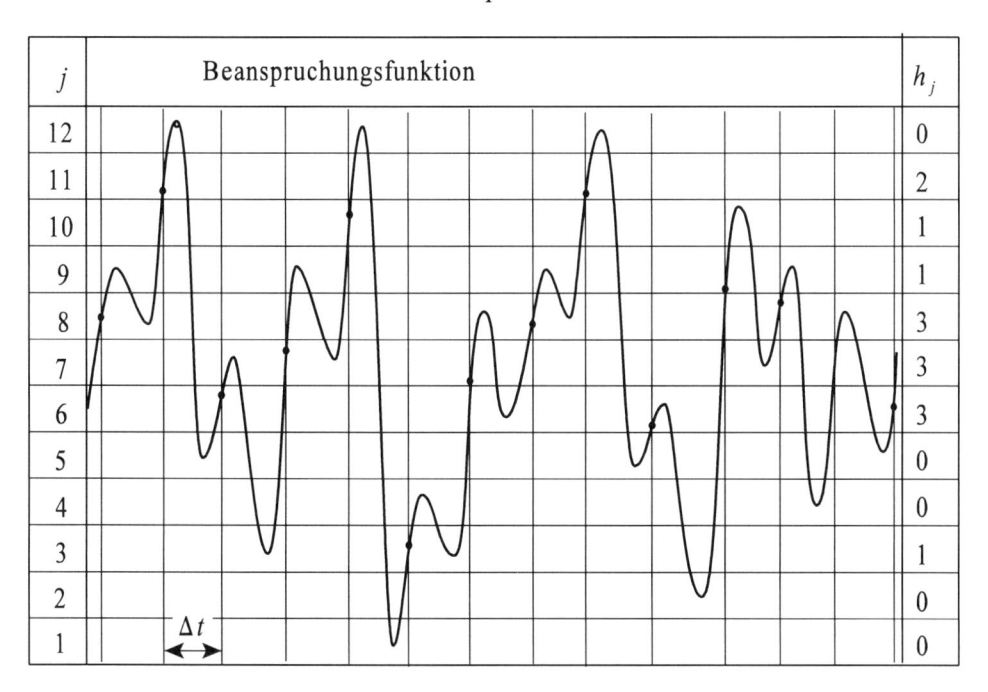

Bild 2.16 Momentanwertzählung

2.5 Auswertung im Frequenzbereich

Mit Hilfe der **Fourieranalyse** eines periodischen Vorganges erhält man die Beanspruchungsfunktion

$$X(t) = \sum \left[X_{mi} + X_{ai} \left(\sin \omega_i t + \varphi_i \right) \right] \tag{2.33}$$

in Abhängigkeit von Mittelwert, Amplitude, Frequenz und Phasenlage für verschiedene *i*. Die Darstellung der Abhängigkeit der Amplitude von der Frequenz wird als **Amplitudenspektrum** bezeichnet (Bild 2.17). Bei regellosen Beanspruchungsfunktionen $X(t)$, auch als Zufallsprozeß bezeichnet, kann die **Fouriertransformation** angewendet werden

$$X(\omega) = F\{X(t)\} = \int_{-\infty}^{+\infty} X(t)\, e^{-j\omega t}\, dt. \quad (2.34)$$

Als Kenngröße wird hierfür die **spektrale Leistungsdichte** verwendet.

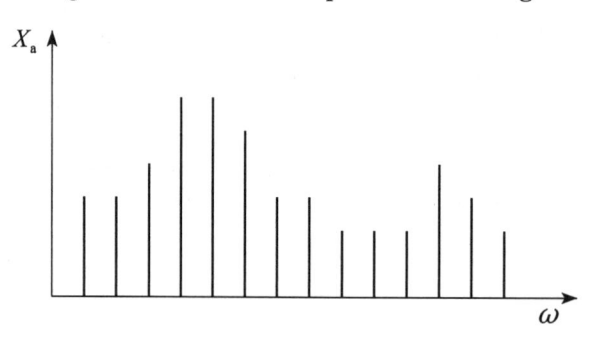

Bild 2.17 Amplitudenspektrum

Die spektrale Leistungsdichte wird auch als Leistungsspektrum bezeichnet.

$$G(\omega) \approx \lim_{T \to \infty} \frac{1}{T} \left| \int_0^T X(t) e^{-j\omega t}\, dt \right|^2 \quad (2.35)$$

Die physikalische Bedeutung der spektralen Leistungsdichte kann mit dem quadratischen Mittelwert für einen definierten Frequenzbereich erklärt werden.

$$F(f) = \frac{1}{T} \int_0^T |X(t, f_m)|^2\, dt \quad (2.36)$$

Ausgehend von einem aufgezeichnetem Beanspruchungsverlauf, erhält man die spektrale Leistungsdichte durch Filterung mit einem Hoch- und Tiefpaß für verschiedene Frequenzbereiche. Die Funktionswerte des jeweiligen Frequenzbereiches werden quadriert. Über eine Integration für einen definierten Zeitbereich wird der Mittelwert bestimmt (Bild 2.18).

Die spektrale Leistungsdichte hat für Bauteile, bei denen die Frequenzen der Beanspruchungsfunktion im Bereich der Eigenfrequenzen liegen, eine große Bedeutung. Für solche Bauteile ist die spektrale Leistungsdichte zu ermitteln und gegebenenfalls für eine experimentelle Untersuchung zu verwenden. Dafür sind spezielle Geräte erhältlich. Ausgehend von einem Zufallsprozeß eines Rauschgenerators, können Funktionen für vorgegebene Frequenzspektren Δf_i erzeugt und über Verstärker kann der quadratische Mittelwert beeinflußt werden. Diese Signale werden mit einem Addierer überlagert. Das Ergebnis ist ein Funktionsverlauf mit der gewünschten spektralen Leistungsdichte.

2.5 Auswertung im Frequenzbereich

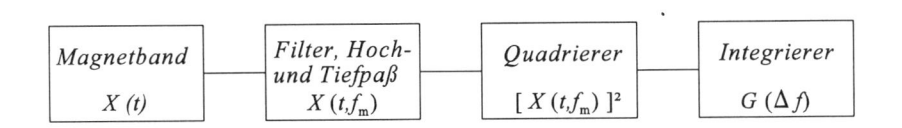

Magnetband	Filter, Hoch-	Quadrierer	Integrierer
$X(t)$	und Tiefpaß $X(t,f_m)$	$[X(t,f_m)]^2$	$G(\Delta f)$

Bild 2.18 Ermittlung der spektralen Leistungsdichte

2.6 Fragen

2.1 Wie erfolgt die Einteilung der Betriebsbeanspruchung nach der Ursache?
2.2 Wie erfolgt die Einteilung der Betriebsbeanspruchung nach dem zeitlichen Verlauf?
2.3 Welche charakteristischen Größen der harmonischen Betriebsbeanspruchung kennen Sie?
2.4 Wie werden der Mittelwert und die Standardabweichung eines regellosen Beanspruchungsverlaufes berechnet?
2.5 Welche Forderungen sind an einen Beanspruchungsverlauf für die Berechnung der Lebensdauer bzw. für die Dimensionierung zu stellen?
2.6 Was beinhaltet der Einsatzspiegel eines Erzeugnisses?
2.7 Nach welchen Merkmalen erfolgt die Diskretisierung der Beanspruchungsfunktion?
2.8 Welche Bezeichnungen für die regellose Beanspruchungsfunktion kennen Sie?
2.9 Welche einparametrischen Zählverfahren kennen Sie?
2.10 Welche zweiparametrischen Zählverfahren kennen Sie?
2.11 Wie erhält man aus der zweiparametrischen Häufigkeitsverteilung der Spitzenwerte die Klassenhäufigkeiten der Schwingbreiten, der Maxima und Minima, der regulären Spitzenwerte und der Spitzenwerte nach dem Zählverfahren der Klassengrenzenüberschreitungen?
2.12 Worin besteht der Unterschied zwischen den zweiparametrischen Zählverfahren der Extremwerte, Volle Zyklen und Rain Flow?
2.13 Was ist die Häufigkeitsdichte, die Summenhäufigkeit, die Häufigkeitsfunktion und die komplementäre Häufigkeitsfunktion?
2.14 Wie berechnet man die Summenhäufigkeit und die komplementäre Summenhäufigkeit?
2.15 Was ist ein Beanspruchungskollektiv und was ein Amplitudenkollektiv?
2.16 Was ist ein Normkollektiv und welche kennen Sie?
2.17 Wie werden die relative Klassenhäufigkeit und die relative Summenhäufigkeit berechnet?
2.18 Was ist die Verteilungsdichte, die Verteilungsfunktion und wozu dient die Verteilungsfunktion?
2.19 Wie werden der Mittelwert und die Standardabweichung der Häufigkeitsverteilung berechnet?
2.20 Was ist ein Crestfaktor einer regellosen Beanspruchungsfunktion?
2.21 Was sind Zeitanteile und relative Zeitanteile eines Beanspruchungskollektivs?
2.22 Wie erhält man die Klassenhäufigkeit des Gesamtkollektivs?

3 Lebensdauer nach dem Nennspannungskonzept

3.1 Nennspannungskonzept

Die Dimensionierung und Festigkeitsbeurteilung kann für viele Bauteile, z.B. Stäbe, Balken, Wellen usw., nach Nennspannungen erfolgen. Ausgenommen davon sind Bauteile, bei denen ein Nennquerschnitt nicht definiert werden kann und die Strukturspannung die Grundlage der Festigkeitsbeurteilung ist. Zur Dimensionierung und Festigkeitsbeurteilung nach dem Nennspannungskonzept sind die am Bauteil wirkende und die ertragbare Beanspruchung erforderlich. Die Ermittlung und statistische Auswertung der Belastungen bzw. Beanspruchungen wurde im Abschnitt 2 behandelt. Ausgehend von der Belastung, charakterisiert durch die Beanspruchungsfunktion, folgt aus der statistischen Auswertung die zweiparametrische Häufigkeitsverteilung bzw. das Beanspruchungskollektiv (Bild 1.1). Die ertragbare Beanspruchung wird für eine Schwingbeanspruchung durch die **Wöhlerlinie**, auch als Ermüdungsfestigkeitskurve bezeichnet, angegeben. Sie ist von der Geometrie des Bauteiles, von der Fertigung und vom Werkstoff abhängig. Die Bauteilwöhlerlinie kann experimentell ermittelt bzw. mit einem Gesamteinflußfaktor aus der Werkstoffwöhlerlinie bestimmt werden. Bei einer nichteinstufigen Beanspruchung kann die Betriebsdauer unter Verwendung von **Schadensakkumulationshypothesen** berechnet werden (Bild 1.2). Die Betriebsdauer ist die Lastzyklenzahl, die das Bauteil während der Beanspruchung ertragen kann. Demgegenüber ist die Lebensdauer die Zeit, die das Bauteil insgesamt erträgt, d.h. die Zeit der Beanspruchung und die Zeit der Belastungspausen. In der Literatur wird der Begriff Lebensdauer auch häufig für Betriebsdauer verwendet.

3.2 Wöhlerlinien aus Versuchsergebnissen

3.2.1 Grundlagen
Die experimentellen Untersuchungen zur Ermittlung der Wöhlerlinie erfolgen mit Werkstoffprüfmaschinen, wie z.B.:

- Umlaufbiegeprüfmaschinen
- Resonanzpulsatoren
- Hydraulikpulsatoren
- Servohydraulischen Prüfmaschinen.

Der Zusammenhang zwischen der Spannungsamplitude und der ertragbaren Lastzyklenzahl einer Werkstoffprobe bzw. eines Bauteiles wird mit der Wöhlerlinie verdeutlicht. Dabei ist die erreichte Lastzyklenzahl bei konstanter Spannungsamplitude von vielen Einflußgrößen abhängig.

Für die Darstellung der Abhängigkeit der Spannungsamplitude von der Lastzyklenzahl werden verschiedene Wöhlerliniengleichungen verwendet.

3.1 Nennspannungskonzept

Einflußgrößen der Wöhlerlinien:
- Werkstoff (Behandlungszustand)
- Bauteilform (Größe, Oberfläche, Kerbform)
- Beanspruchungsart (Zugdruck, Biegung, Torsion)
- Belastungsfrequenz
- Temperatur
- Umgebungsmedium

Wöhlerlinie als Gerade in σ-lg$N$- Koordinaten

$$\lg N = -m^* \sigma + K^* \tag{3.1}$$

(mit m^* und K^* als Konstanten)

Wöhlerliniengleichung nach STÜSSI [17]

$$N = N_o \left(\frac{\sigma_B - \sigma}{\sigma - \sigma_D} \right)^Z \tag{3.2}$$

(mit N_o und Z als Konstanten)

Erweiterte Wöhlerliniengleichung nach STÜSSI

$$N = N_C \left(\ln \frac{\sigma_B - \sigma}{\sigma - \sigma_D} \right)^Z \tag{3.3}$$

(mit N_C und Z als Konstanten)

Wöhlerliniengleichung nach KLIEMAND [18]

$$\sigma = \frac{\sigma_B + \sigma_D}{2} + \frac{\sigma_B - \sigma_D}{2} \cos \left(\frac{\lg N - C}{\lg 2 \cdot 10^6 - C} \pi \right) \tag{3.4}$$

(mit C als Konstante)

Erweiterte Wöhlerliniengleichung nach KLIEMAND

$$\sigma = \frac{\sigma_B + a\,\sigma_D}{1 + a} + \frac{\sigma_B - \sigma_D}{1 + a} a \cos \left(\frac{\lg N - C}{\lg 2 \cdot 10^6 - C} K\pi \right) \tag{3.5}$$

(mit $a = -1/\cos(K\pi)$ und K und C als Konstanten)

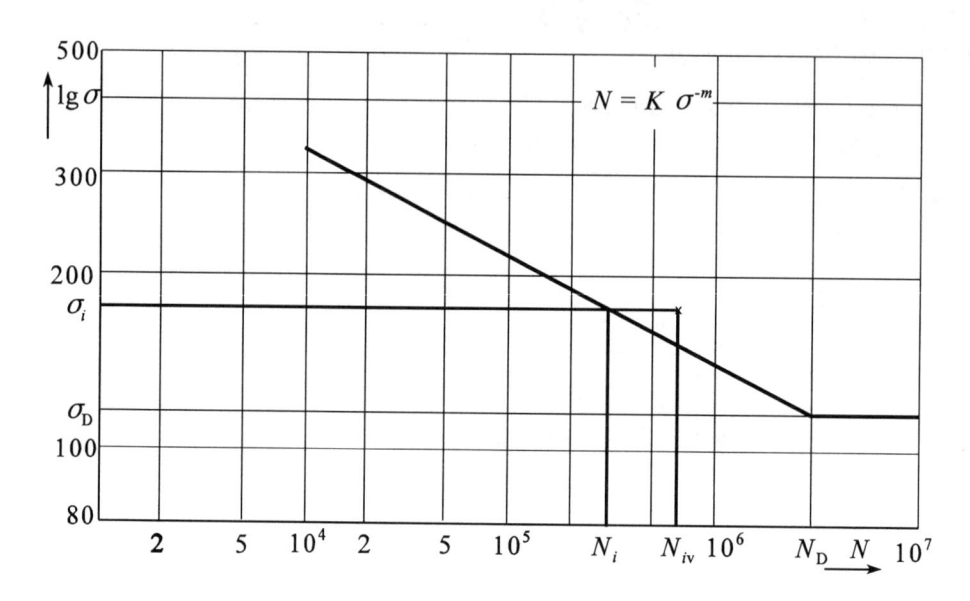

Bild 3.1 Wöhlerlinie als Gerade in lgσ-lg$N$-Koordinaten

Wöhlerlinie als Gerade in lgφ- lg$N$- Koordinaten (Bild 3.1)

$$\tan \alpha = m = \frac{\lg N_D - \lg N}{\lg \sigma - \lg \sigma_D}$$

$$m \cdot \lg \frac{\sigma}{\sigma_D} = \lg \frac{N_D}{N}$$

$$\left(\frac{\sigma}{\sigma_D}\right)^m = \frac{N_D}{N}$$

$$N = \frac{N_D \, \sigma_D{}^m}{\sigma^m} \tag{3.6}$$

$$N = \frac{K}{\sigma^m} \tag{3.7}$$

(mit K und m als Konstanten)

Die Konstante m wird auch als Wöhlerlinienexponent bezeichnet, und die Konstante K erhält man aus

$$K = N_D \, \sigma_D^m \tag{3.8}$$

3.2.2 Zeitfestigkeit

Mit einer Ausgleichsrechnung nach dem Fehlerquadratminimum können die Konstanten aus Versuchsergebnissen ermittelt werden. Sind N_{iv} die Bruchlastzyklenzahlen der Versuchsergebnisse und N_i die zugeordneten Bruchlastzyklenzahlen der Wöhlerlinie (Bild 3.1),

$$N_i = f(K, m)$$

so erhält man die Fehlerquadratsumme

$$FQ = \sum_{i=1}^{n} (\lg N_{iv} - \lg N_i)^2 \tag{3.9}$$

und aus den Bedingungen

$$\frac{\partial FQ}{\partial \lg K} = 0, \qquad \frac{\partial FQ}{\partial m} = 0$$

die Konstanten K und m

$$N_i = \frac{K}{\sigma_i^m} \tag{3.10}$$

$$m \lg \sigma_i = \lg K - \lg N_i \tag{3.11}$$

$$FQ = \sum_{i=1}^{n} (\lg N_{iv} + m \lg \sigma_i - \lg K)^2 \tag{3.12}$$

$$FQ = \sum_{i=1}^{n} \{ (\lg N_{iv})^2 + m^2 (\lg \sigma_i)^2 + (\lg K)^2 + 2m \lg N_{iv} \lg \sigma_i \\ - 2 \lg N_{iv} \lg K - 2m \lg \sigma_i \lg K \} \tag{3.13}$$

$$FQ = \sum (\lg N_{iv})^2 + m^2 \sum (\lg \sigma_i)^2 + n (\lg K)^2 + 2m \sum (\lg N_{iv} \lg \sigma_i) \\ - 2 \lg K \sum \lg N_{iv} - 2m \lg K \sum \lg \sigma_i = 0 \tag{3.14}$$

$$\frac{\partial FQ}{\partial m} = 2m \sum (\lg \sigma_i)^2 + 2 \sum (\lg N_{iv} \lg \sigma_i) - 2 \lg K \sum (\lg \sigma_i) = 0 \tag{3.15}$$

$$\frac{\partial FQ}{\partial \lg K} = 2n \lg K - 2 \sum (\lg N_{iv}) - 2m \sum (\lg \sigma_i) = 0 \tag{3.16}$$

$$m \sum (\lg \sigma_i)^2 - \lg K \sum (\lg \sigma_i) = -\sum (\lg N_{iv} \lg \sigma_i) \tag{3.17}$$

$$- m \sum (\lg \sigma_i) + \lg K \, n = \sum (\lg N_{iv}) \tag{3.18}$$

$$m = \frac{\sum (\lg \sigma_i) \sum (\lg N_{iv}) - n \cdot \sum (\lg N_{iv} \cdot \lg \sigma_i)}{n \sum (\lg \sigma_i)^2 - [\sum (\lg \sigma_i)]^2} \tag{3.19}$$

$$\lg K = \frac{\sum (\lg \sigma_i)^2 \cdot \sum (\lg N_{iv}) - \sum (\lg \sigma_i) \cdot \sum (\lg N_{iv} \cdot \lg \sigma_i)}{n \sum (\lg \sigma_i)^2 - [\sum (\lg \sigma_i)]^2} \tag{3.20}$$

Diese Methode wird nur noch selten angewendet, da man dadurch nur den Mittelwert bzw. den Erwartungswert mit einer Wahrscheinlichkeit von $P = 50\%$ erhält.

Bei der Versuchsdurchführung zur Ermittlung der Zeitfestigkeitsgeraden der Wöhlerlinie werden die Lastzyklenzahlen auf mindestens zwei Spannungshorizonten für jeweils mindestens 8 Proben ermittelt. Die nach steigenden Lastzyklenzahlen geordneten Werte je Spannungshorizont werden Bruchwahrscheinlichkeiten nach verteilungsunabhängigen Schätzformeln zugeordnet. Diese Schätzformeln sind von verschiedenen Autoren veröffentlicht.

WEIBULL $\qquad P_{Bi} = \dfrac{i}{n + 1}$ (3.21)

STEPNOW $\qquad P_{Bi} = \dfrac{i - 0{,}5}{n}$ (3.22)

ROSSOW $\qquad P_{Bi} = \dfrac{3i - 1}{3n + 1}$ (3.23)

In diesen Gleichungen bedeuten:

$n \triangleq$ Umfang der Stichprobe
$i \triangleq$ Laufindex der geordneten Stichprobe

Nach [19] werden folgende Formeln empfohlen:

$n \leq 6:\qquad P_{Bi} = \dfrac{3i - 1}{3n + 1}$ (3.24)

$n \geq 7:\qquad P_{Bi} = \dfrac{i - 0{,}375}{n + 0{,}25}$ (3.25)

Aus der Einordnung der Lastzyklenzahlen im Wahrscheinlichkeitspapier (Voraussetzung einer log-Normalverteilung der Lastzyklenzahlen) erhält man die den Bruchwahrscheinlichkeiten zugeordneten Erwartungswerte für die Lastzyklenzahlen (Bild 3.2).

3.2 Wöhlerlinien aus Versuchsergebnissen

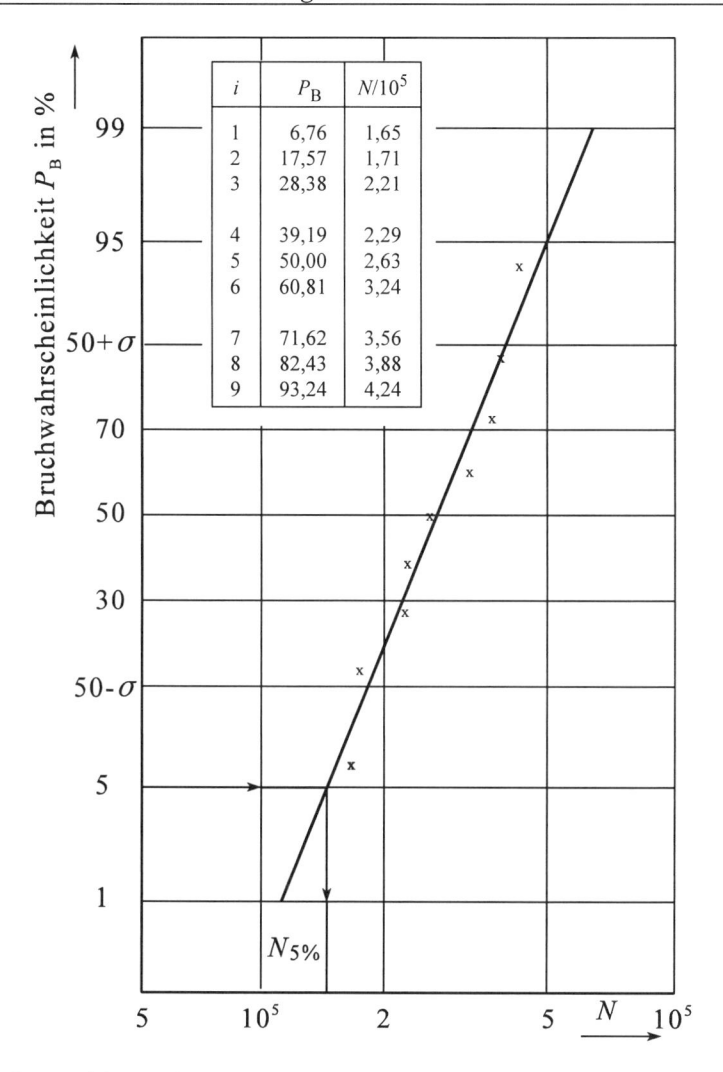

i	P_B	$N/10^5$
1	6,76	1,65
2	17,57	1,71
3	28,38	2,21
4	39,19	2,29
5	50,00	2,63
6	60,81	3,24
7	71,62	3,56
8	82,43	3,88
9	93,24	4,24

Bild 3.2 Lastzyklenzahlen in Abhängigkeit von Bruchwahrscheinlichkeiten

Analytisch erhält man die Lastzyklenzahl für eine vorgegebene **Bruch-** oder **Überlebenswahrscheinlichkeit** aus dem logarithmischen **Mittelwert** und der **Standardabweichung** nach den folgenden Formeln.

Mittelwert
$$\lg \overline{N} = \frac{1}{n} \sum_{i=1}^{n} \lg N_i \tag{3.26}$$

$$s_{\lg N} = \sqrt{\frac{1}{n-1} \sum (\lg N_i - \lg \overline{N})^2} \tag{3.27}$$

$$s_{\lg N} = \sqrt{\frac{1}{n-1}\left[\Sigma(\lg N_i)^2 - 2\lg\overline{N}\cdot\Sigma\lg N_i + n\left(\lg\overline{N}\right)^2\right]} \qquad (3.28)$$

$$\Sigma\frac{\lg N_i}{n} = \lg\overline{N} \quad\Rightarrow\quad \Sigma\lg N_i = n\lg\overline{N} \qquad (3.29)$$

$$s_{\lg N} = \sqrt{\frac{1}{n-1}\left[\Sigma\left(\lg N_i\right)^2 - 2n\left(\lg\overline{N}\right)^2 + n\left(\lg\overline{N}\right)^2\right]} \qquad (3.30)$$

Standardabweichung

$$s_{\lg N} = \sqrt{\frac{1}{n-1}\left[\Sigma\left(\lg N_i\right)^2 - n\left(\lg\overline{N}\right)^2\right]} \qquad (3.31)$$

Lastzyklenzahl für Bruchwahrscheinlichkeit

$$\lg N_{PB} = \lg\overline{N} + u_P\, s_{\lg N} \qquad (3.32)$$

Lastzyklenzahl für Überlebenswahrscheinlichkeit

$$\lg N_{P\ddot{U}} = \lg\overline{N} - u_P\, s_{\lg N} \qquad (3.33)$$

Tabelle 3.1 Quantile der normierten Normalverteilung (u_p)

P	u_p	P	u_p	P	u_p
2,275	− 2,0	84,0	+ 0,99446	92,0	+ 1,40507
5,0	− 1,64485	84,134	+ 1,0	93,0	+ 1,47579
10,0	− 1,28155	85,0	+ 1,03643	94,0	+ 1,55477
15,866	− 1,0	86,0	+ 1,08032	95,0	+ 1,64485
50,0	± 0	87,0	+ 1,12639	96,0	+ 1,75069
80,0	+ 0,84162	88,0	+ 1,17499	97,0	+ 1,88079
81,0	+ 0,87790	89,0	+ 1,22653	97,725	+ 2,0
82,0	+ 0,91536	90,0	+ 1,28155	98,0	+ 2,05375
83,0	+ 0,95417	91,0	+ 1,34076	99,0	+ 2,32635

Bei Versuchsergebnissen auf zwei Spannungshorizonten kann man die Konstanten m und K der Wöhlerliniengleichung nach den folgenden Beziehungen ermitteln.

3.2 Wöhlerlinien aus Versuchsergebnissen

$$m = \frac{\lg N_2 - \lg N_1}{\lg \sigma_1 - \lg \sigma_2} \tag{3.34}$$

$$K = N_1 \sigma_1^m = N_2 \sigma_2^m \tag{3.35}$$

Bei Versuchsergebnissen auf drei und mehr Spannungshorizonten können die Konstanten auch unter Verwendung einer Ausgleichsrechnung (Gleichung 3.19 und 3.20) berechnet werden. Tabelle 3.1 enthält die Quantile der normierten Normalverteilung (u_p).

3.2.3 Dauerfestigkeit

Der **Knickpunkt der Wöhlerlinie** im Übergangsbereich Zeitfestigkeits-Dauerfestigkeitsbereich ist für mechanisch gekerbte Bauteile [16] mit $N_D = 10^6$ Lastzyklen und für Schweißverbindungen [13] mit $N_D = 5 \cdot 10^6$ Lastzyklen festgelegt. Dies entspricht einer ausreichenden Näherung, wenn für die Dauerfestigkeit keine Versuchsergebnisse bekannt sind. Die Dauerfestigkeit kann dann unter Verwendung der Konstanten der Zeitfestigkeitsgeraden K und m berechnet werden.

$$\sigma_D = \sqrt[m]{K / N_D} \tag{3.36}$$

Sind Versuchsergebnisse bekannt, so kann die Dauerfestigkeit nach verschiedenen Verfahren ermittelt werden.

Treppenstufen-Verfahren

Mit diesem Verfahren erhält man mit einer verhältnismäßig geringen Anzahl von Proben (~ 20 Stk.) eine Aussage über den Mittelwert der Dauerfestigkeit und bei einer Anzahl von ~ 50 Proben eine Aussage über den Mittelwert und die Standardabweichung der Dauerfestigkeit. Das Verfahren wurde von BÜHLER und SCHREIBER [20] veröffentlicht. Die Versuche beginnen bei einem zu erwartenden Horizont für die Spannung der Dauerfestigkeit und werden je nach Ereignis (Bruch oder kein Bruch) auf dem um $\Delta\sigma$ nächsthöheren bzw. -niedrigen Spannungshorizont fortgesetzt (siehe Tabellen zum Beispiel in Bild 3.3). Bei der Auswertung beschränkt man sich auf das weniger oft eingetretene Ereignis (Bruch oder kein Bruch).

Den Mittelwert der Dauerfestigkeit erhält man

für $n_i \triangleq$ kein Bruch aus

$$\sigma_D = \bar{\sigma}_D = \sigma_o + \Delta\sigma \left(\frac{\Sigma i \, n_i}{\Sigma n_i} + 0{,}5 \right) \tag{3.37}$$

Beispiel $n_i \triangleq$ Bruch

σ_a N/mm²	$n_i \triangleq$ Bruch	n_i	i	in_i	$i^2 n_i$
202,5	⊗ ⊗ ⊗	3	2	6	12
195,0	⊗ ⊗ ⊗ ♂ ♂ ♂ ⊗	4	1	4	4
187,5	⊗ ⊗ ⊗ ♂ ♂ ♂ ♂ ♂	3	0		
180,0	♂ ♂ ♂				
		10		10	16

Beispiel $n_i \triangleq$ kein Bruch

σ_a N/mm²	$n_i \triangleq$ kein Bruch	n_i	i	in_i	$i^2 n_i$
202,5	⊗ ⊗ ⊗	-			
195,0	⊗ ⊗ ⊗ ♂ ♂ ♂ ⊗ ⊗ ⊗	3	2	6	12
187,5	⊗ ⊗ ⊗ ♂ ♂ ♂ ♂ ♂ ♂ ⊗	6	1	6	6
180,0	♂ ♂ ♂	3	0		
		12		12	18

Bild 3.3 Beispiel zum Treppenstufen-Verfahren

und für $n_i \triangleq$ Bruch aus

$$\bar{\sigma}_D = \sigma_o + \Delta\sigma \left(\frac{\Sigma i n_i}{\Sigma n_i} - 0{,}5 \right) \tag{3.38}$$

Die Standardabweichung kann aus

$$s_D = 1{,}62 \cdot \Delta\sigma \left[\frac{\Sigma n_i \, \Sigma i^2 n_i - (\Sigma i n_i)^2}{(\Sigma n_i)^2} + 0{,}029 \right] \tag{3.39}$$

berechnet werden. Dabei muß die Bedingung

$$\Delta\sigma/s \leq 1{,}876 \tag{3.40}$$

erfüllt sein. Die Dauerfestigkeit für eine vorgegebene Überlebenswahrscheinlichkeit folgt aus:

$$\sigma_{D,P_{\ddot{U}}} = \bar{\sigma}_D - u_{P_{\ddot{U}}} \, s_D \tag{3.41}$$

3.2 Wöhlerlinien aus Versuchsergebnissen

Die Zeichen in den Gleichungen 3.37 bis 3.41 entsprechen:

n_i ≙ Anzahl des weniger oft eingetretenen Ereignisses (Bruch oder kein Bruch)

σ_D ≙ Mittelwert der Dauerfestigkeit ($P_B = 50\%$)

σ_0 ≙ niedrigste Stufe des weniger oft eingetretenen Ereignisses

$\Delta\sigma$ ≙ Stufenabstand ($\Delta\sigma \sim 0{,}05\ \sigma_D$)

s_D ≙ Standardabweichung der Dauerfestigkeit

Zum Beispiel ergeben die Versuchsergebnisse nach Bild 3.3 folgende Dauerfestigkeitswerte nach den Gleichungen 3.37 - 3.40.

n_i ≙ Bruch:

$$\sigma_{D\,1} = 187{,}5 + 7{,}5 \left(\frac{10}{10} - 0{,}5 \right) = 191{,}25\ \text{N/mm}^2$$

$$s_1 = 1{,}62 \cdot 7{,}5 \left(\frac{10 \cdot 16 - 100}{100} + 0{,}029 \right) = 7{,}64\ \text{N/mm}^2$$

$$\Delta\sigma/s_1 = 7{,}5 / 7{,}64 = 0{,}98 < 1{,}876$$

n_i ≙ kein Bruch:

$$\sigma_{D\,2} = 180{,}0 + 7{,}5 \left(\frac{12}{12} + 0{,}5 \right) = 191{,}25\ \text{N/mm}^2$$

$$s_2 = 1{,}62 \cdot 7{,}5 \left(\frac{12 \cdot 18 - 144}{144} + 0{,}029 \right) = 6{,}43\ \text{N/mm}^2$$

$$\Delta\sigma/s_2 = 7{,}5 / 6{,}43 = 1{,}17 < 1{,}876$$

Unter der Voraussetzung einer Normalverteilung der Dauerfestigkeitswerte kann die Dauerfestigkeit für eine vorgegebene Überlebenswahrscheinlichkeit in Abhängigkeit vom Quantil der normierten Normalverteilung berechnet werden.

Probit-Verfahren

Das Probit-Verfahren setzt einen großen Stichprobenumfang voraus. Es sollten auf mindestens 5 Belastungsstufen jeweils mindestens 10 Versuchsproben geprüft werden. Dabei müssen bei den Versuchsproben auf jeder Belastungsstufe Durchläufer und Brüche vorhanden sein; d.h., Belastungsstufen mit nur Brüchen bzw. nur Durchläufer werden bei der Auswertung nicht berücksichtigt. Unter der Voraussetzung einer Normalverteilung wird die Überlebenswahrscheinlichkeit für jede Belastungsstufe nach der folgenden Gleichung berechnet.

$$P_{\ddot{U},i} = \frac{i}{n} \cdot 100 \tag{3.42}$$

In dieser Gleichung bedeuten:

i ≙ Anzahl der Durchläufer je Belastungsstufe
n ≙ Anzahl der Versuchsproben je Belastungsstufe

Aus der Darstellung der Versuchsergebnisse (Normalverteilung der Versuchsergebnisse) in Bild 3.4 können der Mittelwert $\sigma_{D,50}$, die Streuspanne und ein ertragbarer Wert $\sigma_{D,2\sigma}$ ermittelt werden.

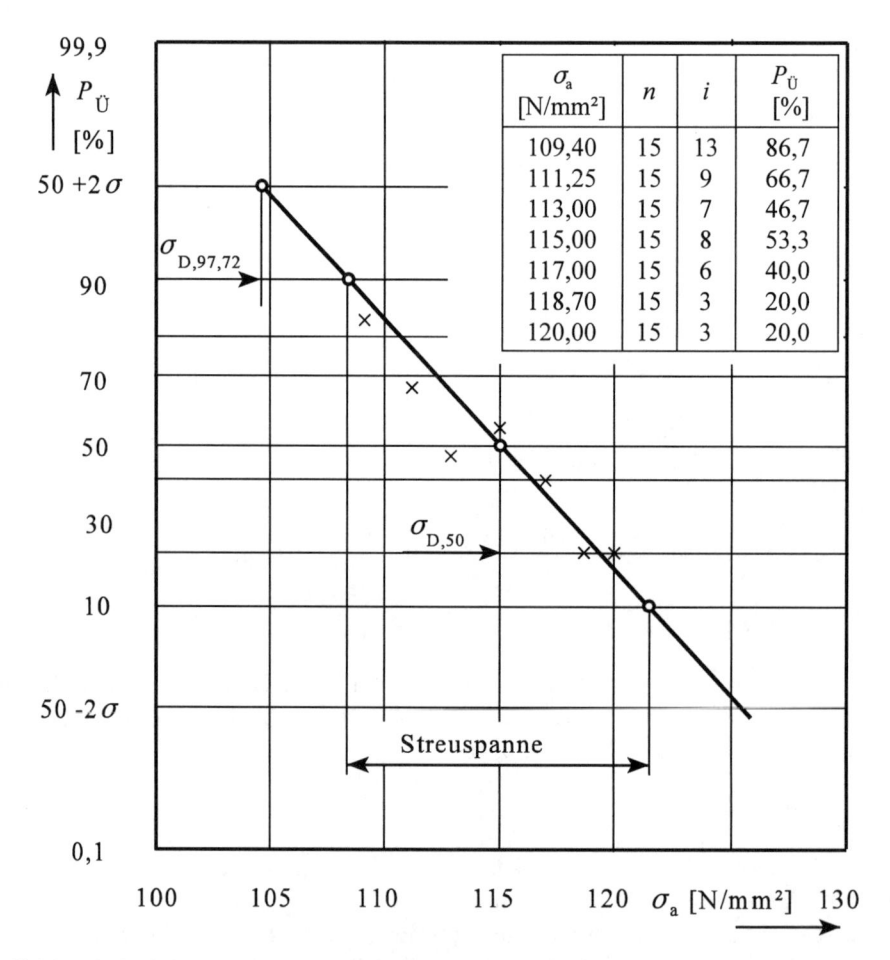

σ_a [N/mm²]	n	i	$P_{\ddot{U}}$ [%]
109,40	15	13	86,7
111,25	15	9	66,7
113,00	15	7	46,7
115,00	15	8	53,3
117,00	15	6	40,0
118,70	15	3	20,0
120,00	15	3	20,0

Bild 3.4 Beispiel zum Probit-Verfahren

3.2 Wöhlerlinien aus Versuchsergebnissen

Locati-Verfahren

Das Verfahren nach Locati gestattet die näherungsweise Bestimmung der Dauerfestigkeit mit nur einer Versuchsprobe. Der Verlauf der Wöhlerlinie muß dabei abgeschätzt werden, d.h.

- Zeitfestigkeitsgerade für den Mittelwert aus Versuchsergebnissen und σ_{D1} aus $N_D = 2 \cdot 10^6$ (bzw. 10^6 für mechanisch gekerbte Schweißverbindungen und $5 \cdot 10^6$ für Schweißverbindungen)
- Zeitfestigkeitsgerade aus Versuchsergebnissen für $P_{\text{Ü}} = 10$, 50 und 90%.

Der Versuch wird mit konstanter Beanspruchung auf verschiedenen Spannungshorizonten σ_i mit konstanter Lastzyklenzahl n_i (bei konstantem $\Delta\sigma$) bis zum Versagen der Probe durchgeführt (siehe Bild 3.5).

Als Empfehlung gilt:

$$\sigma_1 = 0.9\ \sigma_{D1} \tag{3.43}$$

$$\Delta\sigma = (0.05 - 0.1)\ \sigma_{D1} \tag{3.44}$$

$$n_i = 2 \cdot 10^4 \ ... \ 6 \cdot 10^4 \tag{3.45}$$

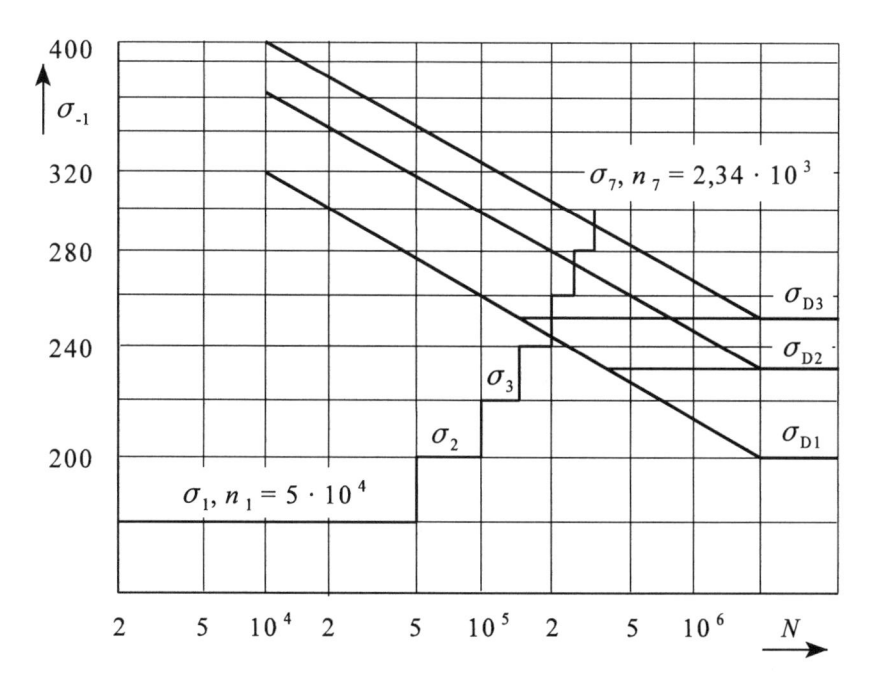

Bild 3.5 Versuchsergebnisse zum Locati-Verfahren

Den Mittelwert der Dauerfestigkeit kann man näherungsweise unter Verwendung einer linearen Schädigungsrechnung aus der Bedingung „Schädigungssumme $S = 1$" ermitteln. Mit der Wöhlerlinie für σ_{D1} nach Gleichung (3.6) folgt:

$$\sigma_i \geq \sigma_{D1}: \qquad N_i = N_D \left(\frac{\sigma_{D1}}{\sigma_i}\right)^m \qquad (3.46)$$

$$\sigma_i < \sigma_{D1}: \qquad N_i = \infty \qquad (3.47)$$

und nach Gleichung (3.48) erhält man die Schädigungssumme S

$$S = \sum_{i=1}^{k} \frac{n_i}{N_i} \qquad (3.48)$$

Bei einer Schädigungssumme $S_1 > 1$ (für σ_{D1}) wählt man ein $\sigma_{D2} > \sigma_{D1}$ und umgekehrt, d.h. für

$$S_1 < 1 \quad \Rightarrow \quad \sigma_{D2} < \sigma_{D1}$$

Die Dauerfestigkeit σ_{D1} kann als Funktion von S durch ein Polynom

$$\sigma_D = a_0 + a_1 S + a_2 S^2 \qquad (3.49)$$

dargestellt werden (Bild 3.6) und mit $S = 1$ kann der Näherungswert für den Mittelwert der Dauerfestigkeit σ_D angegeben werden.

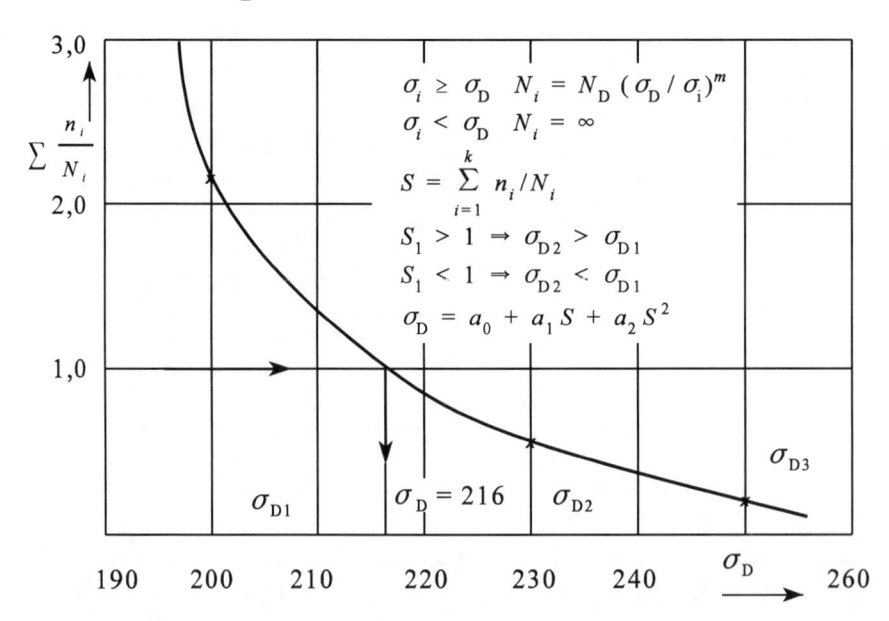

Bild 3.6 Ermittlung der Dauerfestigkeit nach Locati

3.3 Berechnung der Lebensdauer nach Hypothesen

Zur Ermittlung der Lebensdauer bei einer regellosen Beanspruchung sind verschiedene **Schadensakkumulationshypothesen** auf der Basis von Nennspannungen bekannt. Sie benötigen als Grundlage für die Berechnung der Lebensdauer das Beanspruchungskollektiv und die Werkstoff- bzw. Bauteilwöhlerlinie.

Aus der Analyse der regellosen Beanspruchung erhält man das **Beanspruchungskollektiv** mit der Stufenzahl j, den Spannungsamplituden σ_{ai} und den Lastzyklenzahlen n_i. Dabei wird i als Laufindex verwendet. Die Ordnungsnummer k folgt aus der Beziehung (3.50), siehe Bild 3.7.

$$\sigma_{k-1} \geq \sigma_D \tag{3.50}$$

Die **Wöhlerlinie** wird als Geradengleichung mit der Dauerfestigkeit σ_D, der Grenzlastzyklenzahl N_D und dem Wöhlerlinienexponenten m verwendet.

$$N_i = N_D \left(\frac{\sigma_D}{\sigma_i} \right)^m \tag{3.51}$$

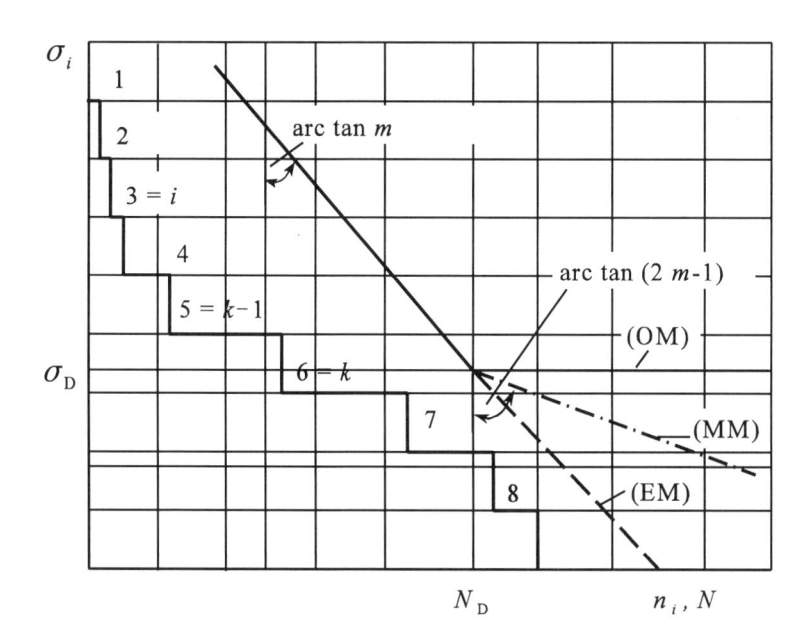

Bild 3.7 Bezeichnung zur Berechnung der Lebensdauer

3.3.1 Originale Miner-Hypothese

Die lineare Schadensakkumulationshypothese von MINER wurde bereits 1945 veröffentlicht [21]. Die gleichen Grundlagen sind in einer Veröffentlichung von PALMGREN [22] enthalten und in der Literatur wird die Hypothese auch mit Palmgren Miner-Regel bezeichnet. Desweiteren wird auch der Begriff **Originale Miner-Regel** (OM) verwendet.

Miner formuliert die Schädigung als Verhältnis von Stufenschwingspielzahl n_i und ertragbarer Lastzyklenzahl N_i aus der Wöhlerlinie bei der gleichen Spannungsamplitude.

$$S_{OM} = \frac{n_i}{N_i} \qquad (3.52)$$

Desweiteren setzt Miner eine Schädigung nur oberhalb der Dauerfestigkeit voraus, d.h. $i < k$. Damit erhält man die ertragbare Lastzyklenzahl bei Kollektivbelastung, d.h. die Lebensdauer N_{OM}.

$$N_{OM} = \frac{\left(\sum_{i=1}^{j} n_i\right)}{\left(\sum_{i=1}^{k-1} \frac{n_i}{N_i}\right)} \qquad (3.53)$$

Mit Gleichung (3.51) folgt:

$$N_{OM} = \frac{\left(N_D \sum_{i=1}^{j} n_i\right)}{\left[\sum_{i=1}^{k-1} n_i \left(\frac{\sigma_i}{\sigma_D}\right)^m\right]} \qquad (3.54)$$

Originale Miner – Hypothese

$$N_{OM} = \frac{\left(N_D \, \sigma_D^m \sum_{i=1}^{j} n_i\right)}{\left(\sum_{i=1}^{k-1} n_i \, \sigma_i^m\right)} \qquad (3.55)$$

Aus der Vernachlässigung der Schädigungsanteile unterhalb der Dauerfestigkeit folgt, daß für eine Übereinstimmung von Kollektivamplitude σ_j mit der Dauerfestigkeit für den Kollektivgrößtwert zwei Lebensdauerwerte berechnet werden können. Daraus folgt eine Stufe in der Lebensdauerlinie.

3.3 Berechnung der Lebensdauer nach Hypothesen

3.3.2 Elementare Miner-Hypothese

CORTEN und DOLAN berücksichtigen für die Berechnung der Schädigung auch die Stufen unterhalb der Dauerfestigkeit [23]. Die Wöhlerlinie wird für diesen Bereich durch eine fiktive Linie mit dem gleichen Wöhlerlinienexponenten ersetzt (Bild 3.7).

Dafür wird in der Literatur auch der Begriff **Elementare Miner-Regel** (EM) verwendet.

$$N_{EM} = \frac{\left(N_D \sum_{i=1}^{j} n_i\right)}{\left[\sum_{i=1}^{j} n_i \left(\frac{\sigma_i}{\sigma_D}\right)^m\right]} \tag{3.56}$$

Elementare Miner – Hypothese

$$N_{EM} = \frac{\left(N_D \sigma_D^{\,m} \sum_{i=1}^{j} n_i\right)}{\left(\sum_{i=1}^{j} n_i \sigma_i^{\,m}\right)} \tag{3.57}$$

SERENSEN [24] und OXFORT [25] geben Modifizierungen dieser Hypothese von CORTEN und DOLAN an. Von SERENSEN wird eine Betriebsfestigkeit σ_B bei Kollektivbelastung berechnet.

Demgegenüber berechnet OXFORT den Kollektivgrößtwert σ_{a1} bei vorgegebener Lebensdauer N_{LD}.

3.3.3 Modifizierte Miner-Hypothese

Im Ergebnis einer umfangreichen Auswertung experimenteller Betriebsfestigkeitsuntersuchungen berücksichtigt HAIBACH die Schädigung unterhalb der Dauerfestigkeit durch eine fiktive Wöhlerlinie mit dem **Wöhlerlinienexponenten 2m-1** [26].

$$N_{MM} = \frac{N_D \sum_{i=1}^{j} n_i}{\sum_{i=1}^{k-1} n_i \left(\frac{\sigma_i}{\sigma_D}\right)^m + \sum_{i=k}^{j} n_i \left(\frac{\sigma_i}{\sigma_D}\right)^{2m-1}} \tag{3.58}$$

Modifizierte Miner – Hypothese

$$N_{MM} = \frac{N_D \, \sigma_D^{\,m} \sum_{i=1}^{j} n_i}{\sum_{i=1}^{k-1} n_i \sigma_i^{\,m} + \sigma_D^{\,1-m} \sum_{i=k}^{j} n_i \sigma_i^{\,2m-1}} \tag{3.59}$$

Im IfL-Dresden erfolgte eine umfaßende Auswertung einer Vielzahl von Blockprogramm- und Randomversuchen im Vergleich mit Berechnungen der Lebensdauer nach den genannten Schädigungshypothesen [27]. Für eine Stichprobe von 297 Blockprogramm- und 203 Randomversuchen ergaben die Ergebnisse der Auswertung, daß die berechnete Lebensdauer bei Blockprogrammversuchen mit einem Faktor von 0,7 und bei Randomversuchen mit einem Faktor von 0,3 zu bewerten ist. Dies trifft nicht zu bei Wöhlerlinien mit einem Wöhlerlinienexponenten von $m = 3$ und $N_D = 5 \cdot 10^6$ Lastspielen.

3.4 Richtlinie für Maschinenbauteile

Die Richtlinie „**Rechnerischer Festigkeitsnachweis für Maschinenbauteile**" [16] hat die ehemaligen staatlichen Normen der DDR (TGL-Standards), die im Institut für Leichtbau (IfL), jetzt IMA Materialforschung und Anwendungstechnik GmbH, erarbeitet wurden, zur Grundlage. Der Ermüdungsfestigkeitsnachweis gilt für den Maschinenbau und andere Bereiche der metallverarbeitenden Industrie.

3.4.1 Beanspruchung

In der genannten Richtlinie werden die **örtlichen Beanspruchungen** mit σ und τ und die **Nennspannungen** mit S (Sigma) und T (Tau) bezeichnet.

Für eine zufallsartige Beanspruchung werden Amplitudenkollektive mit einem Kollektivbeiwert $p = 1$; ⅔; ⅓ und 0 verwendet (Bild 3.8). Für die genannten Kollektivbeiwerte p und verschiedene Lebensdauerbereiche wurden Beanspruchungsgruppen B3 bis B6 definiert

z.B. B6 ≙ Kollektivbeiwert $p = ⅔$, Zyklenzahl $N = 3{,}2e6 - 1{,}0e7$

Die Beanspruchungsgruppen ermöglichen einen vereinfachten Betriebsfestigkeitsnachweis.

3.4.2 Wöhlerlinie

In der Wöhlerliniengleichung wird der Wöhlerlinienexponent m mit k_σ (für Normalspannungen) und k_τ (für Schubspannungen) bezeichnet.

3.4 Richtlinie für Maschinenbauteile

Beanspruchungsfunktion

Beanspruchungkollektiv

Stufe i	$S_{a,i} / S_{a,1}$			n_i
	$p = 0$	$p = 1/3$	$p = 2/3$	
1	1,000	1,000	1,000	2
2	0,950	0,967	0,983	16
3	0,850	0,900	0,950	280
4	0,725	0,817	0,908	2 720
5	0,575	0,717	0,858	20 000
6	0,425	0,617	0,803	92 000
7	0,275	0,517	0,758	280 000
8	0,125	0,417	0,708	605 000

Beanspruchungsgruppen

Zyklenzahl N	Kollektivbeiwert p			
	0	1/3	2/3	1
1,0 e4 – 3,2 e4	B-1	B0	B2	B3
3,2 e4 – 1,0 e5	B-1	B1	B3	B4
1,0 e5 – 3,2 e5	B0	B2	B4	B5
3,2 e5 – 1,0 e6	B1	B3	B5	B6
1,0 e6 – 3,2 e6	B2	B4	B6	B6
3,2 e6 – 1,0 e7	B3	B5	B6	B6
1,0 e7 – 3,2 e7	B4	B6	B6	B6
3,2 e7 – 1,0 e8	B5	B6	B6	B6
1,0 e8 – 3,2 e8	B6	B6	B6	B6
3,2 e8 – 1,0 e9	B6	B6	B6	B6

Werkstoff - σ_{WN}

Wechselfestigkeit

$\sigma_W = K_d \, K_a \, \sigma_{WN}$

K_d technologischer Größeneinflußfaktor
K_a Anisotropiefaktor

Bauteilwechselfestigkeit

$$K_{WK} = \left(K_f + \frac{1}{K_F} - 1 \right) \frac{K_{f,W}}{K_V \, K_{SM}}$$

$$S_{WK} = \frac{\sigma_W}{K_{WK}}$$

K_f Kerbwirkungszahlen
K_F Rauhigkeitsfaktoren
K_V Randschichtfaktoren
K_{SM} mehrachsiger Spannungszustand
$K_{f,W}$ Schweißverbindungen

Amplitude der Bauteil-Dauerfestigkeit

$S_{AK} = K_{AK} \cdot S_{WK}$

$K_{A,K}$ Mittelspannungsfaktor

Bauteilbetriebsfestigkeit

$\hat{S}_{BK} = K_{BK,S} \cdot S_{AK}$

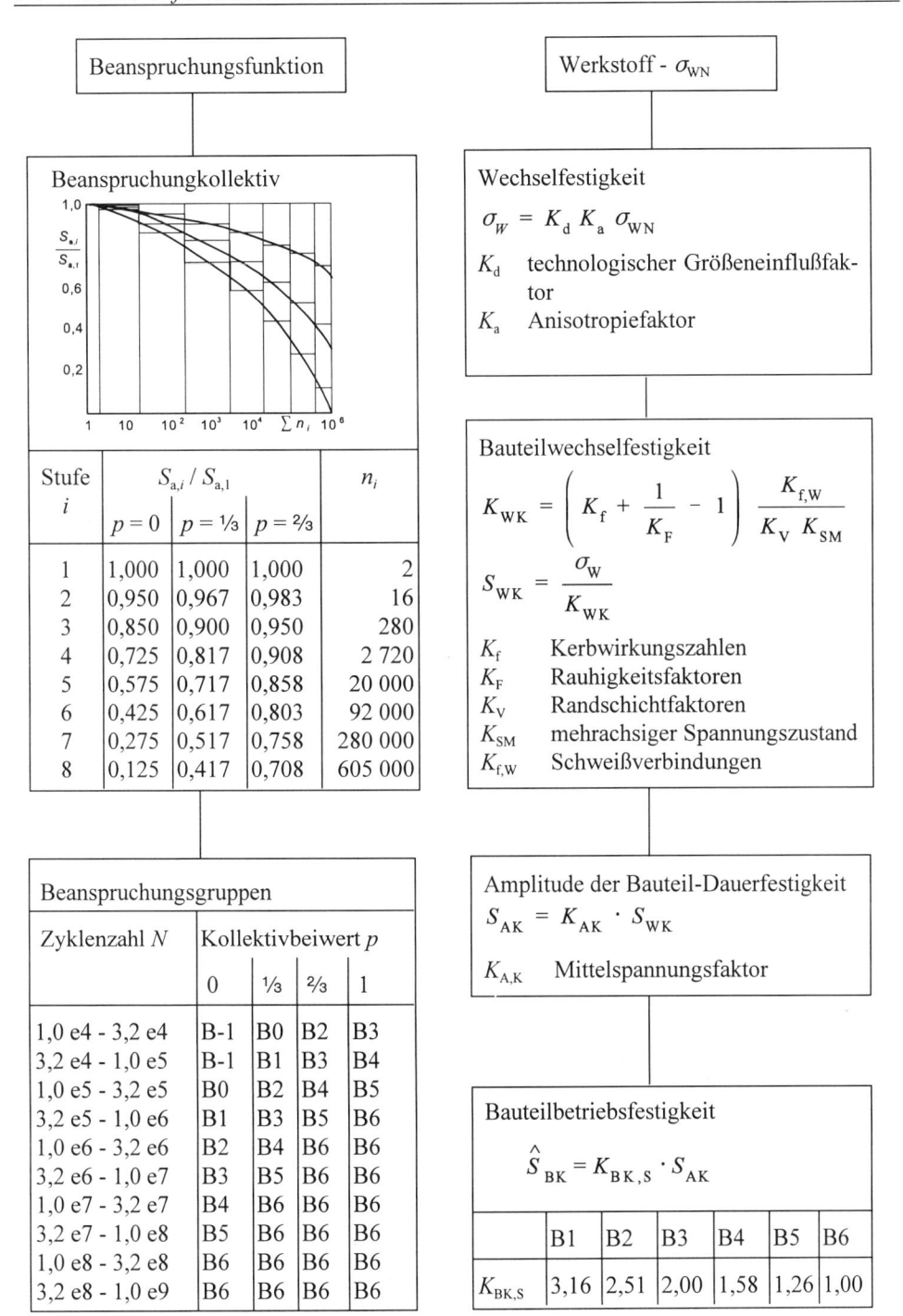

	B1	B2	B3	B4	B5	B6
$K_{BK,S}$	3,16	2,51	2,00	1,58	1,26	1,00

Bild 3.8 Rechnerischer Festigkeitsnachweis für Maschinenbauteile

Für nichtgeschweißte Bauteile gilt:

$N \leq N_D$ $\qquad k_\sigma = 5,$ $\qquad k_\tau = 8$

$N_D < N \leq 10^8$ $\qquad k_\sigma = 9,$ $\qquad k_\tau = 15$

Die Exponenten der Wöhlerlinie für $N > N_D$ sind aus der modifizierten Miner-Hypothese abgeleitet. Mit der Amplitude der Dauerfestigkeit (S_{AK}) hat die Wöhlerliniengleichung die folgende Form.

Wöhlerliniengleichung

$$\lg N = \lg (N_D S_{AK}^{k}) - k \lg \sigma \qquad N \leq N_D \qquad (3.60)$$

$$\lg N = \lg (N_D S_{AK}^{2k-1}) - (2k-1) \lg \sigma \qquad N_D < N \leq 10^8 \qquad (3.61)$$

Als Knickpunktzyklenzahl der Dauerfestigkeit der Wöhlerlinie wird $N_D = 10^6$ verwendet. Die Amplitude der Dauerfestigkeit kann aus der Wechselfestigkeit des Werkstoffes (σ_{WN}), unter der Berücksichtigung einiger **Einflußfaktoren**, berechnet werden.

K_d $\quad$ technologischer Größeneinflußfaktor

K_a $\quad$ Anisotropiefaktor

$$\sigma_W = K_d \cdot K_a \; \sigma_{WN} \qquad (3.62)$$

K_f $\quad$ Kerbwirkungszahlen

K_F $\quad$ Rauhigkeitsfaktoren

K_V $\quad$ Randschichtfaktoren

K_{SM} $\quad$ mehrachsiger Spannungszustand

$K_{f,W}$ $\quad$ Schweißverbindungen

$$K_{WK} = \left(K_f + \frac{1}{K_F} - 1 \right) \frac{K_{f,W}}{K_V \, K_{SM}} \qquad (3.63)$$

$$S_{WK} = \frac{\sigma_W}{K_{WK}} \qquad (3.64)$$

K_{AK} $\quad$ Mittelspannungsfaktor

$$S_{AK} = K_{AK} \cdot S_{WK} \qquad (3.65)$$

Die Berechnung der **Bauteilbetriebsfestigkeit** erfolgt auf der Grundlage der modifizierten Miner-Hypothese unter Verwendung des Einflußfaktors $K_{BK,S}$ in Abhängigkeit von den Beanspruchungsgruppen.

3.4 Richtlinie für Maschinenbauteile

$\hat{S}_{BK} = K_{BK,S} \cdot S_{AK}$

An einem Beispiel wird in Tabelle 3.2 für die Beanspruchungsgruppen B2, B4 und B6 (Kollektivbeiwert $p = 0$, ⅓, ⅔ bei einer Zyklenzahl $N = 1{,}0$ e6 bis $3{,}2$ e6) die Berechnung nach der modifizierten Miner-Hypothese dargestellt.

Wöhlerlinie für $S_{AK} = 100$ N/mm² und $N_D = 10^6$

$N \le N_D$: $\quad N = 10^6 \, (100)^5 / \sigma_{ai}^5$

$N > N_D$: $\quad N = 10^6 \, (100)^9 / \sigma_{ai}^9$

Bauteilbetriebsfestigkeit (Zyklenzahl $N = 1{,}0$ e6 bis $3{,}2$ e6)

B2: $\hat{\sigma}_{BK} = 2{,}51 \quad S_{AK} = 251$ N/mm² $\quad N_{MM} = 3\,026\,000$

B4: $\hat{\sigma}_{BK} = 1{,}58 \quad S_{AK} = 158$ N/mm² $\quad N_{MM} = 5\,503\,000$

B6: $\hat{\sigma}_{BK} = 1{,}00 \quad S_{AK} = 100$ N/mm² $\quad N_{MM} = 14\,428\,000$

Tabelle 3.2 Berechnung der Lebensdauer

Stufe i	B2	B4	B6	n_i	$N_{i,B2}$	$N_{i,B4}$	$N_{i,B6}$
1	251,0	158,0	100,0	2	10 038	101 558	1 000 000
2	238,5	152,8	98,3	16	12 959	120 056	1 166 859
3	213,4	142,2	95,0	280	22 596	171 990	1 586 674
4	182,0	129,1	90,8	2 720	50 078	278 849	2 383 568
5	144,3	113,3	85,8	20 000	159 834	535 612	3 968 391
6	106,7	97,5	80,3	92 000	723 066	1 255 910	7 203 775
7	69,0	81,7	75,8	280 000	2,821 e7	6 165 973	1,211 e7
8	31,4	65,9	70,8	605 000	3,782 e10	4,266 e7	2,237 e7
				$\sum n_i / N_i$	0,330 45	0,181 72	0,069 31

Die Lebensdauerwerte N_{MM} wurden mit den Beanspruchungskollektiven und der Wöhlerlinie nach der modifizierten Miner-Hypothese berechnet und in Bild 3.9 eingetragen.

Aus der Darstellung ist zu erkennen, daß die berechneten Lebensdauerwerte außerhalb des zulässigen Bereiches auf der sicheren Seite liegen. Dies ist für Vorschriften typisch.

Bei der Anwendung von Vorschriften erhält man im allgemeinen sichere Werte.

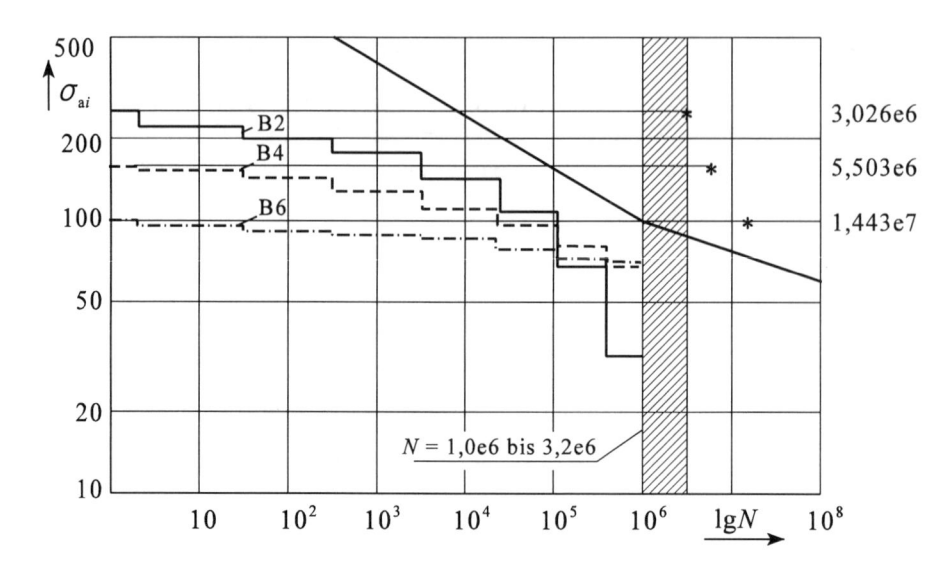

Bild 3.9 Beispiel zur Berechnung der Lebensdauer

3.5 Normen für den Stahlbau

3.5.1 DINVENV 1993 - Stahlbau

Grundlagen

Der Abschnitt 9 **Werkstoffermüdung** der genannten DIN enthält ein allgemeines Verfahren für den Ermüdungsfestigkeitsnachweis für **Tragwerke** und **Tragwerksteile**, die durch wiederholte Spannungsschwankungen beansprucht werden. Für Hoch- und Industriebauten ist normalerweise kein Ermüdungsnachweis verlangt, außer für

- Bauteile, die Hebezeuge oder rollende Lasten tragen
- Bauteile mit wiederholten Spannungsspielen aus vibrierenden Maschinen
- Bauteile mit windinduzierten Schwingungen
- Bauteile, die von Menschen hervorgerufenen Schwingungen unterworfen sind.

Der Ermüdungsfestigkeitsnachweis entfällt, wenn eine der folgenden Bedingungen erfüllt ist.

$$\gamma_{Ff} \Delta \sigma \leq \frac{26}{\gamma_{Mf}} \text{ N/mm}^2 \tag{3.66}$$

$$N \leq 2 \cdot 10^6 \left(\frac{36}{\gamma_{Ff} \gamma_{Mf} \Delta \sigma_c} \right)^3 \tag{3.67}$$

3.5 Normen für den Stahlbau

$$\gamma_{Ff} \Delta \sigma \leq \frac{\Delta \sigma_D}{\gamma_{Mf}} \tag{3.68}$$

Teilsicherheitsbeiwerte

Der **Teilsicherheitsbeiwert** γ_{Ff} berücksichtigt die Unsicherheiten bei der Beanspruchungsermittlung.

- Größe der Belastung
- Umrechnung der Belastung in Spannungen
- Bestimmung der schadensäquivalenten Spannungsschwingbreiten
- Nutzungsdauer des Tragwerkes

Der **Teilsicherheitsbeiwert** γ_{Mf} berücksichtigt folgende Unsicherheiten:

- Größe des gekerbten Bauteiles
- Abmessungen, Gestalt und Fehlstellen
- örtliche Spannungskonzentrationen infolge von Zufälligkeiten der Nahtgüte
- verschiedene Schweißverfahren und metallurgische Auswirkungen

Empfohlene Werte für γ_{Mf} sind in Tabelle 3.3 angegeben.

Tabelle 3.3 Teilsicherheitsbeiwerte

γ_{Mf}	Schadenstolerante Bauteile	Nichtschadenstolerante Bauteile
zugängliche Kerbstelle	1,0	1,25
schlechte Zugänglichkeit	1,15	1,35

Ermüdungsfestigkeitskurve

Die Ermüdungsfestigkeitskurve gibt ertragbare Werte für die Schwingbreite $\Delta \sigma$ in Abhängigkeit von den Spannungszyklen an (Bild 3.10). Charakteristische Grenzen sind:

- $\Delta \sigma_C$ ≙ Kerbfall, Ermüdungsfestigkeit bei $2 \cdot 10^6$ Spannungszyklen
- $\Delta \sigma_D$ ≙ Dauerfestigkeit,
- $\Delta \sigma_L$ ≙ Schwellwert der Ermüdungsfestigkeit

Daraus folgen die Wöhlerliniengleichungen

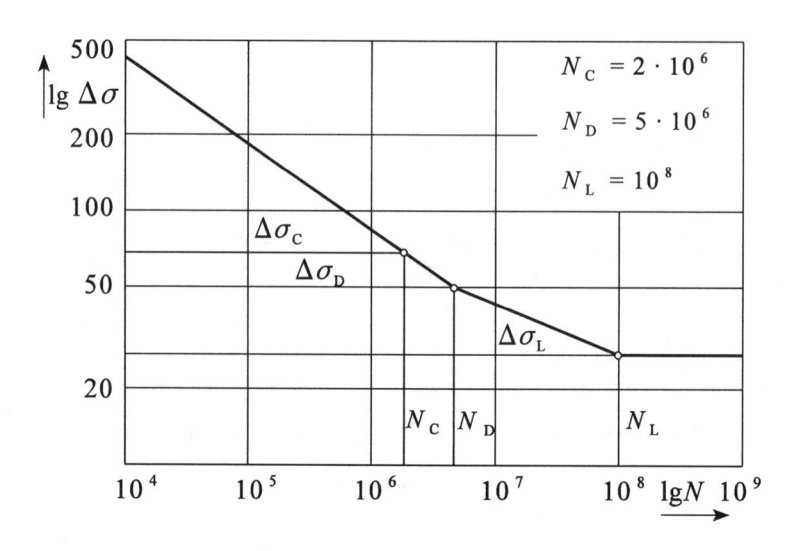

$\Delta\sigma_i \geq \Delta\sigma_D$: $\qquad N_i = N_D (\Delta\sigma_D)^3 / (\Delta\sigma_i)^3$ (3.69)

$\Delta\sigma_D > \Delta\sigma_i \leq \Delta\sigma_L$: $\qquad N_i = N_D (\Delta\sigma_D)^5 / (\Delta\sigma_i)^5$ (3.70)

$\Delta\sigma_i < \Delta\sigma_L$: $\qquad N_i = \infty$ (3.71)

Bild 3.10   Ermüdungsfestigkeitskurve nach DINVENV-Stahlbau

Ermüdungsfestigkeitsnachweis

Periodische Beanspruchung

Bei **periodischer Beanspruchung** ist die folgende Bedingung zu erfüllen.

$$\gamma_{Ff}\,\Delta\sigma \leq \frac{\Delta\sigma_R}{\gamma_{Mf}}$$ (3.72)

$\Delta\sigma$ ≙ Nennspannungsschwingbreite

$\Delta\sigma_R$ ≙ Ermüdungsfestigkeit für den maßgebenden Kerbfall für die Gesamtzahl der Spannungsspiele N

Nichtperiodische Beanspruchung

Bei **nichtperiodischer Beanspruchung** erfolgt der Ermüdungsfestigkeitsnachweis auf der Grundlage der Schadensakkumulation nach PALMGREN-MINER bzw. nach der modifizierten Miner-Hypothese (Bild 3.11).

3.5 Normen für den Stahlbau

$$D_d = \sum \frac{n_i}{N_i} \leq 1 \tag{3.73}$$

$n_i \triangleq$ Anzahl der Spannungsspiele der Spannungsschwingbreite $\Delta\sigma_i$ für die **erforderliche Nutzungsdauer**

$N_i \triangleq$ Anzahl der Spannungsspiele der Spannungsschwingbreite $\gamma_{Ff}\gamma_{Mf}\Delta\sigma_i$ der Ermüdungsfestigkeit für den **maßgebenden Kerbfall**

Für Längsspannungen

$\gamma_{Ff}\Delta\sigma_i \geq \Delta\sigma_D / \gamma_{Mf}$:

$$N_i = 5 \cdot 10^6 \left(\frac{\Delta\sigma_D}{\gamma_{Ff}\gamma_{Mf}\Delta\sigma_i}\right)^3 \tag{3.74}$$

$\Delta\sigma_D / \gamma_{Mf} > \gamma_{Ff}\Delta\sigma_i \geq \Delta\sigma_L / \gamma_{Mf}$

$$N_i = 5 \cdot 10^6 \left(\frac{\Delta\sigma_D}{\gamma_{Ff}\gamma_{Mf}\Delta\sigma_i}\right)^5 \tag{3.75}$$

$\gamma_{Ff}\Delta\sigma_i < \Delta\sigma_L / \gamma_{Mf}$

$$N_i = \infty \tag{3.76}$$

Für Schubspannungen

$\gamma_{Ff}\Delta\tau_i \geq \Delta\tau_L / \gamma_{Mf}$

$$N_i = 10^6 \left(\frac{\Delta\tau_L}{\gamma_{Ff}\gamma_{Mf}\Delta\tau_i}\right)^5 \tag{3.77}$$

$\gamma_{Ff}\Delta\tau_i < \Delta\tau_L / \gamma_{Mf}$

$$N_i = \infty \tag{3.78}$$

Für Längs- und Schubspannungen

$$D_{d,\sigma} + D_{d,\tau} \leq 1 \tag{3.79}$$

3 Lebensdauer nach dem Nennspannungskonzept

Beanspruchungsfunktion

Schwingbreitenkollektiv

[Diagramm: $\Delta\sigma_i/\Delta\sigma_1$ über Σn_i, Werte 1 bis 10^6]

Kerbfalltabellen

- Nicht geschweißte Details
- Geschweißte Querschnitte
- Querliegende Stumpfnähte
- Angeschweißte Bauteile
- Geschweißte Verbindungen

Kerbgruppe
$\Delta\sigma_C = 36$ bis 160 N/mm²

Stufe i	$\Delta\sigma_i / \Delta\sigma_1$			n_i
	$p=0$	$p=\frac{1}{3}$	$p=\frac{2}{3}$	
1	1,000	1,000	1,000	2
2	0,950	0,967	0,983	16
3	0,850	0,900	0,950	280
4	0,725	0,817	0,908	2 720
5	0,575	0,717	0,858	20 000
6	0,425	0,617	0,803	92 000
7	0,275	0,517	0,758	280 000
8	0,125	0,417	0,708	605 000

für $\gamma_{Ff} \Delta\sigma_i \geq \Delta\sigma_D / \gamma_{Mf}$

$$N_i = 5 \cdot 10^6 \left(\frac{\Delta\sigma_D}{\gamma_{Ff} \gamma_{Mf} \Delta\sigma_i} \right)^3$$

für $\Delta\sigma_D / \gamma_{Mf} > \gamma_{Ff} \Delta\sigma_i \geq \Delta\sigma_L / \gamma_{Mf}$

$$N_i = 5 \cdot 10^6 \left(\frac{\Delta\sigma_D}{\gamma_{Ff} \gamma_{Mf} \Delta\sigma_i} \right)^5$$

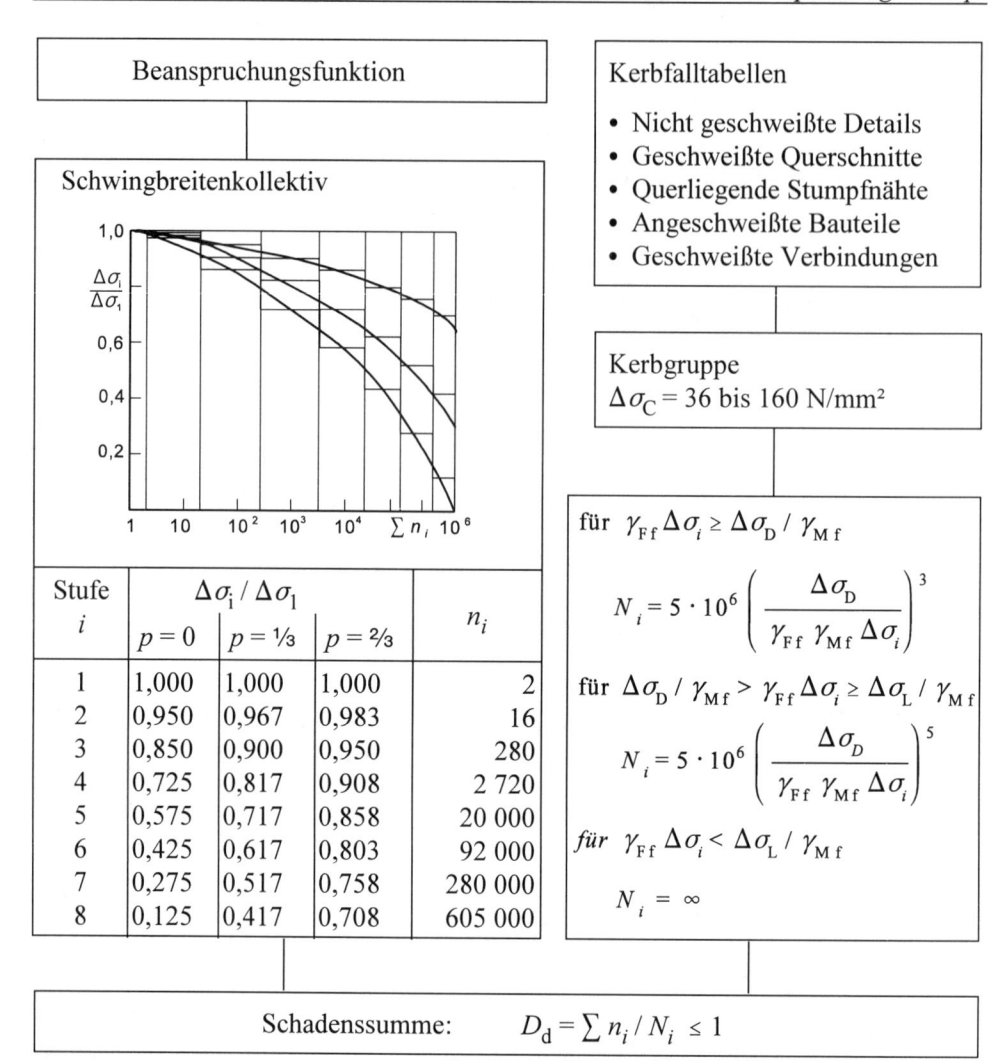

für $\gamma_{Ff} \Delta\sigma_i < \Delta\sigma_L / \gamma_{Mf}$

$$N_i = \infty$$

Schadenssumme: $D_d = \sum n_i / N_i \leq 1$

Bild 3.11   Ermüdungsnachweis nach DINVENV - Stahlbau

Ermüdungsfestigkeitskurven

Die Einstufung in typische Kerbfälle kann nach den folgenden Tabellen der DINVENV-Stahlbau für tabellierte Kerbfälle erfolgen.

Tabelle 9.8.1   Nichtgeschweißte Konstruktionsdetails
Tabelle 9.8.2   Geschweißte zusammengesetzte Querschnitte
Tabelle 9.8.3   Querliegende Stumpfnähte
Tabelle 9.8.4   Nichttragende Schweißnähte
Tabelle 9.8.5   Tragende Schweißnähte
Tabelle 9.8.6   Hohlprofile
Tabelle 9.8.7   Hohlprofilanschlüsse

3.5 Normen für den Stahlbau

Beanspruchungsfunktion	Kerbfall W_0 - W_2 Ungelochte und gelochte Teile, Teile mit brenngeschnittenen Flächen Kerbfall K_0 - K_4 geringe Kerbwirkung bis besonders starke Kerbwirkung

Amplitudenkollektiv (Diagramm mit Kurven S_0, S_1, S_2, S_3; Achsen $\sigma_{a,i}/\sigma_{a,1}$ über $\lg N/\lg \hat{N}$)

zul $\sigma_D(-1)=$ Funktion von:
- Werkstoff (St 37, St 52-3)
- Kerbfall (W_0 - W_2, K_0 - K_4)
- Beanspruchungsgruppe

Beanspruchungsgruppen

$\dfrac{\lg N}{\lg \hat{N}}$	1/6	2/6	3/6	4/6	5/6	6/6
S_3	1	1	1	1	1	1
S_2	0,975	0,944	0,906	0,856	0,787	0,666
S_1	0,952	0,890	0,814	0,716	0,579	0,333
S_0	0,927	0,836	0,723	0,576	0,372	0,000

Beanspruchungsgruppen

N	$> 2\cdot 10^4$ $< 2\cdot 10^5$	$> 2\cdot 10^5$ $< 6\cdot 10^5$	$> 6\cdot 10^5$ $< 2\cdot 10^6$	$> 2\cdot 10^6$
S_0	B1	B2	B3	B4
S_1	B2	B3	B4	B5
S_2	B3	B4	B5	B6
S_3	B4	B5	B6	B6

Zulässige Oberspannungen

Zugwechselbereich

$$\text{zul } \sigma_{Dz}(\varkappa) = \frac{5}{3 - 2\varkappa} \text{ zul } \sigma_D(-1)$$

Druckwechselbereich

$$\text{zul } \sigma_{Dd}(\varkappa) = \frac{2}{1 - \varkappa} \text{ zul } \sigma_D(-1)$$

Zugschwellbereich

$$\text{zul } \sigma_{Dz}(\varkappa) = \frac{\text{zul } \sigma_{Dz}(0)}{1 - \left(1 - \dfrac{\text{zul } \sigma_{Dz}(0)}{0,75\,\sigma_B}\right)\varkappa}$$

Druckschwellbereich

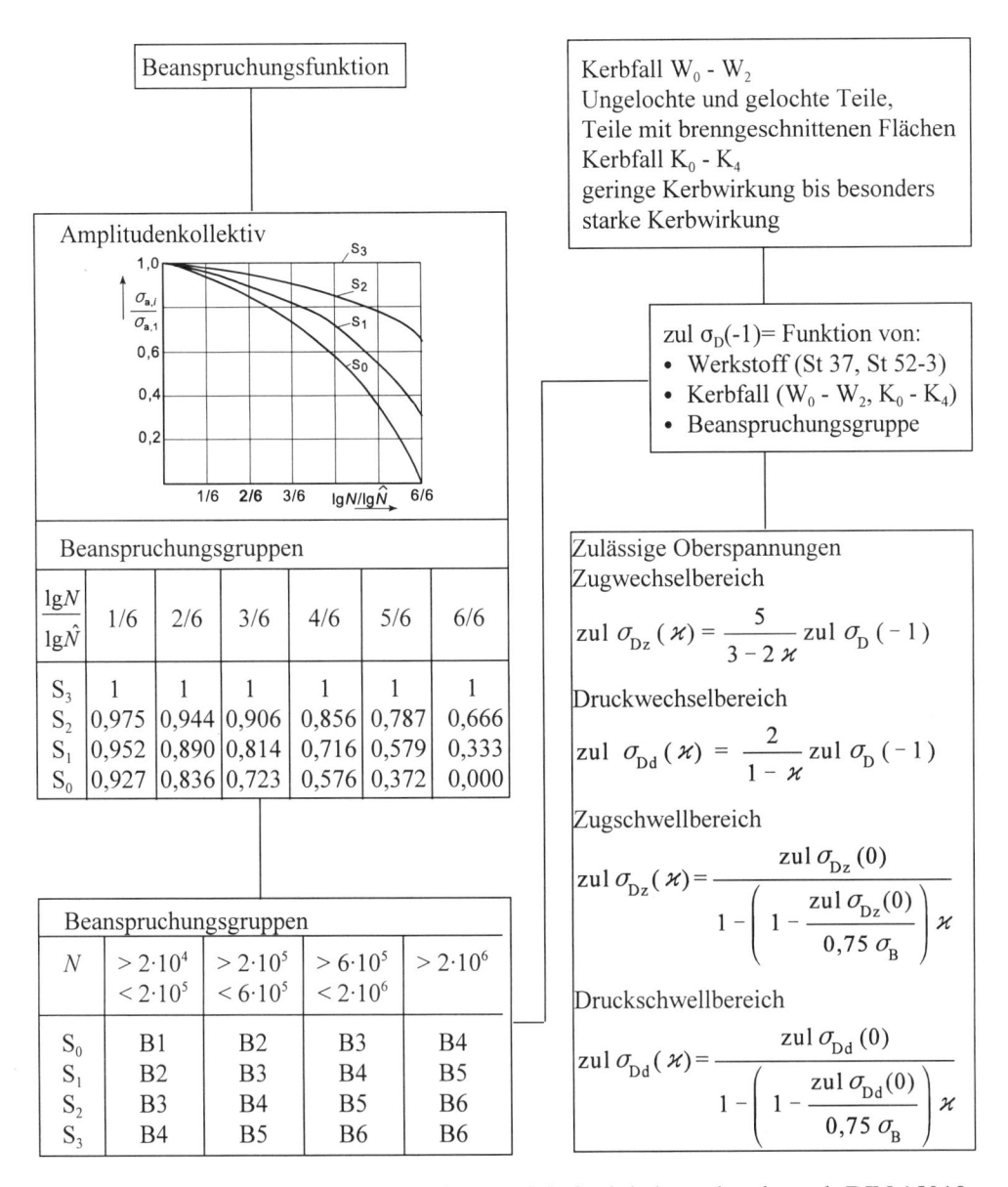

$$\text{zul } \sigma_{Dd}(\varkappa) = \frac{\text{zul } \sigma_{Dd}(0)}{1 - \left(1 - \dfrac{\text{zul } \sigma_{Dd}(0)}{0,75\,\sigma_B}\right)\varkappa}$$

Bild 3.12   Zulässige Spannungen beim Betriebsfestigkeitsnachweis nach DIN 15018-Krane

3.5.2 DIN 15018 - Krane

Grundlagen

Der **Betriebsfestigkeitsnachweis** auf Sicherheit gegen Bruch ist nur in den **Lastfällen** H bei Spannungszyklen über $2 \cdot 10^4$ für Bauteile und Verbindungsmittel zu führen.

Beanspruchungsgruppen

Die Beanspruchungsgruppen B1 bis B6 sind bestimmten Bereichen der Spannungsspiele und bestimmten Spannungskollektiven zugeordnet. Die Spannungskollektive S_0 bis S_3 kennzeichnen p-Wert-Kollektive (Bild 3.12). Die relative Summenhäufigkeit der Beanspruchungskollektive ist den Spannungskollektiven S_0 bis S_3 zuzuordnen.

Die Tabelle 10.1 der DIN 15018 enthält Beispiele für die Einstufung von Kranarten in Beanspruchungsgruppen.

Kerbfälle

Die **Kerbfälle** W0 bis W2 und K0 bis K4 berücksichtigen die mit steigendem Kerbeinfluß fallende Betriebsfestigkeit der Bauformen. Die im allgemeinen gebräuchlichen Bauformen, Anschlüsse und Verbindungen sind in Tabellen den Kerbfällen zugeordnet.

Die Tabelle 10.3 der DIN 15018 enthält Beispiele für die Einstufung von Bauformen in Kerbfälle.

Zulässige Spannungen

Die zulässigen Spannungen (**Wechselfestigkeit**) sind in Abhängigkeit von

- Werkstoff (St 37, St 52-3)
- Kerbfall (W0 bis W2, K0 bis K4)
- Beanspruchungsgruppe (B1 bis B6)

angegeben (Tabelle 17 der DIN 15018).

Zulässige Oberspannungen erhält man unter Berücksichtigung des Spannungsverhältnisses.

Zugwechselbereich

$$\text{zul } \sigma_{Dz}(\varkappa) = \frac{5}{3 - 2\varkappa} \text{ zul } \sigma_D(-1) \tag{3.80}$$

Druckwechselbereich

$$\text{zul } \sigma_{Dd}(\varkappa) = \frac{2}{1 - \varkappa} \text{ zul } \sigma_D(-1) \tag{3.81}$$

Zugschwellbereich

$$\text{zul } \sigma_{Dz}(\varkappa) = \frac{\text{zul } \sigma_{Dz}(0)}{1 - \left(1 - \frac{\text{zul } \sigma_{Dz}(0)}{0{,}75\,\sigma_B}\right)\varkappa} \tag{3.82}$$

3.5 Normen für den Stahlbau

Druckschwellbereich

$$\text{zul } \sigma_{Dd}(\varkappa) = \frac{\text{zul } \sigma_{Dd}(0)}{1 - \left(1 - \frac{\text{zul } \sigma_{Dd}(0)}{0{,}9\,\sigma_B}\right)\varkappa} \quad (3.83)$$

Zusammengesetzte Spannungen

Bei zusammengesetzten Spannungen muß die folgende Bedingung erfüllt sein.

$$\left(\frac{\sigma_x}{\text{zul }\sigma_{xD}}\right)^2 + \left(\frac{\sigma_y}{\text{zul }\sigma_{yD}}\right)^2 - \left(\frac{\sigma_x\,\sigma_y}{|\text{zul }\sigma_{xD}|\,|\text{zul }\sigma_{yD}|}\right) + \left(\frac{\tau}{\text{zul }\tau_D}\right)^2 \le 1 \quad (3.84)$$

3.5.3 DIN 4132 - Kranbahnen

Grundlagen

Die **Betriebsfestigkeitsuntersuchung** ist nur im **Lastfall H** für **Bauteile** und **Verbindungsmittel** durchzuführen. Die zulässigen Spannungen sind abhängig von der verwendeten Stahlsorte, den Beanspruchungsgruppen, dem Kerbfall und dem Spannungsverhältnis (Bild 3.13).

Beanspruchungsgruppen

Die Beanspruchungsgruppen sind abhängig von den auf den Kranbahnen verkehrenden Kranen.

Kerbfall

Der Kerbfall berücksichtigt den Grad der Kerbwirkung. Für wichtige und häufige Bauformen und Verbindungen sind in den Tabellen 5 und 6 der DIN 4132 die zugeordneten Kerbfälle W0 bis W2 und K0 bis K4 angegeben.

Zulässige Spannungen

Die zulässigen Spannungen zul σ_{Be} und zul τ_{Be} sind in Tabelle 3 der DIN 4132 in Abhängigkeit von der Stahlsorte, den Beanspruchungsgruppen und dem Kerbfall angegeben. Das Spannungsverhältnis $\varkappa$ kann durch die in Tabelle 3 der DIN 4132 angegebenen Gleichungen bzw. durch die vom Spannungsverhältnis abhängigen zulässigen Spannungen in den Tabellen 7-18 der DIN 4132 berücksichtigt werden.

| Beanspruchungsfunktion | Kerbfall W_0 - W_2 Ungelochte und gelochte Teile, Teile mit brenngeschnittenen Flächen Kerbfall K_0 - K_4 geringe Kerbwirkung bis besonders starke Kerbwirkung |

Amplitudenkollektiv

zul $\sigma_{Be}(-1)$ = Funktion von:
- Werkstoff (St 37, St 52-3)
- Kerbfall (W_0 - W_2, K_0 - K_4)
- Beanspruchungsgruppe

Beanspruchungsgruppen

$\dfrac{\lg N}{\lg \hat{N}}$	1/6	2/6	3/6	4/6	5/6	6/6
S_3	1	1	1	1	1	1
S_2	0,975	0,944	0,906	0,856	0,787	0,666
S_1	0,952	0,890	0,814	0,716	0,579	0,333
S_0	0,927	0,836	0,723	0,576	0,372	0,000

Zulässige Oberspannungen
Zugwechselbereich

$$\text{zul } \sigma_{Be,z}(\varkappa) = \frac{5}{3 - 2\varkappa} \text{ zul } \sigma_{Be}(-1)$$

Druckwechselbereich

$$\text{zul } \sigma_{Be,d}(\varkappa) = \frac{2}{1 - \varkappa} \text{ zul } \sigma_{Be}(-1)$$

Zugschwellbereich

$$\text{zul } \sigma_{Be,z}(\varkappa) = \frac{\text{zul } \sigma_{Be,z}(0)}{1 - \left(1 - \dfrac{\text{zul } \sigma_{Be,z}(0)}{0,75\,\sigma_B}\right)\varkappa}$$

Beanspruchungsgruppen

N	$> 2\cdot 10^4$ $< 2\cdot 10^5$	$> 2\cdot 10^5$ $< 6\cdot 10^5$	$> 6\cdot 10^5$ $< 2\cdot 10^6$	$> 2\cdot 10^6$
S_0	B1	B2	B3	B4
S_1	B2	B3	B4	B5
S_2	B3	B4	B5	B6
S_3	B4	B5	B6	B6

Druckschwellbereich

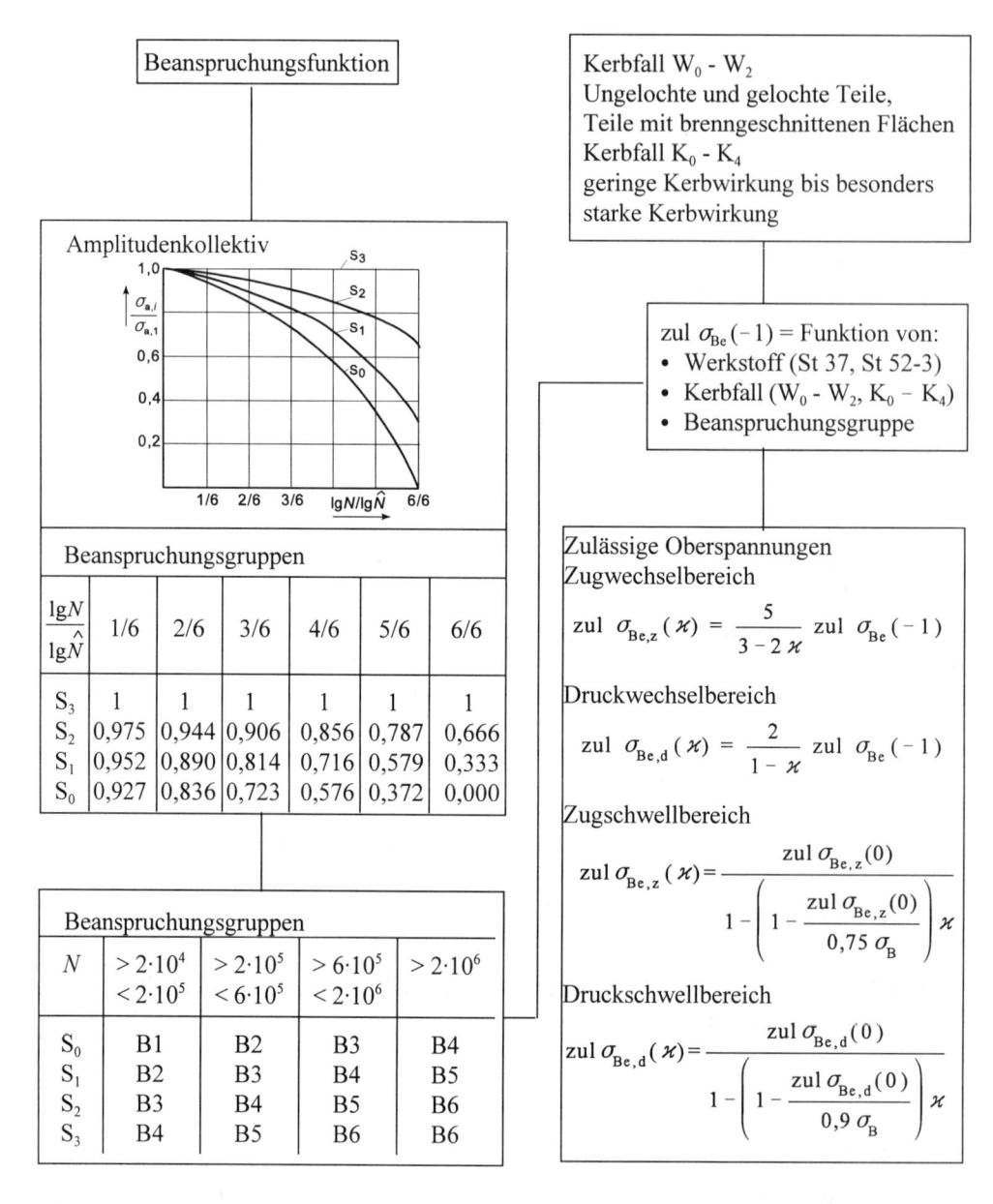

$$\text{zul } \sigma_{Be,d}(\varkappa) = \frac{\text{zul } \sigma_{Be,d}(0)}{1 - \left(1 - \dfrac{\text{zul } \sigma_{Be,d}(0)}{0,9\,\sigma_B}\right)\varkappa}$$

Bild 3.13 Zulässige Spannungen beim Betriebsfestigkeitsnachweis nach DIN 4132 - Kranbahnen

3.5.4 Vergleichsbetrachtungen zum Ermüdungsfestigkeitsnachweis

Für eine Kreuzstoßverbindung mit K-Naht, bei einer Beanspruchungsgruppe B4 und einem Spannungsverhältnis $\varkappa = 0$ sind folgende zul. Spannungen zu verwenden:

3.5 Normen für den Stahlbau

DIN 15018: Kerbfall K3 ⇒ zul $\sigma_{Dz}(0) = 150$ N/mm²

DIN 4132: Kerbfall K3 ⇒ zul $\sigma_{Be,z}(0) = 150$ N/mm²

Daraus folgen die Stufen des Beanspruchungskollektivs.

$$\Delta \sigma_{oi} = 150 \cdot \frac{\Delta \sigma_i}{\Delta \sigma_1} \tag{3.85}$$

Bei den Beanspruchungsgruppen sind die zulässigen Lastzyklenzahlbereiche von den Kollektivformen abhängig, z.B. für B4 gilt:

- sehr leicht ⇒ S_0 ⇒ $\sum n_{i,Be} = 2 \cdot 10^6 \ldots 6 \cdot 10^6$ (3.86)
- leicht ⇒ S_1 ⇒ $\sum n_{i,Be} = 6 \cdot 10^5 \ldots 2 \cdot 10^6$ (3.87)
- mittel ⇒ S_2 ⇒ $\sum n_{i,Be} = 2 \cdot 10^5 \ldots 6 \cdot 10^5$ (3.88)

Daraus folgen die Lastzyklenzahlen der Beanspruchungskollektive

$$S_0: \quad n_{i,Be} = 2 \cdot 10^6 \, \frac{n_i}{\sum n_i} \tag{3.89}$$

$$S_1: \quad n_{i,Be} = 6 \cdot 10^5 \, \frac{n_i}{\sum n_i} \tag{3.90}$$

$$S_2: \quad n_{i,Be} = 2 \cdot 10^5 \, \frac{n_i}{\sum n_i} \tag{3.91}$$

Mit den damit ermittelten Beanspruchungskollektiven ($\Delta\sigma_{oi}$, $n_{i,Be}$) kann der Ermüdungsfestigkeitsnachweis nach DINVENV erfolgen. Nach der Stahlbau-Norm entspricht der Kreuzstoß mit K-Naht der Kerbgruppe 71 mit $\Delta\sigma_D = 52$ N/mm² und $\Delta\sigma_L = 29$ N/mm². Daraus folgt die ertragbare Lastzyklenzahl für die Wöhlerlinie.

$$\Delta\sigma_i \geq \sigma_D \quad : \quad \lg N_i = 11.851 - 3 \lg \Delta\sigma_{oi} \tag{3.92}$$

$$\Delta\sigma_D > \Delta\sigma_i \geq \Delta\sigma_L \quad : \quad \lg N_i = 15.286 - 5 \lg \Delta\sigma_{oi} \tag{3.93}$$

$$\Delta\sigma_i < \sigma_L \quad : \quad \lg N_i = \infty \tag{3.94}$$

Die Schadenssumme D_d ist für die Beanspruchungskollektive S_0, S_1 und S_2 in Tabelle 3.4-3.6 angegeben.

$$D_d = \sum n_i / N_i \tag{3.95}$$

Aus der Bedingung

$$\gamma_N \cdot D_d = 1 \tag{3.96}$$

folgt der Sicherheitsfaktor in Bezug auf die Lastzyklenzahl

Tabelle 3.4 Berechnung der Sicherheit für Kollektivform S_0

i	$\Delta\sigma_{oi}$	$n_{i,\text{Be}}$	N_i	n_i/N_i
1	150,0	4	210 245	0,000 019
2	142,5	32	245 220	0,000 130
3	127,5	560	342 349	0,001 636
4	108,8	5 440	550 951	0,009 874
5	86,3	39 999	1 103 996	0,036 231
6	63,8	183 997	2 732 360	0,067 340
7	41,3	559 990	16 078 665	0,034 828
8	18,8	1 209 978	∞	0,000 000
	$\gamma_\sigma = 1,88$		$\sum n_i/N_i$	0,150 058

Tabelle 3.5 Berechnung der Sicherheit für Kollektivform S_1

i	$\Delta\sigma_{oi}$	$n_{i,\text{Be}}$	N_i	n_i/N_i
1	150,0	1	210 245	0,000 005
2	145,1	10	232 272	0,000 043
3	135,0	168	288 402	0,000 583
4	122,6	1 632	385 060	0,004 238
5	107,6	12 000	569 591	0,021 068
6	92,6	55 199	893 649	0,061 768
7	77,6	167 997	1 518 500	0,110 634
8	62,6	362 993	2 892 525	0,125 493
	$\gamma_\sigma = 1,46$		$\sum n_i/N_i$	0,323 831

Tabelle 3.6 Berechnung der Sicherheit für Kollektivform S_2

i	$\Delta\sigma_{oi}$	$n_{i,\text{Be}}$	N_i	n_i/N_i
1	150,0	--	210 245	0,000 000
2	147,5	3	221 118	0,000 014
3	142,5	56	245 220	0,000 228
4	136,2	544	280 846	0,001 937
5	128,7	4 000	332 862	0,012 017
6	120,5	18 400	405 545	0,045 371
7	113,7	55 999	482 745	0,116 001
8	106,2	120 998	592 416	0,204 245
	$\gamma_\sigma = 1,38$		$\sum n_i/N_i$	0,379 813

3.5 Normen für den Stahlbau

$$\gamma_N = \frac{1}{\sum \left(\frac{n_i}{N_i}\right)} \quad (3.97)$$

Der Sicherheitsfaktor in Bezug auf die Spannung kann unter Verwendung der Wöhlerliniengleichung berechnet werden.

$$\frac{N_2}{N_1} = \left(\frac{\sigma_1}{\sigma_2}\right)^3 \quad (3.98)$$

$$\gamma_N = (\gamma_\sigma)^3 \quad (3.99)$$

$$\gamma_\sigma = \sqrt[3]{\gamma_N} \quad (3.100)$$

Die Ergebnisse nach Tabelle 3.4 bis 3.6 zeigen eine ausreichende Sicherheit bei Anwendung der DIN 15018 und DIN 4132 im Vergleich zur DINVENV.

3.6 Fragen

3.1 Welche Wöhlerliniengleichungen kennen Sie und welche wird vorrangig verwendet?
3.2 Wie kann die Lastzyklenzahl für eine vorgegebene Überlebenswahrscheinlichkeit berechnet werden?
3.3 Wie berechnen Sie die Wöhlerlinienkonstanten m und K der Wöhlerliniengleichung aus Versuchsergebnissen?
3.4 Wozu berechnet man die Wöhlerlinienkonstante K unter Verwendung einer vorgegebenen Wöhlerlinienkonstante m?
3.5 Wie berechnen Sie die Dauerfestigkeit für eine vorgegebene Grenzlastzyklenzahl N_D aus der Zeitfestigkeitsgeraden der Wöhlerlinie?
3.6 Welche experimentellen Verfahren zur Berechnung der Dauerfestigkeit kennen Sie?
3.7 Nach welchen Richtlinien kann man die Wöhlerlinie für gekerbte Bauteile ermitteln und welche Angaben zum Bauteil sind dazu erforderlich?
3.8 Nach welchen Standards kann man die Wöhlerlinie für Schweißverbindungen ermitteln und welche Angaben zur Schweißverbindung sind dazu erforderlich?
3.9 Wodurch unterscheidet sich die originale (OM), die elementare (EM) und die modifizierte Miner-Hypothese (MM)?
3.10 Was beinhalten die Beanspruchungsgruppen?
3.11 Was beeinflußt die zulässige Spannung in Bauteilen beim Betriebsfestigkeitsnachweis nach der Stahlbaunorm?

4 Lebensdauer nach örtlichen Konzepten

4.1 Kerbgrundkonzept

Für Bauteile, bei denen keine Nennspannung zu definieren ist, kann die Lebensdauer unter Berücksichtigung der örtlichen Beanspruchung an der gefährdeten Stelle ermittelt werden. Dabei handelt es sich im allgemeinen um eine Beanspruchung im Kerbgrund. Bei hohen Beanspruchungsamplituden treten im Kerbgrund nicht nur der Spannungsamplitude proportionale elastische Dehnungsamplituden, sondern **Gesamtdehnungsamplituden** auf. Diese enthalten einen **elastischen** und einen **plastischen** Anteil. Daraus folgt, daß bei dem Kerbgrundkonzept das zyklische Spannungs-Dehnungs-Verhalten des Werkstoffes zu berücksichtigen ist. Analog zum Nennspannungskonzept erfordert die Berechnung der Lebensdauer ebenfalls die im Bild 1.3 dargestellten drei Komponenten

- Belastungsfunktion
- Werkstoffkennwerte
- Schadensakkumulation

Ausgehend von der Belastungsfunktion bzw. dem Belastungskollektiv, kann unter Verwendung von Formzahl oder Ergebnissen einer FE- Berechnung die im Kerbgrund vorhandene theoretische Beanspruchung berechnet werden. Unter Verwendung der **zyklischen Spannungs-Dehnungs-Kurve** (ZSD-Kurve) und eines **Schädigungskennwertes** zur Berücksichtigung der Mittelspannung folgt aus der theoretischen Beanspruchung die Kerbgrundbeanspruchung als Schädigungskennwert-Funktion. Die **Schädigungskennwert-Wöhlerlinie** wird aus der Dehnungswöhlerlinie und dem Schädigungskennwert ermittelt. Sie charakterisiert die ertragbare Beanspruchung. Aus einer Schadensakkumulation wird die Lebensdauer berechnet.

4.1.1 Werkstoffkennwerte

Zyklische Spannungs-Dehnungs-Kurve

Das zyklische Spannungs-Dehnungsverhalten wird im allgemeinen mit dehnungskontrollierten Einstufenversuchen an ungekerbten Proben bei Zugdruckbeanspruchung ermittelt. Dabei wird neben der vorgegebenen zeitabhängigen Dehnung auch die Spannung registriert. Die Bezeichnungen der Dehnung und Spannung sind in Bild 4.1 angegeben. Die Darstellung der Hystereseschleife zeigt einen Anteil an elastischer und an plastischer Dehnung.

Aus der Differenz von Gesamtdehnungsamplitude ε_a und **elastischer Dehnung** ε_{ae} folgt die **plastische Dehnung** ε_{ap}.

$$\varepsilon_{ap} = \varepsilon_a - \varepsilon_{ae} \qquad (4.1)$$

Die elastische Dehnung wird aus der Spannungsamplitude und dem Elastizitätsmodul berechnet.

4.1 Kerbgrundkonzept

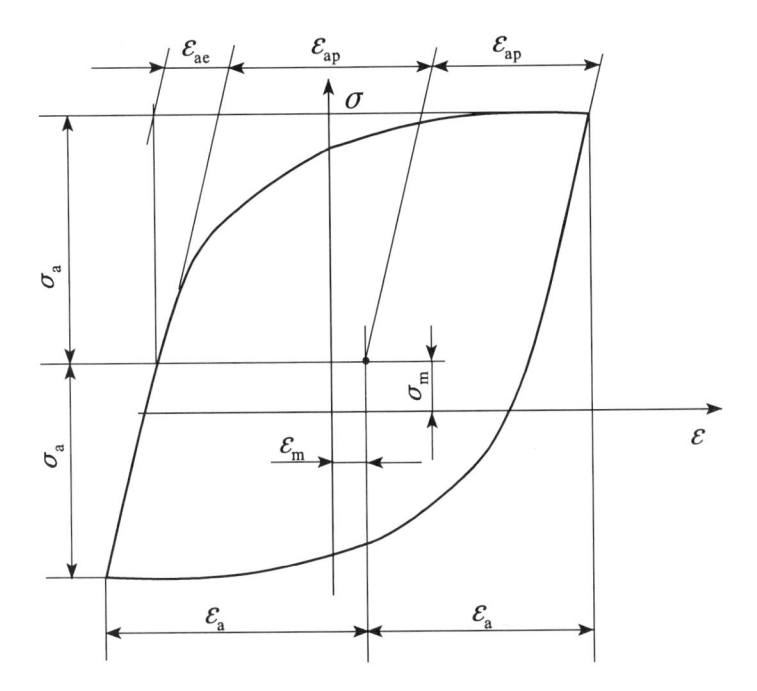

Bild 4.1 Hystereseschleife der Spannung und Dehnung

$$\varepsilon_{ae} = \frac{\sigma_a}{E} \tag{4.2}$$

Während der Einstufenbeanspruchung mit konstanter Dehnungsamplitude tritt eine Veränderung der Spannungsamplitude auf, die in Abhängigkeit vom Werkstoff durch Entfestigung und Verfestigung entsteht. In Bild 4.2 ist die Abhängigkeit der Spannungsamplitude von der Lastzyklenzahl für zwei Stähle nach [28] dargestellt. Bei Dehnungsamplituden bis 3‰ ist beim 49 MnVS3 eine **Entfestigung** und ab 6‰ eine **Verfestigung** festzustellen, während beim 42CrMo4 nur eine Entfestigung auftritt. Nach einer stabilisierten Phase (Spannungsamplitude ist konstant) tritt mit der Anrißbildung ein starker Spannungsabfall auf. Der Bereich der stabilisierten Phase wird für die Auswertung der Hystereseschleife verwendet ($N = 0{,}5\,N_A$). Die Spannungsamplitude σ_a in Abhängigkeit von der Gesamtdehnungsamplitude ε_a stellt die zyklische Spannungs-Dehnungs-Kurve (ZSD-Kurve) dar (Bild 4.3).

Nach MORROW [29] kann die ZSD-Kurve durch die folgende Gleichung beschrieben werden.

$$\varepsilon_a = \frac{\sigma_a}{E} + \left(\frac{\sigma_a}{K'}\right)^{1/n'} \tag{4.3}$$

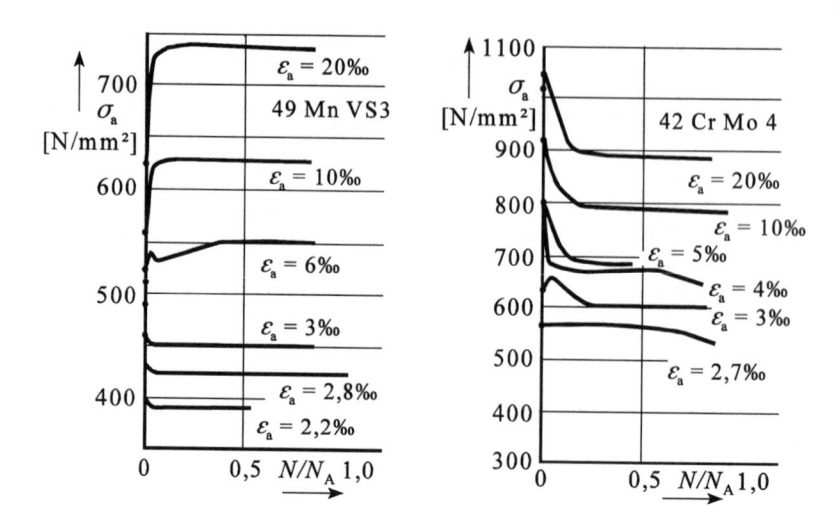

Bild 4.2 Spannungsamplitude in Abhängigkeit von der Lastzyklenzahl nach [28]

$$\varepsilon_a = \frac{\sigma_a}{E} + \left(\frac{\sigma_a}{K'}\right)^{1/n'}$$

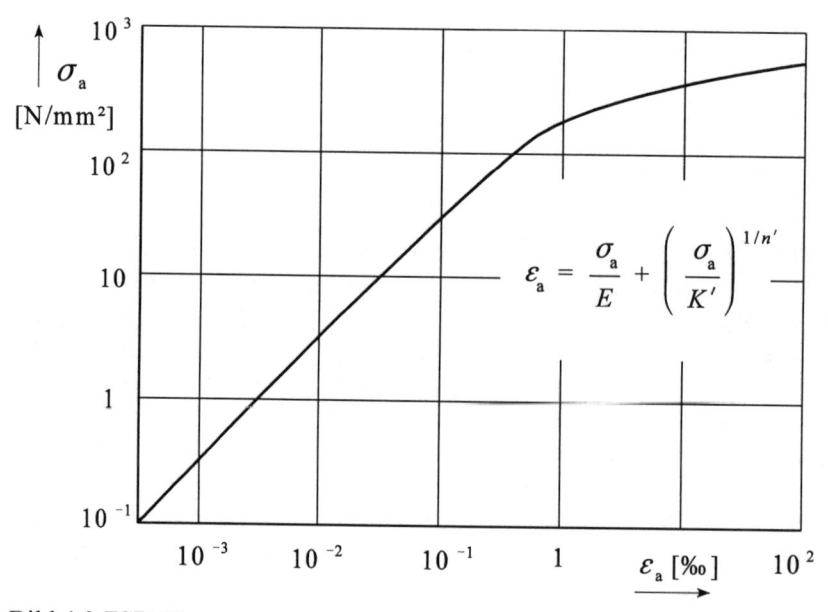

Bild 4.3 ZSD-Kurve

In dieser Gleichung ist der elastische Anteil

$$\varepsilon_{ae} = \frac{\sigma_a}{E} \qquad (4.4)$$

4.1 Kerbgrundkonzept

und der plastische Anteil

$$\varepsilon_{ap} = \left(\frac{\sigma_a}{K'}\right)^{1/n'}. \quad (4.5)$$

Der **Incremental-Step-Test** (IST) nach [30] stellt ein Zeitraffungsverfahren zur Bestimmung der ZSD-Kurve dar. Bei diesem Versuch werden die Dehnungsamplituden stufenweise gesteigert und vermindert (Bild 4.4). Nach zwei bis drei Lastfolgen ist ein stabilisiertes Spannungs-Dehnungs-Verhalten erreicht, wobei die Ent- und Verfestigung im Werkstoff ähnlich verläuft. Zwischen den ermittelten ZSD-Kurven aus dem Incremental-Step-Test und aus den Einstufenversuchen sind Abweichungen möglich.

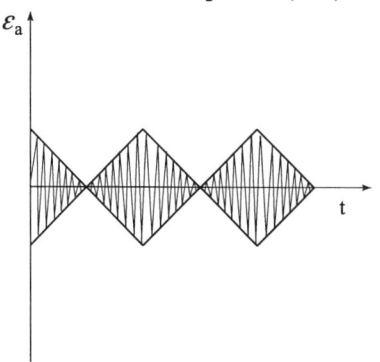

Bild 4.4 Incremental-Step-Test

Dehnungswöhlerlinie

Die **Dehnungsamplitude** ε_a in Abhängigkeit von der **Anrißlastzyklenzahl** stellt die **Dehnungswöhlerlinie** dar (Bild 4.5). Nach [29] wird die Gleichung (4.6) angegeben.

$$\varepsilon_a = \frac{\sigma_f'}{E}(2N_r)^b + \varepsilon_f'(2N_r)^c \quad (4.6)$$

Im folgenden soll aber die Gleichung nach HAIBACH [32] verwendet werden,

$$\varepsilon_a = \frac{\sigma_f'}{E} N^b + \varepsilon_f' N^c \quad (4.7)$$

wobei ebenfalls in einen elastischen Anteil

$$\varepsilon_{ae} = \frac{\sigma_f'}{E} N^b \quad (4.8)$$

und einen plastischen Anteil

$$\varepsilon_{ap} = \varepsilon_f' N^c \quad (4.9)$$

unterschieden wird. Beide Anteile sind in $\lg\varepsilon_a$ - $\lg N$- Koordinaten lineare Funktionen. Die Konstanten σ_f' und b sowie ε_f' und c können aus den Versuchsergebnissen mit einer Ausgleichsrechnung nach dem Fehlerquadratminimum bestimmt werden.

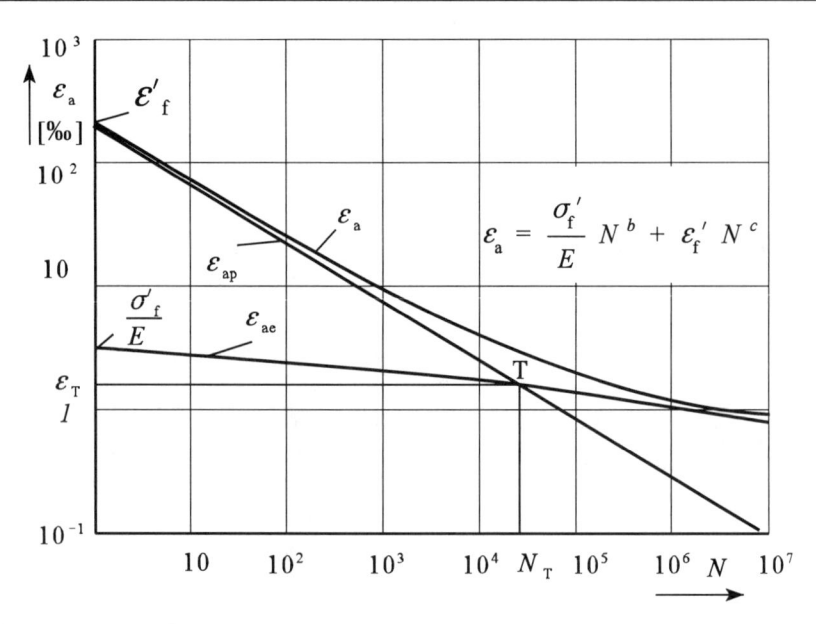

Bild 4.5 Dehnungswöhlerlinie

Elastischer Anteil

$$FQ = \sum (\lg \varepsilon_{aei} - \lg \varepsilon_i)^2 \tag{4.10}$$

$$\lg \varepsilon_i = \lg (\sigma_f' / E) + b \lg N_i \tag{4.11}$$

$$FQ = \sum (\lg \varepsilon_{aei})^2 + n \, [\lg (\sigma_f' / E)]^2 + b^2 \sum (\lg N_i)^2$$
$$+ 2b \lg (\sigma_f' / E) \sum \lg N_i - 2 \lg (\sigma_f' / E) \sum \lg \varepsilon_{aei} - 2b \sum \lg \varepsilon_{aei} \lg N_i \tag{4.12}$$

$$\frac{\partial FQ}{\partial \lg (\sigma_f' / E)} = 2n \lg (\sigma_f' / E) + 2b \sum \lg N_i - 2 \sum \lg \varepsilon_{aei} = 0 \tag{4.13}$$

$$\frac{\partial FQ}{\partial b} = 2b \sum (\lg N_i)^2 + 2 \lg (\sigma_f' / E) \sum \lg N_i - 2 \sum \lg \varepsilon_{aei} \lg N_i = 0 \tag{4.14}$$

Konstanten für den elastischen Anteil der Dehnungswöhlerlinie

$$b = \frac{\sum \lg \varepsilon_{aei} \sum \lg N_i - n \sum \lg \varepsilon_{aei} \lg N_i}{(\sum \lg N_i)^2 - n \sum (\lg N_i)^2} \tag{4.15}$$

$$\lg (\sigma_f' / E) = \frac{\sum \lg N_i \sum \lg \varepsilon_{aei} \lg N_i - \sum \lg \varepsilon_{aei} \sum (\lg N_i)^2}{(\sum \lg N_i)^2 - n \sum (\lg N_i)^2} \tag{4.16}$$

4.1 Kerbgrundkonzept

Plastischer Anteil

$$FQ = \sum (\lg \varepsilon_{api} - \lg \varepsilon_i)^2 \qquad (4.17)$$

$$\lg \varepsilon_i = \lg \varepsilon_f' + c \lg N_{iv} \qquad (4.18)$$

$$FQ = \sum (\lg \varepsilon_{api})^2 + n (\lg \varepsilon_f')^2 + c^2 \sum (\lg N_i)^2$$
$$+ 2c \lg \varepsilon_f' \sum \lg N_i - 2 \lg \varepsilon_f' \sum \lg \varepsilon_{api} - 2c \sum \lg \varepsilon_{api} \lg N_i \qquad (4.19)$$

$$\frac{\partial FQ}{\partial \lg \varepsilon_f'} = 2n \lg \varepsilon_f' + 2c \sum \lg N_i - 2 \sum \lg \varepsilon_{api} = 0 \qquad (4.20)$$

$$\frac{\partial FQ}{\partial c} = 2c \sum (\lg N_i)^2 + 2 \lg \varepsilon_f' \sum \lg N_i - 2 \sum \lg \varepsilon_{api} \lg N_i = 0 \qquad (4.21)$$

Konstanten für den plastischen Anteil der Dehnungswöhlerlinie

$$c = \frac{\sum \lg \varepsilon_{api} \sum \lg N_i - n \sum \lg \varepsilon_{api} \lg N_i}{(\sum \lg N_i)^2 - n \sum (\lg N_i)^2} \qquad (4.22)$$

$$\lg \varepsilon_f' = \frac{\sum \lg N_i \sum \lg \varepsilon_{api} \lg N_i - \sum \lg \varepsilon_{api} \sum (\lg N_i)^2}{(\sum \lg N_i)^2 - n \sum (\lg N_i)^2} \qquad (4.23)$$

Unter der Voraussetzung, daß die ZSD-Kurve und die Dehnungswöhlerlinie die gleichen Versuchsergebnisse enthalten, können die Konstanten K' und n' aus den Konstanten σ_f', b, ε_f' und c berechnet werden.

Aus dem Vergleich des plastischen Anteils von Gleichung (4.3) und Gleichung (4.7) folgt

$$\left(\frac{\sigma_a}{K'}\right)^{1/n'} = \varepsilon_f' N^c \qquad (4.24)$$

$$K' = \frac{\sigma_a}{(\varepsilon_f')^{n'} N^{cn'}} \qquad (4.25)$$

und aus dem Vergleich des elastischen Anteils von Gleichung (4.3) und Gleichung (4.7) die Spannung σ_a.

$$\frac{\sigma_a}{E} = \frac{\sigma_f'}{E} N^b \qquad (4.26)$$

$$\sigma_a = \sigma_f' N^b \qquad (4.27)$$

Damit ist K' von σ_f', ε_f', b, c und N abhängig.

$$K' = \frac{\sigma_f' N^b}{(\varepsilon_f')^{n'} N^{cn'}} \tag{4.28}$$

Die ZSD-Kurve ist aber von N unabhängig, und daraus folgen die Konstanten

$$n' = \frac{b}{c} \tag{4.29}$$

$$K' = \frac{\sigma_f'}{(\varepsilon_f')^{n'}} \tag{4.30}$$

In [2] sind umfangreiche Versuchsergebnisse veröffentlicht. Bei der Verwendung verschiedener Versuchsreihen eines Werkstoffes für eine statistische Berechnung ist die folgende Auswertung möglich. Die Kennwerte σ_f', b, ε_f' und c der Versuchsreihen werden mit einem Laufindex j versehen und für verschiedene N_i (z.B.: 10, 10^2, 10^3 und 10^4) die elastischen und plastischen Dehnungsanteile für jede Versuchsreihe j berechnet.

$$\varepsilon_{ae,j} = \frac{\sigma_{f,j}'}{E} N_i^b \tag{4.31}$$

$$\varepsilon_{ap,j} = \varepsilon_{f,j}' N_i^c \tag{4.32}$$

Unter Verwendung von Mittelwert und Standardabweichung folgen der elastische Dehnungsanteil ε_{ae} und plastische Dehnungsanteil ε_{ap} für eine vorgegebene Überlebenswahrscheinlichkeit aus den folgenden Gleichungen.

$$\lg \overline{\varepsilon}_{ae} = \frac{1}{n} \sum \lg \varepsilon_{ae,j} \tag{4.33}$$

$$s_{\lg \varepsilon_{ae}} = \sqrt{\frac{1}{n-1}\left[\sum (\lg \varepsilon_{ae,j})^2 - n(\lg \overline{\varepsilon}_{ae})^2\right]} \tag{4.34}$$

$$\lg \varepsilon_{ae,P\ddot{u}} = \lg \overline{\varepsilon}_{ae} - u_{P\ddot{u}}\, s_{\lg \varepsilon_{ae}} \tag{4.35}$$

$$\lg \overline{\varepsilon}_{ap} = \frac{1}{n} \sum \lg \varepsilon_{ap,j} \tag{4.36}$$

$$s_{\lg \varepsilon_{ap}} = \sqrt{\frac{1}{n-1}\left[\sum (\lg \varepsilon_{ap,j})^2 - n(\lg \overline{\varepsilon}_{ap})^2\right]} \tag{4.37}$$

4.1 Kerbgrundkonzept

$$\lg \varepsilon_{ap,P\ddot{u}} = \lg \overline{\varepsilon}_{ap} - u_{P\ddot{u}} \, s_{\lg \varepsilon_{ap}} \tag{4.38}$$

Mit den Gleichungen (4.15), (4.16), (4.22) und (4.23) erhält man die Konstanten der Dehnungswöhlerlinie für die vorgegebene Überlebenswahrscheinlichkeit $\lg(\sigma'_{f,P\ddot{u}}/E)$, $b_{P\ddot{u}}$, $\lg \varepsilon'_{f,P\ddot{u}}$ und $c_{P\ddot{u}}$. Die Konstanten der ZSD-Kurve $n'_{P\ddot{u}}$ und $K'_{P\ddot{u}}$ folgen aus den Gleichungen (4.29) und (4.30).

Schädigungskennwert

Bei einer auftretenden Mitteldehnung muß dieser Einfluß bei der ertragbaren Dehnungsamplitude berücksichtigt werden. Dies kann nach SMITH, WATSON und TOPPER [31] durch einen **Schädigungskennwert** erfolgen. Er wird in [32] auch als **Schädigungsparameter** bezeichnet.

$$P_{SWT} = \sqrt{(\sigma_a + \sigma_m) \, \varepsilon_a \, E} \tag{4.39}$$

Mit diesem Schädigungskennwert wird aus der **Dehnungswöhlerlinie** (Bild 4.5) die **Schädigungskennwert-Wöhlerlinie** berechnet. Für $\sigma_m = 0$ und mit σ_a aus dem elastischen Dehnungsanteil der ZSD-Kurve nach Gleichung (4.2) und der Dehnungswöhlerlinie ε_a nach Gleichung (4.7) folgt aus Gleichung (4.39) die Schädigungskennwert-Wöhlerlinie in Abhängigkeit von den Konstanten der Dehnungswöhlerlinie.

$$\sigma_a = \varepsilon_{ae} \, E = \sigma'_f \, N^b \tag{4.40}$$

$$P_{SWT} = \sqrt{\sigma'_f \, N^b \left(\frac{\sigma'_f}{E} \, N^b + \varepsilon'_f \, N^c \right) E} \tag{4.41}$$

$$P_{SWT} = \sqrt{\sigma'^2_f \, N^{2b} + E \, \sigma'_f \, \varepsilon'_f \, N^{b+c}} \tag{4.42}$$

Die Darstellung der Schädigungskennwertwöhlerlinie in P_{SWT}-lg$N$-Koordinaten zeigt Bild 4.6. Sie wird häufig auch in lgP_{SWT}-lg$N$-Koordinaten dargestellt.

BERGMANN [33] korrigierte speziell für höherfeste Werkstoffe den Einfluß der Mittelspannung durch einen zusätzlichen Kennwert $a_{z/d}$.

$$P_B = \sqrt{(\sigma_a + a_{z/d} \, \sigma_m) \, \varepsilon_a \, E} \tag{4.43}$$

HAIBACH und LEHRKE [34] geben den Schädigungskennwert in Abhängigkeit von $\Delta\sigma_{eff}$ und $\Delta\varepsilon_{eff}$ an (siehe Bild 4.7).

$$P_{HL} = \sqrt{\Delta\sigma_{eff} \, \Delta\varepsilon_{eff} \, E} \tag{4.44}$$

Der gebräuchlichste Schädigungskennwert ist der von SMITH, WATSON und TOPPER.

Bei Mittelspannungsempfindlichkeiten

$$M = \frac{\sigma_{a, R=-1} - \sigma_{a, R=0}}{\sigma_{a, R=0}} \qquad (4.45)$$

von $M > 0{,}6$ sollte der Schädigungskennwert von BERGMANN verwendet werden.

$$P_{SWT} = \sqrt{\sigma_f'^2 \, N^{2b} + E \, \sigma_f' \, \varepsilon_f' \, N^{b+c}}$$

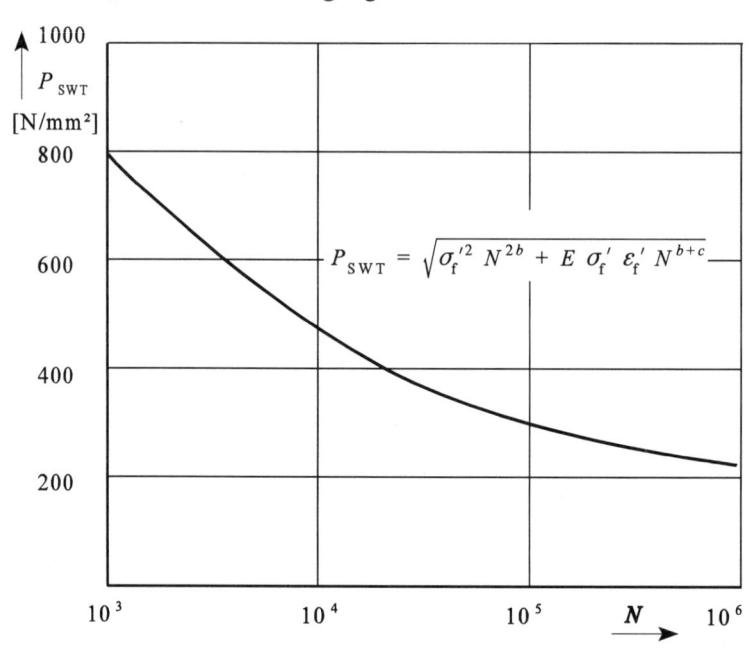

Bild 4.6 Schädigungskennwert-Wöhlerlinie

$$P_{SWT} = \sqrt{\sigma_o \cdot \varepsilon_a \cdot E} \qquad P_{HL} = \sqrt{\Delta \sigma_{eff} \cdot \Delta \varepsilon_{eff} \cdot E}$$

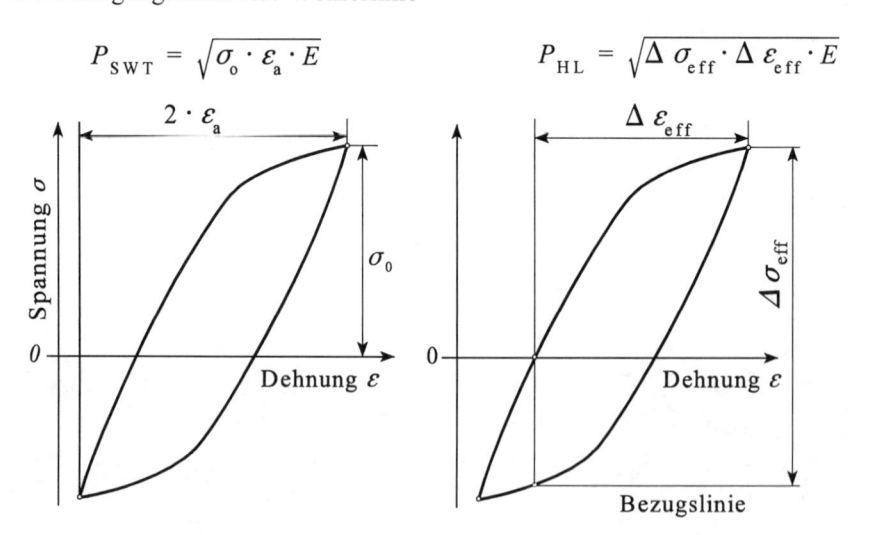

Bild 4.7 Schädigungskennwert

4.1.2 Beanspruchung im Kerbgrund

Grundlagen

Für eine bekannte Kerbgeometrie mit der Formzahl K_t und der Nennspannung σ_n läßt sich die Hookesche Spannung (σ_H) und die elastisch plastische **Kerbgrundbeanspruchung** (σ_a, ε_a) mit Hilfe der **Neuber-Regel** berechnen.

$$\frac{(\sigma_{aH})^2}{E} = \frac{(\sigma_n K_t)^2}{E} = \sigma_a \varepsilon_a \qquad (4.46)$$

Mit der zyklischen Spannungsdehnungskurve nach Gleichung (4.3) wird eine Bestimmungsgleichung für σ_a angegeben.

$$\sigma_{aH}^2 = \sigma_a^2 + E \sigma_a \left(\frac{\sigma_a}{K'}\right)^{1/n'} \qquad (4.47)$$

Für eine vorgegebene Spannung σ_H kann die **elastisch-plastische Kerbgrundspannung** σ_a nur iterativ bestimmt werden.

Für reine Wechselbeanspruchung folgt σ_a und ε_a aus σ_{aH}. Demgegenüber müssen für eine Schwingbeanspruchung mit σ_{oH} und σ_{uH} die elastisch-plastischen Kerbgrundwerte $\sigma_{oep}, \varepsilon_{oep}$ und $\sigma_{uep}, \varepsilon_{uep}$ die Amplituden und Mittelwerte berechnet werden.

$$\sigma_a = (\sigma_{oep} - \sigma_{uep})/2 \qquad (4.48)$$

$$\sigma_m = (\sigma_{oep} + \sigma_{uep})/2 \qquad (4.49)$$

$$\varepsilon_a = (\varepsilon_{oep} - \varepsilon_{uep})/2 \qquad (4.50)$$

Diese Werte bilden dann die Grundlage für die Ermittlung des Schädigungskennwertes.

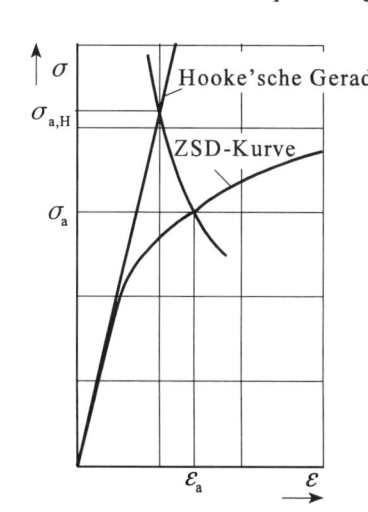

Bild 4.8 Neuber-Regel

Elastische Kerbgrundbeanspruchung

Für mechanisch gekerbte Bauteile kann die Kerbgrundbeanspruchung unter Verwendung der Formzahl K_t und der Nennspannung berechnet werden. Für Bauteile, bei denen eine Nennspannung nicht definiert werden kann, ist eine Berechnung der Kerbgrundbeanspruchung mit einem **FE- Programm** möglich. In der Kerbe sollte dabei eine Elementkantenlänge von 1/10 des Kerbradius verwendet werden. Bei Elementen mit Zwischenknoten reicht eine Elementkantenlänge von 1/5 des Kerbradius aus. Bei der Berechnung von Schweißverbindungen ist an Schweißnahtübergängen und an Kerben ein Übergangsradius von $r = 1$ mm nach [38] zu verwenden. Am Übergangsradius sollte die Elementlänge ebenfalls 1/5 bzw. 1/10 des Kerbradius betragen.

4.1.3 Berechnung der Lebensdauer

Die Grundlagen der Berechnung der Lebensdauer sind die **Rain-Flow-Matrix** der **Beanspruchung** im **Kerbgrund** und die **Schädigungskennwert-Wöhlerlinie**. Der Schädigungskennwert berücksichtigt den Einfluß der Mitteldehnung. Für die folgende Berechnung wird der Schädigungskennwert von SMITH, WATSON und TOPPER verwendet.

Für jedes Feld der Rain-Flow-Matrix, die durch $h(p,n)$, σ_{oH} und σ_{uH} charakterisiert ist, wird unter Verwendung der Neuber-Regel

$$\frac{\sigma_{oH}^2}{E} = \left(\frac{\sigma_n K_t}{E}\right)^2 = \sigma_o \varepsilon_o \qquad (4.51)$$

und der ZSD-Kurve

$$\varepsilon_o = \frac{\sigma_o}{E} + \left(\frac{\sigma_o}{K'}\right)^{1/n'} \qquad (4.52)$$

$$\sigma_{oH}^2 = \sigma_o^2 + E \sigma_o \left(\frac{\sigma_o}{K'}\right)^{1/n'} \qquad (4.53)$$

der elastisch-plastische Wert der Oberspannung σ_o berechnet (Bild 4.9). Der elastisch-plastische Wert der Dehnungsamplitude ε_a kann unter Verwendung der Masing-Hypothese [37]

$$\Delta \varepsilon = \frac{\Delta \sigma}{E} + 2 \left(\frac{\Delta \sigma}{2K'}\right)^{1/n'} \qquad (4.54)$$

und der Neuber- Regel

$$(\Delta \sigma_H^2) = E (\Delta \sigma)(\Delta \varepsilon) \qquad (4.55)$$

$$(\Delta \sigma_H^2) = (\Delta \sigma)^2 + E (\Delta \sigma) 2 \left(\frac{\Delta \sigma}{2K'}\right)^{1/n'} \qquad (4.56)$$

mit

$$\Delta \sigma_H = (\sigma_{oH} - \sigma_{uH}) \qquad (4.57)$$

berechnet werden.

4.1 Kerbgrundkonzept

Man erhält:

$$\varepsilon_a = (\Delta\varepsilon)/2 = \left(\frac{\Delta\sigma}{2E}\right) + \left(\frac{\Delta\sigma}{2K'}\right)^{1/n'} \quad (4.58)$$

Diese Dehnungsamplitude folgt auch aus

$$\sigma_{aH} = (\sigma_{oH} - \sigma_{uH})/2 \quad (4.59)$$

$$(\sigma_{aH})^2 = (\sigma_a)^2 + E\,\sigma_a\left(\frac{\sigma_a}{K'}\right)^{1/n'} \quad (4.60)$$

$$\varepsilon_a = \frac{\sigma_a}{E} + \left(\frac{\sigma_a}{K'}\right)^{1/n'}. \quad (4.61)$$

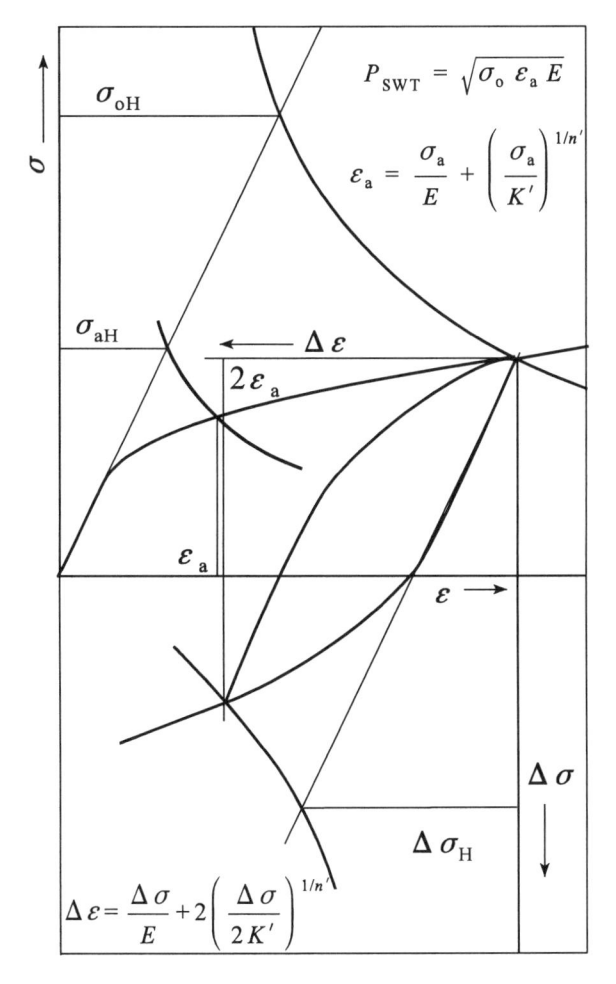

Bild 4.9 ZSD-Kurve für einen Belastungszyklus

Für einen daraus bestimmten Schädigungskennwert

$$P_{SWT} = \sqrt{\sigma_o \varepsilon_a E} \tag{4.62}$$

folgt aus der Schädigungskennwert-Wöhlerlinie die ertragbare Zyklenzahl N_{PSWT} und mit der Häufigkeit des Feldes der Rain-Flow-Matrix ein Schädigungsanteil ΔS.

$$\Delta S = \frac{h(p,n)}{N_{PSWT}(p,n)} \tag{4.63}$$

```
Algorithmus zur Berechnung der Lebensdauer
p = 2 bis k
    σ_oH = σ_M(p)
        σ_o iterativ aus :
```

$$\sigma_{oH}^2 = \sigma_o^2 + E\,\sigma_o \left(\frac{\sigma_o}{K'}\right)^{1/n'}$$

```
        END
    n = 1 bis (p-1)
        σ_uH = σ_M(n)
        σ_aH = (σ_oH - σ_uH)/2
            σ_a iterativ aus :
```

$$\sigma_{aH}^2 = \sigma_a^2 + E\,\sigma_a \left(\frac{\sigma_a}{K'}\right)^{1/n'}$$

```
            END
```

$$\varepsilon_a = \frac{\sigma_a}{E} + \left(\frac{\sigma_a}{K'}\right)^{1/n'}$$

$$P_{SWT} = \sqrt{\sigma_o \varepsilon_a E}$$

```
        N_PSWT iterativ aus :
```

$$P_{SWT} = \sqrt{\sigma_f'^2\, N_{PSWT}^{2b} + E\,\sigma_f'\,\varepsilon_f'\, N_{PSWT}^{b+c}}$$

```
        END
```

$$\sum S = \sum S + \frac{h(p,n)}{N_{PSWT}(p,n)}$$

$$\sum h = \sum h + h(p,n)$$

```
    END
END
```

$$N_{KGK} = \frac{\sum h}{\sum S}$$

4.2 Kerbspannungskonzept

Die Lebensdauer folgt dann aus dem Quotienten von $\Sigma\, h(p,n)$ und $\Sigma \Delta S$.

$$N_{KGK} = \frac{\Sigma\, h\,(p,n)}{\Sigma \dfrac{h\,(p,n)}{N_{PSWT}\,(p,n)}} \tag{4.64}$$

Die Überlebenswahrscheinlichkeit der Ergebnisse N_{KGK} ist von der Überlebenswahrscheinlichkeit der Kennwerte der ZSD-Kurve und der Dehnungswöhlerlinie abhängig, d.h., es handelt sich um **Mittelwerte** für die **berechnete Lastzyklenzahl**.

4.2 Kerbspannungskonzept

Neuartige Konstruktionen, bei denen für gefährdete Querschnitte keine Nennspannungen angegeben werden können, erfordern häufig eine FE-Berechnung. Damit sind für Schweißverbindungen die im Kapitel 3 genannten Normen nicht anwendbar. Für die Berechnung der Lebensdauer auf der **Grundlage örtlicher elastischer Spannungen** ist das **Kerbspannungskonzept** gut geeignet.

Nach RADAJ [38] kann die Ermüdungsfestigkeit von Schweißverbindungen unter Verwendung der örtlichen Spannung angegeben werden.

Grundlagen des Konzeptes sind:

- Die ertragbaren Schwingbreiten für verschiedene Schweißverbindungen $\Delta \sigma_{CK}$ (je nach Kerbfall) ergeben mit der jeweiligen Kerbwirkungszahl K_f multipliziert einen konstanten Wert. Dieser Wert entspricht der Schwingbreite $\Delta \sigma_C$ des ungekerbten Materials.

- Die Kerbwirkungszahl K_f entspricht der Formzahl K_t, wenn bei der FE-Berechnung an Kerben ein Übergangsradius von 1mm verwendet wird. Die Elementkantenlänge sollte für Elemente ohne Zwischenknoten 0,1 mm und für Elemente mit Zwischenknoten 0,2 mm betragen.

Beanspruchung

Bei nicht bekannter Häufigkeitsverteilung der Beanspruchung können bei **Wechselbeanspruchung** ($R = -1$) die bezogenen Spannungskollektive nach Bild 3.11 verwendet werden (Tabelle 4.1). Dazu ist die Beanspruchung zu bewerten und der p-Wert des Beanspruchungskollektivs festzulegen. Dieser Parameter ist von verschiedenen Einflußgrößen abhängig. Eine überschaubare Einflußgröße ist die Anzahl der Maximalwerte bei 10^6 Lastzyklen.

Der Parameter

- $p = 0$ ist für eine **sehr leichte Beanspruchung** (sehr wenig Maximalwerte bei 10^6 Lastzyklen),
- $p = \frac{1}{3}$ für eine **leichte Beanspruchung** (wenig Maximalwerte bei 10^6 Lastzyklen),
- $p = \frac{2}{3}$ für eine **mittlere Beanspruchung** (viele Maximalwerte bei 10^6 Lastzyklen)

zu verwenden

Sind im Beanspruchungsverlauf sehr viele Maximalwerte enthalten, so ist die Beanspruchung mit $p = 1,0$ als **einstufige Schwingbeanspruchung** zu bewerten.

Tabelle 4.1 Bezogene Beanspruchungskollektive für $R = -1$

i	$\Delta\sigma_i / \Delta\sigma_1$			n_i	$\sum n_i$
	$p = 0$	$p = \frac{1}{3}$	$p = \frac{2}{3}$		
1	1,000	1,000	1,000	2	2
2	0,950	0,967	0,983	16	18
3	0,850	0,900	0,950	280	298
4	0,725	0,817	0,908	2 720	3 018
5	0,575	0,717	0,858	20 000	23 018
6	0,425	0,617	0,803	92 000	115 018
7	0,275	0,517	0,758	280 000	395 018
8	0,125	0,417	0,708	605 000	1 000 018

Bei einer zufallsartigen Beanspruchung mit konstantem Mittelwert und einem Spannungsverhältnis der Kollektivgrößtwerte von $R = 0$ (Bild 4.10) sind die Schwingbreiten unter Berücksichtigung der Mittelspannungsempfindlichkeit M umzurechnen. Dazu wird der Wert $M = 0,2$ nach [14] und [15] verwendet. Die für das Spannungsverhältnis R schädigungsgleiche Amplitude $\sigma_{ai,R}$ erhält man, wenn zur Amplitude des Beanspruchungskollektivs die Mittelspannungsdifferenz mit M bewertet addiert wird.

$$\sigma_{ai,R} = \sigma_{ai} + M(\sigma_{mi} - \sigma_{mi,R}) \tag{4.65}$$

Mit dem Spannungsverhältnis

$$R = \frac{\sigma_{mi,R} - \sigma_{ai,R}}{\sigma_{mi,R} + \sigma_{ai,R}} \tag{4.66}$$

folgt aus Gleichung (4.65) die **schädigungsgleiche Amplitude**.

$$\sigma_{mi,R} = \sigma_{ai,R} \frac{1+R}{1-R} \tag{4.67}$$

4.2 Kerbspannungskonzept

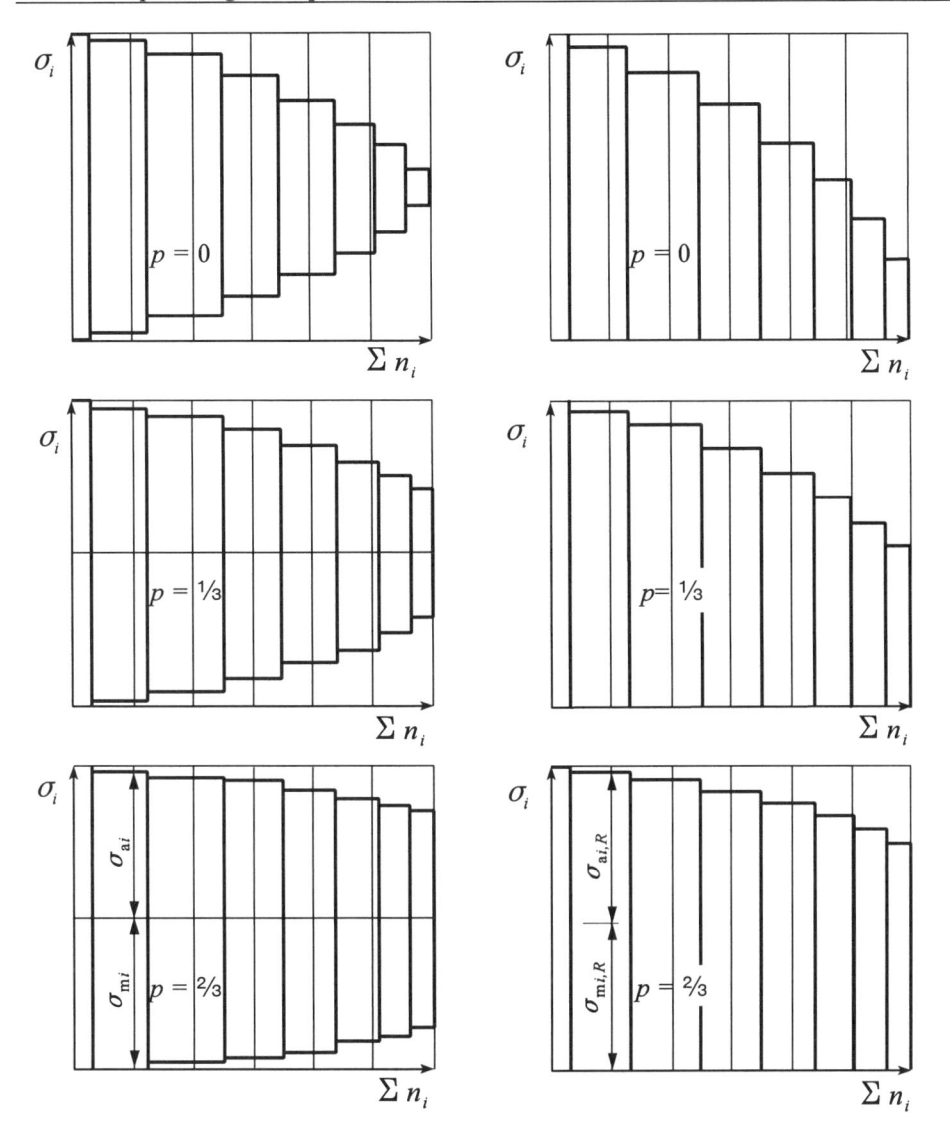

Bild 4.10 Beanspruchungskollektive für $R = 0$

$$\sigma_{ai,R} = \sigma_{ai} + M \left(\sigma_{mi} + \sigma_{ai,R} \frac{1+R}{1-R} \right) \tag{4.68}$$

$$\sigma_{ai,R} = \frac{\sigma_{ai} + M \sigma_{mi}}{1 + M \dfrac{1+R}{1-R}} \tag{4.69}$$

Für $R = 0$ kann daraus die bezogene Schwingbreite berechnet werden.

$$\Delta \sigma_{i,R=0} = \frac{\Delta \sigma_i + M \Delta \sigma_i}{1 + M} \tag{4.70}$$

Die bezogenen Beanspruchungskollektive für $R = 0$ sind in Tabelle 4.2 angegeben.

Tabelle 4.2 Bezogene Beanspruchungskollektive für $R = 0$

i	$\Delta \sigma_i / \Delta \sigma_1$			n_i	$\sum n_i$
	$p = 0$	$p = 1/3$	$p = 2/3$		
1	1,000	1,000	1,000	2	2
2	0,958	0,973	0,986	16	18
3	0,875	0,917	0,958	280	298
4	0,771	0,848	0,923	2 720	3 018
5	0,646	0,764	0,882	20 000	23 018
6	0,521	0,681	0,836	92 000	115 018
7	0,396	0,598	0,798	280 000	395 018
8	0,271	0,514	0,757	605 000	1 000 018

Wöhlerlinien

Von HOBBACHER [39] werden für Schweißverbindungen aus Stahl **ertragbare Wöhlerlinien** ($R = 0$) mit $\Delta \sigma_c = 225$ N/mm² und $m = 3$ angegeben. Der Wert $\Delta \sigma_c$ ist auf eine Zyklenzahl von $2 \cdot 10^6$ bezogen. Mit einer Zyklenzahl der Dauerfestigkeit von $5 \cdot 10^6$ wird die ertragbare Schwingbreite der Dauerfestigkeit berechnet.

$$\Delta \sigma_D = \Delta \sigma_c (N_c / N_D)^{1/m} \tag{4.71}$$

$$\Delta \sigma_D = 225 (2\,000\,000 / 5\,000\,000)^{1/3} \tag{4.72}$$

$$\Delta \sigma_D = 165{,}8 \text{ N/mm}^2$$

Den **zulässigen Wert der Schwingbreite** der Dauerfestigkeit $\Delta \sigma_{D,zul}$ erhält man unter Berücksichtigung des Sicherheitsfaktors γ_M.

$$\Delta \sigma_{D,zul} = \frac{\Delta \sigma_D}{\gamma_M} \tag{4.73}$$

Für die Sicherheitsfaktoren sind die Werte nach Tabelle 4.3 zu empfehlen.

Damit können für Schweißverbindungen aus Stahl die Wöhlerlinien bei einem Spannungsverhältnis von $R = 0$ angegeben werden (Tabelle 4.4).

$$N_i = N_D \left(\Delta \sigma_{D,zul} / \Delta \sigma_i \right)^3 \qquad \text{für } \Delta \sigma_i \geq \Delta \sigma_D \tag{4.74}$$

$$N_i = N_D \left(\Delta \sigma_{D,zul} / \Delta \sigma_i \right)^5 \qquad \text{für } \Delta \sigma_i < \Delta \sigma_D \tag{4.75}$$

4.2 Kerbspannungskonzept

Für $R = -1$ folgt die Schwingbreite der Dauerfestigkeit aus:

$$\Delta \sigma_{D, R=-1} = (1 + M) \, \Delta \sigma_{D, R=0} \tag{4.76}$$

Die Wöhlerlinien für $R = -1$ sind in Tabelle 4.5 angegeben.

Tabelle 4.3 Sicherheitsfaktoren γ_M nach [39]

Sicherheitsfaktor γ_M	Versagenssicherheit, Schadenstolerante Strategie	Lebenssicherheit, Überlebensstrategie
Ausfall von sekundären Strukturen	1,00	1,15
Ausfall der gesamten Struktur	1,15	1,30
Verlust von Menschenleben	1,30	1,40

Tabelle 4.4 Wöhlerlinien für Schweißverbindungen aus Stahl für $R = 0$

γ_M	$\Delta \sigma_{D,zul}$ [N/mm^2]	$\Delta \sigma_i \geq \Delta \sigma_{D,zul}$	$\Delta \sigma_i < \Delta \sigma_{D,zul}$
1,00	165	$N_i = 5 \cdot 10^6 \, (165 / \Delta \sigma_i)^3$	$N_i = 5 \cdot 10^6 \, (165 / \Delta \sigma_i)^5$
1,15	144	$N_i = 5 \cdot 10^6 \, (144 / \Delta \sigma_i)^3$	$N_i = 5 \cdot 10^6 \, (144 / \Delta \sigma_i)^5$
1,30	127	$N_i = 5 \cdot 10^6 \, (127 / \Delta \sigma_i)^3$	$N_i = 5 \cdot 10^6 \, (127 / \Delta \sigma_i)^5$
1,40	118	$N_i = 5 \cdot 10^6 \, (118 / \Delta \sigma_i)^3$	$N_i = 5 \cdot 10^6 \, (118 / \Delta \sigma_i)^5$

Tabelle 4.5 Wöhlerlinien für Schweißverbindungen aus Stahl für $R = -1$

γ_M	$\Delta \sigma_{D,zul}$ [N/mm^2]	$\Delta \sigma_i \geq \Delta \sigma_{D,zul}$	$\Delta \sigma_i < \Delta \sigma_{D,zul}$
1,00	199	$N_i = 5 \cdot 10^6 \, (199 / \Delta \sigma_i)^3$	$N_i = 5 \cdot 10^6 \, (199 / \Delta \sigma_i)^5$
1,15	173	$N_i = 5 \cdot 10^6 \, (173 / \Delta \sigma_i)^3$	$N_i = 5 \cdot 10^6 \, (173 / \Delta \sigma_i)^5$
1,30	153	$N_i = 5 \cdot 10^6 \, (153 / \Delta \sigma_i)^3$	$N_i = 5 \cdot 10^6 \, (153 / \Delta \sigma_i)^5$
1,40	142	$N_i = 5 \cdot 10^6 \, (142 / \Delta \sigma_i)^3$	$N_i = 5 \cdot 10^6 \, (142 / \Delta \sigma_i)^5$

Lebensdauer

Die Berechnung der Lebensdauer erfolgt mit den Beanspruchungskollektiven und den Wöhlerlinien nach der **modifizierten Miner-Hypothese**

$$N_{KSK} = \frac{\sum_{i=1}^{8} n_i}{\sum_{i=1}^{8} \frac{n_i}{N_i}} \tag{4.77}$$

Im Abschlußbericht zum BMBF-Vorhaben [40,41,42] sind Versuchsergebnisse bei Einstufen- und bei Randomsimulationsbelastung mit Geradlinienverteilung der Spitzenwerte veröffentlicht. Die Versuchsergebnisse der Kreuzstoßproben mit Kehlnaht bei einem Spannungsverhältnis von $R = -1$ sind in Tabelle 4.6 und die der Spantdurchführung mit beidseitigem Spantanschluß bei einem Spannungsverhältnis von $R = 0$ in Tabelle 4.8 angegeben.

Mit den Wöhlerliniengleichungen nach den Tabellen 4.4 und 4.5 wurden die Lebensdauerwerte N_{KSK} für die verschiedenen Sicherheitsfaktoren berechnet. Die Ergebnisse sind in den Tabellen 4.7 und 4.9 zu finden. Sie zeigen, daß für Schweißverbindungen (Beispiel Kreuzstoßverbindung mit Doppelkehlnaht) die zulässigen Lebensdauerwerte für $\gamma_M = 1{,}0$ kleiner sind als $N_{97,7}$ der Versuchsergebnisse. Für Schweißkonstruktionen (Beispiel Spantdurchführung mit beidseitigem Spantanschluß) ist die zulässige Lebensdauer bei Randomsimulationsbelastung (ΔF_1) ebenfalls kleiner als $N_{97,7}$ der Versuchsergebnisse. Demgegenüber ist diese Bedingung bei den Einstufenversuchen (ΔF) nicht erfüllt. Ursache dafür ist der verhältnismäßig große Wöhlerlinienexponent für diese Schweißkonstruktion. Daraus folgt, daß bei Wöhlerlinienexponenten, die von $M = 3$ erheblich abweichen, die Schadenssumme korrigiert werden muß.

Tabelle 4.6 Lastzyklen der Kreuzstoßverbindung mit Doppelkehlnaht

σ_a [N/mm²]	$N_{97,7}$	N_{90}	N_{50}	N_{10}
$\sigma_a = 98{,}0$	$9{,}35 \cdot 10^4$	$1{,}08 \cdot 10^5$	$1{,}40 \cdot 10^5$	$1{,}81 \cdot 10^5$
$\sigma_a = 70{,}0$	$3{,}12 \cdot 10^5$	$3{,}41 \cdot 10^5$	$4{,}01 \cdot 10^5$	$4{,}71 \cdot 10^5$
$\sigma_{a1} = 191{,}3$	$5{,}03 \cdot 10^6$	$5{,}86 \cdot 10^6$	$7{,}69 \cdot 10^6$	$1{,}01 \cdot 10^7$

Tabelle 4.7 Berechnete Lastzyklen nach Tabelle 4.5

σ_{aK} [N/mm²]	$\gamma_M = 1{,}4$	$\gamma_M = 1{,}3$	$\gamma_M = 1{,}15$	$\gamma_M = 1{,}00$
$\sigma_{aK} = 386{,}1$	$3{,}11 \cdot 10^4$	$3{,}89 \cdot 10^4$	$5{,}62 \cdot 10^4$	$8{,}56 \cdot 10^4$
$\sigma_{aK} = 275{,}8$	$8{,}53 \cdot 10^4$	$1{,}07 \cdot 10^5$	$1{,}54 \cdot 10^5$	$2{,}35 \cdot 10^5$
$\sigma_{a1K} = 753{,}7$	$1{,}08 \cdot 10^6$	$1{,}36 \cdot 10^6$	$1{,}97 \cdot 10^6$	$3{,}01 \cdot 10^6$

Tabelle 4.8 Lastzyklen der Spantdurchführung mit beidseitigen Spantanschluß

ΔF [kN]	$N_{97,7}$	N_{90}	N_{50}	N_{10}
$\Delta F = 60,0$	$1,51 \cdot 10^4$	$1,77 \cdot 10^4$	$2,35 \cdot 10^4$	$3,13 \cdot 10^4$
$\Delta F = 40,0$	$8,55 \cdot 10^4$	$1,14 \cdot 10^5$	$1,89 \cdot 10^5$	$3,14 \cdot 10^5$
$\Delta F_1 = 70,0$	$1,33 \cdot 10^6$	$2,53 \cdot 10^6$	$7,74 \cdot 10^6$	$2,37 \cdot 10^7$

Tabelle 4.9 Berechnete Lastzyklen nach Tabelle 4.4

$\Delta \sigma_K$ [N/mm²]	$\gamma_M = 1,4$	$\gamma_M = 1,3$	$\gamma_M = 1,15$	$\gamma_M = 1,00$
$\Delta \sigma_K = 885,6$	$1,18 \cdot 10^4$	$1,47 \cdot 10^4$	$2,15 \cdot 10^4$	$3,23 \cdot 10^4$
$\Delta \sigma_K = 590,4$	$3,99 \cdot 10^4$	$4,98 \cdot 10^4$	$7,25 \cdot 10^4$	$1,09 \cdot 10^5$
$\Delta \sigma_{1K} = 1033,2$	$4,14 \cdot 10^5$	$5,17 \cdot 10^5$	$7,53 \cdot 10^5$	$1,13 \cdot 10^6$

Nach [39] wird für die Schadenssumme ein Bereich von 0,5 bis 1,0 angegeben. Eine vorgegebene Schadenssumme von 0,5 bedeutet, daß die zulässige Lebensdauer mit diesem Faktor multipliziert wird.

Der Vergleich der experimentellen Ergebnisse für Schweißverbindungen mit den berechneten Lebensdauerwerten zeigt die Brauchbarkeit des Kerbspannungskonzeptes für die Lebensdauervorhersage.

Aufgrund der Zunahme an FE-Berechnungen für Konstruktionen wird dieses Konzept in den nächsten Jahren eine wachsende Bedeutung erlangen. Sind für Konstruktionen nach einer FE-Berechnung die Strukturspannungen bekannt, so können bei Anwendung der Submodellvernetzung die Kerbspannungen problemlos berechnet werden. Damit ist dann nach dem Kerbspannungskonzept die Lebensdauerberechnung möglich.

4.3 Strukturspannungskonzept

Das Strukturspannungskonzept auch als **Hot-Spot Konzept** bekannt wurde für **meerestechnische Bauten** entwickelt. Es wird auch im **Behälterbau** angewendet. Für komplexe Konstruktionen wird die **Hot-Spot Spannung** an gefährdeten Stellen verwendet. Diese Spannung in unmittelbarer Nähe der Schweißnaht enthält die Spannung aus der Belastung und der Geometrie des Bauteiles. Die Kerbwirkung der Schweißnaht wird dabei nicht berücksichtigt. In den Richtlinien ist festgelegt, an welchen Punkten die örtlichen Spannungen zu berechnen sind und wie die Extrapolation zur Hot-Spot Spannung zu erfolgen hat. Die Lebensdauerberechnung wird unter Verwendung festgelegter **Strukturspannungs-Wöhlerlinien** durchgeführt.

Die Grundlagen am Beispiel der Klassifikationsvorschriften des Germanischen Lloyd [43] sind:

- Die ertragbaren Schwingbreiten $\Delta\sigma_c$ werden mit

  $\Delta\sigma_c$ = 100 N/mm² für K-Nähte
  $\Delta\sigma_c$ = 90 N/mm² für Kehlnähte angegeben.

- Die Strukturspannung $\Delta\sigma_S$ wird berechnet als quadratische Extrapolation der Randspannungen über drei gleich große Elemente der Kantenlänge $a \cdot a$ ($a \triangleq$ Kehlnahtdikke) am Nahtübergang (Bild 4.11).

Die Dauerfestigkeitswerte der jeweiligen Strukturspannungswöhlerlinie folgen ebenfalls nach der Gleichung (4.71) und die Lebensdauerberechnung nach der modifizierten Miner-Hypothese.

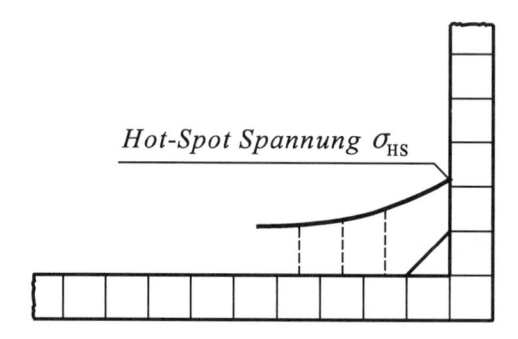

Bild 4.11 Berechnung der Hot-Spot-Spannung

4.4 Fragen

4.1 Wie werden ZSD-Kurve und Dehnungswöhlerlinie ermittelt?
4.2 Wozu dient die ZSD-Kurve?
4.3 Wie kann die Spannung im Kerbgrund ermittelt werden?
4.4 Welche Schädigungskennwerte kennen Sie?
4.5 Welche Vor- und Nachteile bestehen bei der Berechnung der Lebensdauer nach dem Kerbgrundkonzept?
4.6 Was sind die Voraussetzungen beim Kerbspannungskonzept?
4.7 Was sind die Voraussetzungen beim Strukturspannungskonzept?

5 Ermüdungsrißwachstum angerissener Bauteile

5.1 Grundlagen

Für Bauteile, bei denen die Lebensdauer neben dem Anriß durch Rißwachstum beeinflußt wird, hat die **Ermüdungsrißbruchmechanik** eine große Bedeutung. Ein Riß kann als Kerbe mit einem Krümmungsradius ϱ aufgefaßt werden. Für die Spannungserhöhung an einer Kerbe (Bild 5.1) ist aus der Kerbspannungslehre die Beziehung

$$\sigma_{max} = K_t \cdot \sigma_n \tag{5.1}$$

bekannt. Im Fall eines elliptischen Kerbes mit a gilt:

$$\sigma_{max} \approx 2\sigma_n \sqrt{\frac{a}{\varrho}} \tag{5.2}$$

Mit dem Übergang zum Riß liegt an der Rißspitze eine **mathematische Singularität** vor. Eine Singularität ist zur Charakterisierung der Beanspruchung nicht brauchbar, und deshalb wird eine **Spannungsintensität** definiert [1]. Grundlage der Berechnung des Rißwachstums ist damit die **linear-elastische Bruchmechanik** (LEBM) und das Konzept der Spannungsintensität. Die Spannungsintensitätsfaktoren K werden nach den Relativbewegungen der Rißoberflächen (Rißöffnungsarten) unterschieden und mit Modus I bis III bezeichnet (Bild 5.2).

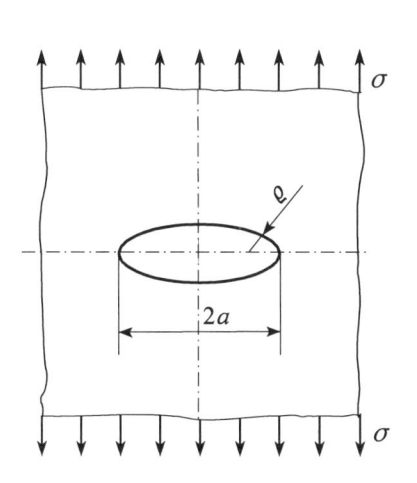

Bild 5.1 Spannungserhöhung an einer Kerbe

Modus I: Bewegung der Rißoberfläche senkrecht zur Rißebene
Modus II: Bewegung der Rißoberfläche in Richtung der Rißrichtung
Modus III: Bewegung der Rißoberfläche quer zur Rißrichtung

Die Rißöffnungsart Modus I hat für die Praxis eine vorrangige Bedeutung, da die Rißausbreitung vorwiegend senkrecht zur Zugbeanspruchung auftritt.

Bei der Ermittlung der Lastspielzahl in Abhängigkeit von einer vorgegebenen Rißlänge bestehen Parallelen zur Ermittlung der Lebensdauer bis zum Anriß. Ausgehend von der Beanspruchungsfunktion, charakterisiert durch das Beanspruchungskollektiv der Schwingbreite bzw. der zweiparametrischen Häufigkeitsverteilung, kann der zyklische

Modus I   Modus II   Modus III

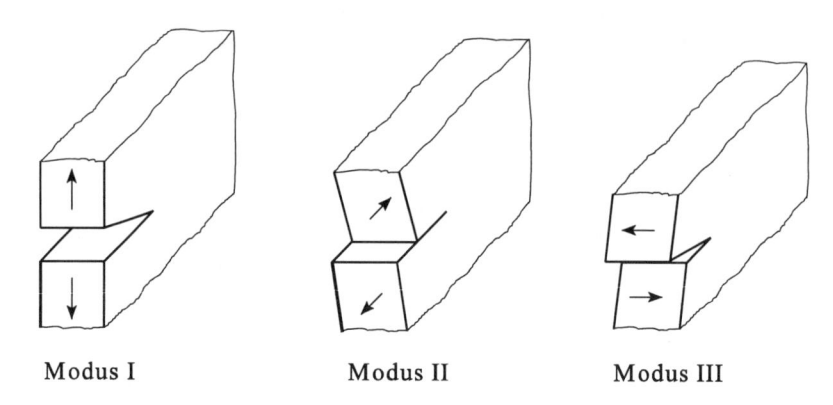

Bild 5.2 Rißöffnungsarten Modus I bis III

Spannungsintensitätsfaktor ΔK unter Berücksichtigung der Geometrie berechnet werden. Für den Werkstoff folgt unter Einbeziehung der Fertigung die Rißwachstumsgeschwindigkeit in Abhängigkeit von zyklischen Spannungsintensitätsfaktor aus experimentellen Untersuchungen. Die Rißlänge in Abhängigkeit von der Lastzyklenzahl wird durch eine Integration ermittelt (Bild 1.4).

5.2. Spannungsintensitätsfaktoren

Standardfälle

Die Spannungsverteilung im Bereich der Rißspitze (Bild 5.3) kann für eine **unendlich ausgedehnte Scheibe** unter **einachsiger Zugbeanspruchung** mit einem Riß der Länge $2a$ durch folgende Gleichungen beschrieben werden [1]

$$\sigma_x = \sigma_N \sqrt{\frac{a}{2r}} \cos \frac{\varphi}{2} \left(1 - \sin \frac{\varphi}{2} \sin \frac{3}{2} \varphi \right) \tag{5.3}$$

$$\sigma_y = \sigma_N \sqrt{\frac{a}{2r}} \cos \frac{\varphi}{2} \left(1 + \sin \frac{\varphi}{2} \sin \frac{3}{2} \varphi \right) \tag{5.4}$$

$$\tau = \sigma_N \sqrt{\frac{a}{2r}} \cos \frac{\varphi}{2} \sin \frac{\varphi}{2} \cos \frac{3}{2} \varphi \tag{5.5}$$

Mit

$$K_I = \sigma_N \sqrt{\pi a} \tag{5.6}$$

5.2 Spannungsintensitätsfaktoren

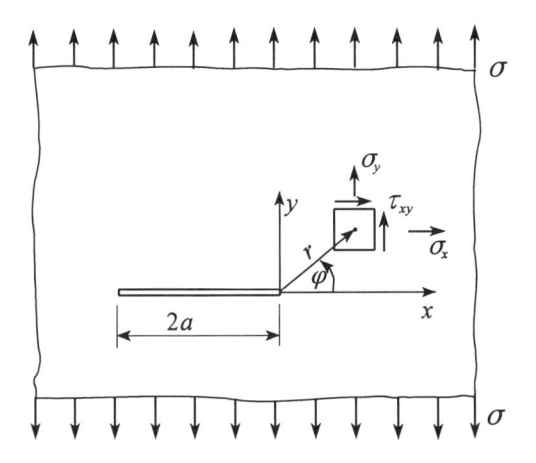

Bild 5.3 Spannungsverteilung am Riß in einer unendlichen Scheibe

erhalten die Gleichungen folgende Form

$$\sigma_x = \frac{K_I}{\sqrt{2\pi r}} \cos\frac{\varphi}{2}\left(1 - \sin\frac{\varphi}{2}\sin\frac{3}{2}\varphi\right) \tag{5.7}$$

$$\sigma_y = \frac{K_I}{\sqrt{2\pi r}} \cos\frac{\varphi}{2}\left(1 + \sin\frac{\varphi}{2}\sin\frac{3}{2}\varphi\right) \tag{5.8}$$

$$\tau_{xy} = \frac{K_I}{\sqrt{2\pi r}} \cos\frac{\varphi}{2}\sin\frac{\varphi}{2}\cos\frac{3}{2}\varphi \tag{5.9}$$

Für viele Anwendungsfälle sind aus der Literatur die Spannungsintensitätsfaktoren bekannt [6]. In Bild 5.4 sind für Mitten- und Seitenriß die Spannungsintensitätsfaktoren in Abhängigkeit von der Rißlänge angegeben. Die **Belastung** erfolgt dabei als **konstante Zugspannung**.

$$K_I = \sigma_\infty \sqrt{a}\, f_1(a/w) \tag{5.10}$$

Mit diesen Gleichungen sind viele Anwendungsfälle lösbar.

Näherungslösungen

Für **nicht konstante Normalspannungen** können Näherungslösungen angewendet werden. Die Grundlage des Verfahrens ist die auf BUECKNER [44] zurückgehende Bildung einer Ersatzstruktur. Die Spannungsverteilung der ungerissenen Struktur entlang der Rißausbreitungslage wird als Druckbelastung auf die Rißflanken aufgebracht. Eine Spannungsanalyse der ungerissenen Struktur ist ausreichend. Unter der Annahme einer Rißausbreitung bei Mode I-Belastung interessiert die Spannungsverteilung normal zur gemessenen Rißausbreitung.

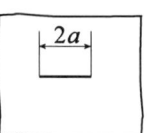

1.) Innenriß in unendlicher Scheibe
$$f_1 = \sqrt{\pi}$$

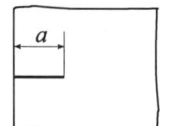

2.) Randriß in halbunendlicher Scheibe
$$f_2 = 1{,}12\sqrt{\pi}$$

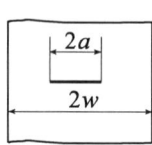

3.) Innenriß in endlich breiter Scheibe
$$f_3 = 1{,}77 + 0{,}227\cdot\left(\frac{a}{w}\right) - 0{,}51\cdot\left(\frac{a}{w}\right)^2 + 2{,}7\cdot\left(\frac{a}{w}\right)^3$$
für $0 \leq \left(\dfrac{a}{w}\right) \leq 0{,}7$

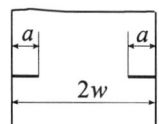

4.) Endlich breite Scheibe mit zwei Randrissen
$$f_4 = \left[1{,}122 - 0{,}561\left(\frac{a}{w}\right) - 0{,}015\left(\frac{a}{w}\right)^2 + 0{,}091\left(\frac{a}{w}\right)^3\right]\cdot\sqrt{\pi / \left(1 - \frac{a}{w}\right)}$$
für $0 \leq \left(\dfrac{a}{w}\right) \leq 0{,}5$

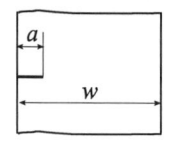

5.) Endlich breite Scheibe mit einseitigem Randriß
$$f_5 = 1{,}99 - 0{,}41\cdot+\left(\frac{a}{w}\right) 18{,}7\cdot\left(\frac{a}{w}\right)^2 - 38{,}48\cdot\left(\frac{a}{w}\right)^3 + 53{,}85\cdot\left(\frac{a}{w}\right)^4$$
für $0 \leq \left(\dfrac{a}{w}\right) \leq 0{,}5$

Bild 5.4 Spannungsintensitätsfaktoren nach [40]

5.2 Spannungsintensitätsfaktoren

Bei Anwendung der **Greenschen-** und **Gewichtsfunktionsmethode** ist nach [45] ein Integral

$$K_I(a) = \int_0^a p(x)\, H(a,x)\, dx \tag{5.11}$$

zu lösen. Die Funktion $H(a,x)$ hängt von der Geometrie der Struktur ab und ist belastungsunabhängig.

CHELL [46] gibt eine Lösung nach der Greenschen Funktion an. Sie gilt für Polynomansätze von $p(x)$ bis 2.Ordnung

$$p(x) = A + B\,(x/w) + C\,(x/w)^2 \tag{5.12}$$

$$K_I = \sqrt{a}\,[AY_0(a/w) + BY_1(a/w) + CY_2(a/w)] \tag{5.13}$$

$$Y_n(a/w) = \sum_{m=1}^{5} A_m\,(a/w)^m \tag{5.14}$$

Die Koeffizienten $Y_n(a/w)$ sind Tabelle 5.1 zu entnehmen und die Berechnung des K_I-Wertes beschränkt sich unter Ausnutzung dieser Lösung auf eine Summation. Mit diesen Gleichungen sind die Spannungsintensitätsfaktoren für Mitten- und Seitenriß berechenbar (Bild 5.5).

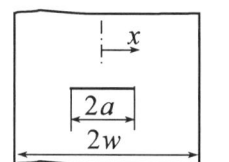

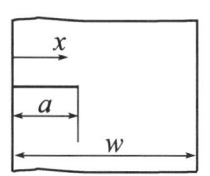

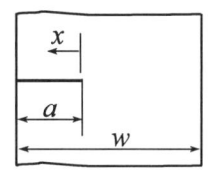

Bild 5.5 Spannungsintensitätsfaktoren nach CHELL [46]

Bild 5.6 Spannungsintensitätsfaktoren nach BUECKNER [47]

Für die Ausgangsgleichung liefert BUECKNER [47] eine Lösung nach der Gewichtsfunktionsmethode für Spannungsansätze $p(x)$ in Polynomform beliebiger Höhe.

$$p(x) = \sum_{k=0}^{n} C_k\,(x/a)^k \tag{5.15}$$

$$K_I = 2\sqrt{(2a/\pi)}\,\sum_{k=0}^{n} C_k\left(\frac{1}{2k+1} + \frac{m_1}{(2k+3)} + \frac{m_2}{2k+5}\right) \tag{5.16}$$

$$m_1 = 0{,}6147 + 17{,}1844\,(a/w)^2 + 8{,}7822\,(a/w)^6 \tag{5.17}$$

$$m_2 = 0{,}2502 + 3{,}2888\,(a/w)^2 + 70{,}0444\,(a/w)^6 \tag{5.18}$$

Die angegebenen Gleichungen gestatten nur die Berechnung der Spannungsintensitätsfaktoren für einen Seitenriß (Bild 5.6).

Tabelle 5.1 Koeffizienten Y_n (a/w)

A_m	Mittenriß			Seitenriß		
	$n = 0$	1	2	$n = 0$	1	2
A_0	1,772	0,0	0,0	1,992	0,0	0,0
A_1	0,223	0,837	0,0118	3,081	1,418	0,0313
A_2	-1,597	0,608	0,585	-21,13	-4,120	0,255
A_3	9,802	-4,128	1,228	125,8	25,06	4,179
A_4	-15,08	8,142	-2,217	-235,4	-47,77	-9,811
A_5	10,02	-4,515	1,982	181,2	41,22	12,10

FE-Berechnung

Die Berechnung der Spannungsintensitätsfaktoren kann für Strukturen mit den **FE-Programmen, z.B. ANSYS**, erfolgen. Die Rißspitze wird mit knotendistordierten Rißspitzenelementen (plane 2) eingeschlossen. Bei diesen Elementen ist der Zwischenknoten um eine 1/4-Position zur Rißspitze hin verschoben, womit eine $1/\sqrt{r}$-Singularität an der Rißspitze erreicht wird. Mit dem Befehl

kscon, kpoiNr, R, 1, Z	△	Definition des Rißspitzenelemente
kpoi	△	kpoi der Rißspitze
R	△	Radius der Rißspitzenelemente
1	△	Mittelknoten auf 1/4 Position verschieben
Z	△	Anzahl der Elemente

wird eine Anzahl von Z Elementen mit einem Radius R (in mm) an der Rißspitze (kpoiNr) angeordnet. Zur Berechnung der Spannungsintensitätsfaktoren ist die Angabe der Knoten (nodeNr) am Riß des Rißspitzenelements erforderlich.

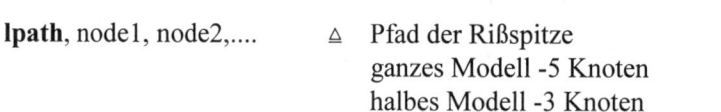

lpath, node1, node2,.... △ Pfad der Rißspitze
ganzes Modell -5 Knoten
halbes Modell -3 Knoten

Die Berechnung des Spannungsintensitätsfaktors wird mit den folgenden Befehlen ausgeführt.

kcalc,1,,3,1	△	Ebener Spannungszustand, ganzes Modell
kcalc,,,3,1	△	Ebener Dehnungszustand, ganzes Modell
kcalc,,,1,1	△	Ebener Dehnungszustand, halbes Modell
***get**, k1, kcalc,,k,1	△	Berechnung K_I
* **stat**, k1	△	Print -K_I

Die Berechnung von K_{II} und K_{III} ist möglich.

5.3 Werkstoffverhalten

Rißwachstumsgleichung

Die **Rißausbreitungsgeschwindigkeit** korreliert sehr gut mit der Schwingbreite des **zyklischen Spannungsintensitätsfaktors** ΔK.

Für die Beschreibung des Zusammenhanges bei einstufiger Belastung kann die Beziehung von PARIS und ERDOGAN [48] für stabiles Rißwachstum verwendet werden.

$$\mathrm{d}a/\mathrm{d}N = C\,\Delta K^m \tag{5.19}$$

$$\Delta K = K_{max} - K_{min} \tag{5.20}$$

Die Darstellung des Rißwachstums in Abhängigkeit vom zyklischen Spannungsintensitätsfaktor (Bild 5.7) zeigt, daß das Rißwachstum bei dem Schwellenwert ΔK_0 beginnt. Dieser Schwellenwert wird auch als **bruchmechanische Dauerfestigkeit** bezeichnet. Ein oberer Grenzwert ist der **kritische zyklische Spannungsintensitätswert** ΔK_c, bei dem der Rest- oder Gewaltbruch eintritt.

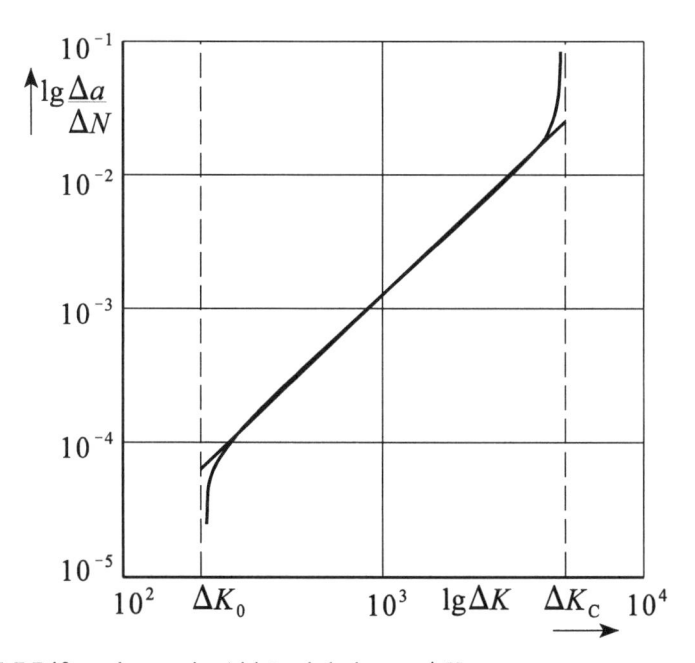

Bild 5.7 Rißwachstum in Abhängigkeit von ΔK

Ermittlung der Konstanten

Die Ermittlung der Rißwachstumsgeschwindigkeit erfolgt an Mitten- und Seitenrißproben (Bild 5.8). Zur Belastung der Proben dienen elektroservohydraulische Prüfmaschinen. Die Rißlänge kann optisch vermessen oder mit der **Gleichstrompotentialmethode** gemessen werden (Bild 5.9). Bei der Gleichstrompotentialmethode wird unter Verwendung eines

Gleichstromnetzteiles eine Potentialspannung in der Umgebung der Kerbe erzeugt, die von der Rißlänge abhängig ist. Mit der Abhängigkeit der Potentialspannung von der Rißlänge kann die Rißlänge in Abhängigkeit von der Lastzyklenzahl erfaßt werden.

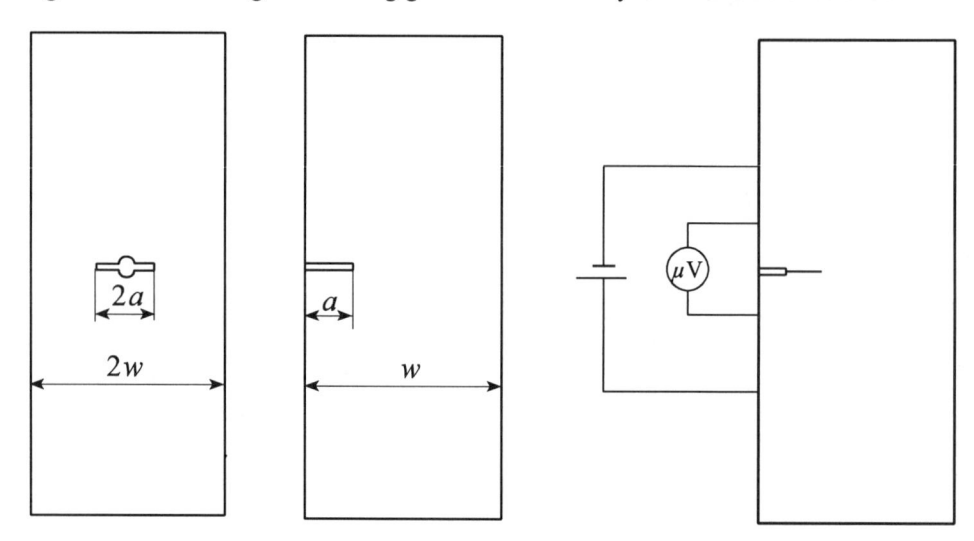

Bild 5.8 Mitten- und Seitenrißproben   Bild 5.9 Gleichstrompotentialmethode

Gegenüber der Gleichstrompotentialmethode mit Stromstärken über 10 Ampere und Potentialspannungen im μVolt-Bereich ist bei der **Wechselstrompotentialmethode** eine mehrkanalige Wechselspannungsverstärkung einfacher möglich. Dies erlaubt eine Rißerfassung an mehreren Stellen einer Probe. Die Eliminierung belastungsabhängiger Schwankungen der Potentialspannung ist bei dieser Methode erforderlich.

Beim diskreten Rißmeßverfahren werden an die Stelle des zu erwartenden Risses Rißmeßstreifen geklebt. Die Stege des Rißmeßstreifens werden durch den fortschreitenden Riß zerstört. Die vom Strom durchflossenen Stege reagieren bei Durchtrennung als Schalter. Bei Öffnung dieser Schalter werden die aktuellen Lastzyklenzahlen registriert. Die Rißlänge wird mit dem Rißmeßstreifen an der Bauteiloberfläche gemessen, so daß Fehler in der Rißlängenmessung durch Rißfrontkrümmung entstehen können.

Die Meßergebnisse der **Rißlängen** als **Funktion der Lastzyklenzahl** können durch die folgende Funktion dargestellt werden.

$$a = A\ e^{BN} \tag{5.21}$$

Aus der Differentiation da/dN folgt die **Rißwachstumsgeschwindigkeit** als Funktion von N.

$$v = da/dN = A\ B\ e^{BN} \tag{5.22}$$

Mit $a = f(N)$ und $\Delta K = f(a)$ kann die Rißwachstumsgeschwindigkeit in Abhängigkeit von ΔK angegeben werden.

5.3 Werkstoffverhalten

Aus einer Ausgleichsrechnung nach dem Fehlerquadratminimum folgen die Konstanten C und m der Rißwachstumsgleichung.

$$FQ = \sum (\lg v_i - \lg v)^2 \tag{5.23}$$

$$\lg v = \lg C + m \lg \Delta K_i \tag{5.24}$$

$$FQ = \sum \lg^2 v_i + n \lg^2 C + m^2 \sum \lg^2 \Delta K_i$$
$$- 2\lg C \sum \lg v_i - 2m \sum (\lg v_i \lg \Delta K_i) + 2m \lg C \sum \lg \Delta K_i \tag{5.25}$$

$$\frac{\partial FQ}{\partial m} = 2m \sum \lg^2 \Delta K_i + 2 \lg C \sum \lg \Delta K_i - 2\sum (\lg v_i \lg \Delta K_i) = 0 \tag{5.26}$$

$$\frac{\partial FQ}{\partial \lg C} = +2n \lg C + 2m \sum \lg \Delta K_i - 2\sum \lg v_i = 0 \tag{5.27}$$

$$m = \frac{n \sum (\lg v_i \lg \Delta K_i) - \sum \lg v_i \sum \lg \Delta K_i}{n \sum \lg^2 \Delta K_i - (\sum \lg \Delta K_i)^2} \tag{5.28}$$

$$\lg C = \frac{\sum \lg^2 \Delta K_i \sum \lg v_i - \sum \lg \Delta K_i \sum (\lg v_i \lg \Delta K_i)}{n \sum \lg^2 \Delta K_i - (\sum \lg \Delta K_i)^2} \tag{5.29}$$

Von verschiedenen Autoren wird für Stahl der Exponent der Rißwachstumsgleichung mit $m = 3$ angegeben. Unter der Voraussetzung eines bekannten Exponenten m folgt die Konstante C aus Gleichung (5.27).

$$\lg C = \frac{1}{n} \left(\sum \lg v_i - m \sum \lg \Delta K_i \right) \tag{5.30}$$

Zum Vergleich einige veröffentlichte Ergebnisse der Mittelwerte von C für Stahl.

GURNEY [49]: $\overline{C} = 1.315 \cdot 10^{-4} / 895^m$

$\overline{C} = 1.83 \cdot 10^{-13}$ für $m = 3$

HEYER [50]: $\overline{C} = 1.83 \cdot 10^{-13}$ für $m = 3$

LUKACZ [51]: $\overline{C} = 1.03 \cdot 10^{-4} / 861^m$

$\overline{C} = 1.61 \cdot 10^{-13}$ für $m = 3$

DET NORSKE VERITAS [52]:

Rules for the design construction and inspection of offshore structures (1977)

$P = 50\%$ $C = 1.7 \cdot 10^{-13}$ für $m = 3$

$P = 95\%$ $C = 4.6 \cdot 10^{-13}$ für $m = 3$

Eine **statistische Auswertung** der **Rißwachstumsgeschwindigkeiten** verschiedener Proben für ΔK_{Ii} (z.B.: 1000, 2000, 3000 und 4000) ergibt die Rißwachstumsgeschwindigkeit in Abhängigkeit von einer Wahrscheinlichkeit P.

$$v_j = C_j \Delta K_{Ii}^{m_j} \tag{5.31}$$

$$\lg \overline{v}_i = \frac{1}{n} \sum_{j=1}^{n} \lg v_j \tag{5.32}$$

$$s_{\lg v\, i} = \sqrt{\frac{1}{n-1} \left[\sum (\lg v_j)^2 - n (\lg \overline{v}_i)^2 \right]} \tag{5.33}$$

$$\lg v_{P,i} = \lg \overline{v}_i + u_P\, s_{\lg v\, i} \tag{5.34}$$

Mit den Gleichungen (5.28) und (5.29) erhält man die Konstanten der Paris-Erdogan-Gleichung (m und C) für die vorgegebene Wahrscheinlichkeit.

Einfluß des Spannungsverhältnisses

Neben der Paris-Erdogan-Gleichung kann das Rißwachstum auch mit den Forman-Gleichungen [53] beschrieben werden. Diese beinhalten neben dem **Spannungsverhältnis** die Grenzwerte ΔK_0 und ΔK_c und gewährleisten einen kontinuierlichen Übergang zwischen den Grenzwerten und dem Bereich des stabilen Rißwachstums.

Forman-Gleichung

$$\frac{da}{dN} = \frac{C_2 \Delta K^{m_2}}{[\Delta K_c (1-R) - \Delta K]} \tag{5.35}$$

erweiterte Forman-Gleichung

$$\frac{da}{dN} = \frac{C_3 (\Delta K - \Delta K_0)^{m_3}}{[\Delta K_c (1-R) - \Delta K]} \tag{5.36}$$

Desweiteren kann das Spannungsverhältnis auch durch einen **effektiven Spannungsintensitätsfaktor** berücksichtigt werden.

$$\frac{da}{dN} = C (\Delta K_{eff})^m \tag{5.37}$$

$$\Delta K_{eff} = U(R)\, \Delta K \tag{5.38}$$

5.4 Berechnung der Rißlänge

Für die Funktion U(R) sind zwei Lösungsansätze bekannt [54].

$$U(R) = (1 + AR) \quad \text{für} \quad R > R_G = -0,6/A \tag{5.39}$$

$$U(R) = \frac{1}{1 + BR} \quad \text{für} \quad R > R_G = -1,5/B \tag{5.40}$$

Für $R \leq R_G$ oder $\sigma_o \leq 0,0$ ist U(R) = 0,4. Die in den Funktionen enthaltenen Konstanten A und B können Versuchsergebnissen angepaßt werden.

5.4. Berechnung der Rißlänge

Lineare Berechnung der Rißlänge bei Einstufenbelastung

Die Lastzyklenzahl in Abhängigkeit von der Rißlänge erhält man aus der Integration der Paris-Erdogan-Gleichung

$$\frac{da}{dN} = C(\Delta K)^m = C[\Delta\sigma\sqrt{a}\,f(a/w)]^m \tag{5.41}$$

$$\int dN = \int \frac{da}{C[\Delta\sigma\sqrt{a}\,f(a/w)]^m} \tag{5.42}$$

Für $f(a/w) = \text{konst.} = f$, z.B. für einen Riß in einer unendlichen Scheibe, ist eine geschlossene Lösung möglich.

$$\Delta N = \frac{1}{C(\Delta\sigma \cdot f)^m} \int_{a_0}^{a_e} a^{-\frac{m}{2}} da \tag{5.43}$$

$$\Delta N = \frac{a_e^{1-m/2} - a_0^{1-m/2}}{(1 - m/2)\,C\,(\Delta\sigma \cdot f)^m} \tag{5.44}$$

Aus dieser Gleichung folgt mit einem Exponent der Rißwachstumsgleichung für Stahl von $m = 3$:

Lastzyklenzahl

$$\Delta N = \frac{1/\sqrt{a_0} - 1/\sqrt{a_e}}{0,5\,C\,(\Delta\sigma \cdot f)^3} \tag{5.45}$$

Rißlänge

$$a_e = \frac{a_0}{[1 - 0,5\,C\,(\Delta\sigma \cdot f)^3 \sqrt{a_0}\,\Delta N]^2} \tag{5.46}$$

Schwingbreite

$$\Delta \sigma = \sqrt[3]{\frac{1/\sqrt{a_o} - 1/\sqrt{a_e}}{0,5\ C\ f^3\ \Delta N}} \qquad (5.47)$$

Diese Gleichungen sind für Abschätzungen gut geeignet. Ist die Funktion $f(a/w)$ nicht konstant, so ist eine Näherungslösung durch Summation möglich

$$\Delta N = \sum_{i=1}^{n} \frac{\Delta a}{C\ \Delta K_i^m} \qquad (5.48)$$

Lineare Berechnung der Rißlänge bei nichteinstufiger Belastung

Bei der nichteinstufigen Belastung ist das Schwingbreitenkollektiv ($\Delta \sigma_i$, n_i) die Grundlage der Berechnung. Dieses Kollektiv erhält man aus einer statistischen Auswertung der Betriebsbeanspruchung. Die effektive Schwingbreite folgt aus der Bedingung

$$\Delta \sigma_{eff}^m \sum n_i = \sum [U(R_i)(\Delta \sigma_i)]^m\ n_i \qquad (5.49)$$

$$\Delta \sigma_{eff} = \sqrt[m]{\frac{\sum n_i [U(R_i)(\Delta \sigma_i)]^m}{\sum n_i}} \qquad (5.50)$$

Mit der effektiven Schwingbreite $\Delta \sigma_{eff}$ können die Gleichungen der Einstufenbelastung angewendet werden. Beschleunigungs- und Verzögerungseffekte durch tief-hoch und hoch-tief Belastungssprünge bleiben dabei unberücksichtigt.

Ist das Schwingbreitenkollektiv $\Delta \sigma_i$ (n_i) nicht bekannt, so kann unter Verwendung der Kollektivgrößtwerte σ_{o1} und σ_{u1} die Schwingbreite $\Delta \sigma_i$ berechnet werden.

$$\Delta \sigma_1 = \sigma_{o1} - \sigma_{u1} \qquad (5.51)$$

Die Schwingbreiten des Kollektivs folgen dann aus der Empfehlung nach Kapitel 4.2 in Abhängigkeit von p.

$$\Delta \sigma_i = \Delta \sigma_1\ (\sigma_{ai} / \sigma_{a1}) \qquad (5.52)$$

Das Spannungsverhältnis wird durch die Angabe der Werte σ_{oi} und σ_{ui} berücksichtigt.

Sind für den Stahl die Konstanten der Paris-Erdogan-Gleichung nicht bekannt, so kann näherungsweise $C = 1,82\ e-13$ und $m = 3$ nach [52] für $P = 50\%$ verwendet werden.

Bei Verwendung der Zählergebnisse nach der zweiparametrischen Spitzenwertzählung folgt $\Delta \sigma_{eff}$ aus der folgenden Gleichung.

5.4 Berechnung der Rißlänge

$$\Delta \sigma_{\text{eff}} = \sqrt[m]{\frac{\sum_{p=2}^{k} \sum_{n=1}^{k-1} \left\{ h_{p,n} \left[U(R_i)(\Delta \sigma_{p,n}) \right]^m \right\}}{\sum_{p=2}^{k} \sum_{n=1}^{k-1} h_{p,n}}} \tag{5.53}$$

Um sichere Werte für die Rißwachstumsberechnung zu erhalten, sind die Konstanten der Paris-Erdogan-Gleichung $C = 4,6\text{e}-13$ und $m = 3$ für $P = 95\%$ nach [52] zu verwenden.

Nichtlineare Berechnung der Rißlänge

Bei der **nichtlinearen Berechnung der Rißlänge** wird die **Reihenfolge der Belastung** berücksichtigt, wobei ein **hoch-tief-Lastsprung** eine **Rißwachstumsverzögerung** und ein **tief-hoch-Lastsprung** eine **Rißwachstumsbeschleunigung** bewirkt (Bild 5.10). Für das nichtlineare Rißwachstumsverhalten sind verschiedene Modelle bekannt.

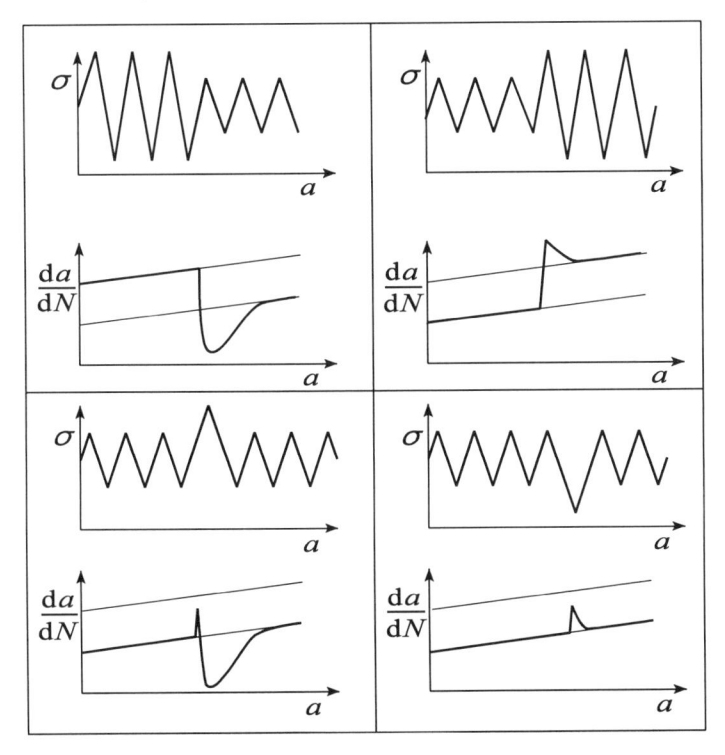

Bild 5.10 Rißfortschrittsverzögerung und -beschleunigung

Das Wheeler-Modell [55] wurde für Blockbelastungen mit einzelnen Zugspitzenlasten entwickelt. Die Rißwachstumsverzögerungen werden durch einen Faktor berücksichtigt, der die plastischen Zonen der Belastung und der Spitzenlast beinhaltet. Ein Experiment gestattet die Anpassung der Berechnungsergebnisse an Versuchsergebnisse.

Das Willenborg-Modell [56] wurde für Rißwachstumsverzögerungen infolge hoher Vorbelastungen entwickelt. Es verwendet zur Berechnung des Rißlängenzuwachses einen effektiven Spannungsintensitätsfaktor und ein effektives Spannungsverhältnis sowie die plastischen Zonen analog dem Wheeler-Modell.

Das Hanel-Modell [57] hat das Dugdale-Barenblatt-Modell zur Grundlage und ist nur für Blocklastfolgen mit konstantem Spannungsverhältnis anwendbar. Rißwachstum bei Randombelastung läßt sich auch hiermit nicht beschreiben.

Das von FÜHRING [58] angegebene LOSEQ-Modell korrigiert die Schwingbreite des Spannungsintensitätsfaktors durch einen Beschleunigungsfaktor und einen Verzögerungsfaktor. Beide Faktoren sind von zug- und druckplastischen Zonen abhängig. Der Beschleunigungsfaktor enthält eine als werkstoffabhängig angesehene Konstante, mit der die berechneten Ergebnisse den Versuchsergebnissen angepaßt werden können.

Auf der Grundlage des LOSEQ-Modells hat HEYER [50] ein Programm zur Berechnung des Rißwachstums bei nichteinstufiger Belastung angegeben.

In Anlehnung an [58] wird der **Reihenfolgeeinfluß** durch einen **Lastfolgefaktor** berücksichtigt.

$$\Delta a_i = C \, (Q_{\text{LF}} \, \Delta K_i)^m \tag{5.54}$$

Der Lastfolgefaktor setzt sich aus einem **Beschleunigungs-** und einem **Verzögerungsfaktor** zusammen.

$$Q_{\text{LF}} = Q_a \, Q_r \tag{5.55}$$

Die Faktoren Q_a und Q_r sind von den plastischen Zonen vor der Rißspitze abhängig.

Über den Einfluß dieser Effekte sind eine Vielzahl von Veröffentlichungen bekannt und Berechnungsprogramme nutzbar.

5.5 Fragen

5.1 Welche Rißöffnungsarten kennen Sie?
5.2 Wie kann der Spannungsintensitätsfaktor bestimmt werden?
5.3 Welche Rißwachstumsgleichungen kennen Sie?
5.4 Was ist der zyklische Spannungsintensitätsfaktor?
5.5 Was ist ΔK_0 und ΔK_c?
5.6 Wie ermittelt man die Konstanten der Paris-Erdogan-Gleichung?
5.7 Wie kann das Spannungsverhältnis berücksichtigt werden?
5.8 Wie berechnet man die Rißlänge bei einer einstufigen Belastung?
5.9 Wie kann die Rißlänge bei einer nichteinstufigen Belastung ermittelt werden?

6 Beispiele

6.1 Betriebsbeanspruchung

Beispiel 1.1:

Für die regellose Beanspruchungsfunktion (siehe Bild 6.1) mit dem Regellosigkeitskoeffizienten $i = 0{,}39$ sind die Häufigkeitsverteilung der Spitzenwerte, der Minima und der Maxima, der regulären Spitzenwerte und die zweiparametrische Häufigkeitsverteilung der Spitzenwerte zu ermitteln. Des weiteren sind das Beanspruchungskollektiv und das Amplitudenkollektiv zu berechnen und darzustellen.

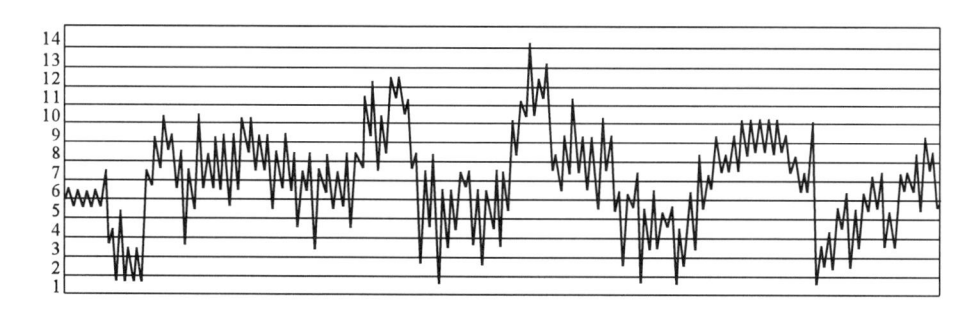

Bild 6.1 Regellose Beanspruchungsfunktion zu Beispiel 1.1

Lösung:

Die Spitzenwerte der Beanspruchungsfunktion nach Bild 6.1 folgen aus den Gleichungen (2.10) und (2.11).

$$h_{j,sp} = H_{j-1} - H_j \quad \text{für} \quad X > \overline{X}$$
$$h_{j,sp} = H_j - H_{j-1} \quad \text{für} \quad X < \overline{X}$$

z.B.: Für $j = 12$ bei Zählung der fallenden Klassenüberschreitungen

$h_{12,sp} = H_{11} - H_{12} = 6 - 2 = 4$

Die Minima und Maxima sind die Spitzenwerte der jeweiligen Klasse

z.B.: Für $j = 10$

$h_{10,min} = 3; \; h_{10,max} = 13$

Für die Angabe der regulären Spitzenwerte ist die Berechnung des Mittelwertes nach Gleichung (2.14) erforderlich

$$\overline{X} = \frac{\sum_{j=1}^{k} X_{M,j} \cdot h_j}{\sum_{j=1}^{k} h_j} = 6{,}045 \cong 6{,}0$$

Damit können die regulären Spitzenwerte nach den Gleichungen (2.15) und (2.16) angegeben werden.

$h_{j,\text{rsp}} = h_{j,\text{min}}$ für $X > \overline{X}$,   z.B.: $h_{5,\text{rsp}} = 18$

$h_{j,\text{rsp}} = h_{j,\text{max}}$ für $X < \overline{X}$,   z.B.: $h_{8,\text{rsp}} = 16$

Die zweiparametrische Häufigkeitsverteilung der Spitzenwerte entsteht durch die Zuordnung aller fallenden Halbschwingungen von einer Anfangsklasse p zu einer Endklasse n bzw. von einem Maximum zum Minimum. Die Ergebnisse sind in Tabelle 6.1 angegeben.

Tabelle 6.1 Ergebnisse zu Beispiel 1.1

p	$h(p,n)$											n_j	$h_{j,\text{sp}}$	min h_j	min H_j	max h_j	max $\overline{H}_j$	$h_{j,\text{rsp}}$
1												6	8	8	8			8
2												6	7	7	15			7
3	2	1										12	9	12	27	3	100	12
4	1	2										12	4	7	34	3	97	7
5	2		3	2								17	11	18	52	7	94	18
6		3	3	2	6							18	4	18	70	14	87	18
7	1		4	1	4	8							3	15	85	18	73	18
8	1	1	2	2	4	4	2						7	9	94	16	55	16
9				4	5	7							15	1	95	16	39	16
10	1				1	2	9						10	3	98	13	23	13
11					2		1	1					2	2	100	4	10	4
12						1		1	2				4			4	6	4
13						1							1			1	2	1
14							1						1			1	1	1
n	1	2	3	4	5	6	7	8	9	10	11							

Die einparametrischen Klassierergebnisse können aus der zweiparametrischen Häufigkeitsverteilung abgeleitet werden:

- Minima und Maxima

     $h_{j,\text{min}}$ =   Spaltensumme der Häufigkeitsverteilung

     $h_{j,\text{max}}$ =   Zeilensumme der Häufigkeitsverteilung

6.1 Betriebsbeanspruchung

- Reguläre Spitzenwerte

$h_{j,\text{rsp}} = h_{j,\text{min}}$ für $X < \bar{X}$

$h_{j,\text{rsp}} = h_{j,\text{max}}$ für $X > \bar{X}$

- Spitzenwerte

$h_{j,\text{sp}} = h_{j,\text{min}} - h_{j,\text{max}}$ für $X < \bar{X}$

$h_{j,\text{sp}} = h_{j,\text{max}} - h_{j,\text{min}}$ für $X > \bar{X}$

Das Beanspruchungskollektiv wird durch die Häufigkeitsfunktion $H(x) \triangleq H_{j,\text{min}}$ und die komplementäre Häufigkeitsfunktion $\bar{H}(x) \triangleq H_{j,\text{max}}$ charakterisiert, und das Amplitudenkollektiv folgt aus den regulären Spitzenwerten.

z.B.: $h_1 = (h_{1,\text{rsp}} + h_{12,\text{rsp}}) / 2 = (8 + 4) / 2 = 6$

$h_6 = (h_{6,\text{rsp}} + h_{7,\text{rsp}}) / 2 = (18 + 18) / 2 = 18$

Das Beanspruchungskollektiv ist in Bild 6.2 und das Amplitudenkollektiv in Bild 6.3 dargestellt.

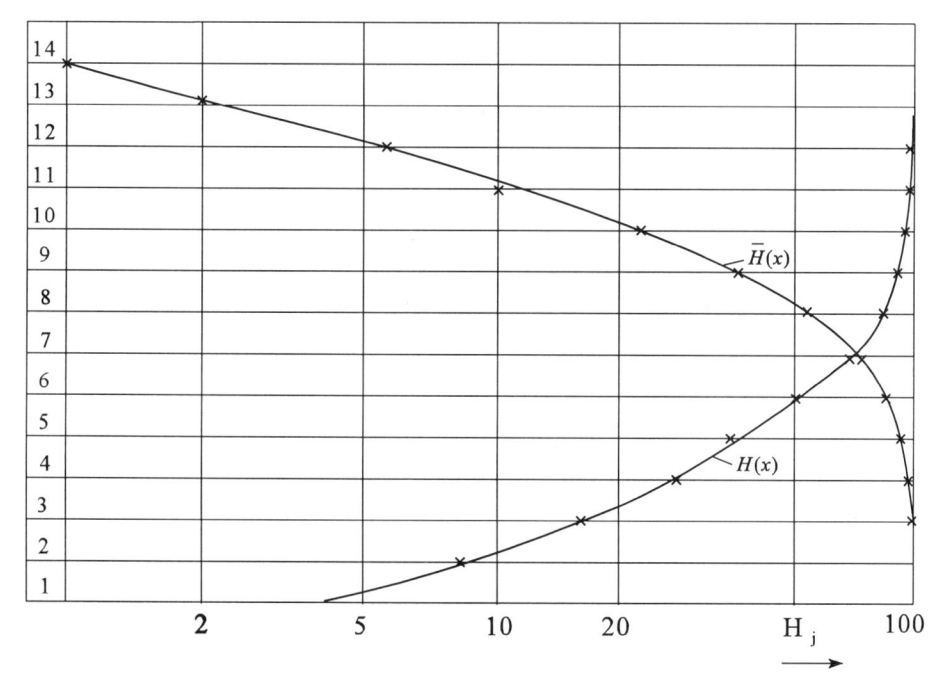

Bild 6.2 Beanspruchungskollektiv zu Beispiel 1.1

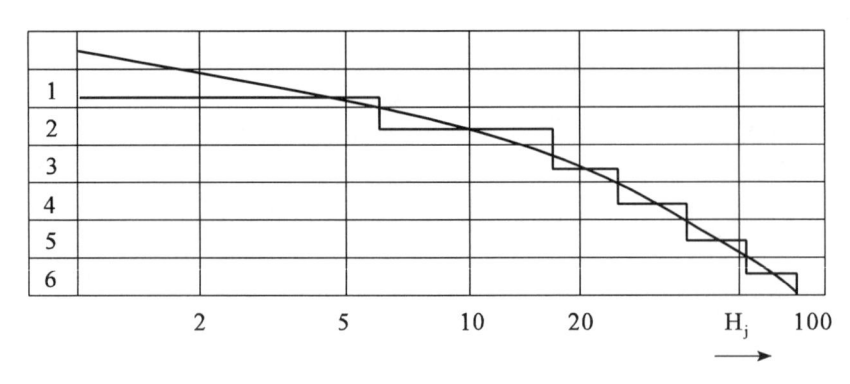

Bild 6.3 Amplitudenkollektiv zu Beispiel 1.1

Beispiel 1.2:

Aus Beanspruchungsmessungen an einem Kraftfahrzeug wurden die Häufigkeitsverteilungen für Leerfahrt h_{1j}, Be- und Entladevorgang h_{2j} und Lastfahrt h_{3j}, bezogen auf je eine Stunde Betriebszeit, ermittelt (Tabelle 6.2).

Tabelle 6.2 Häufigkeitsverteilungen zu Beispiel 1.2

j	N/mm²	h_{1j}	h_{2j}	h_{3j}
1	60	0	3	188
2	80	4	58	1 147
3	100	508	476	4 455
4	120	8 622	1 682	10 050
5	140	21 713	2 560	13 179
6	160	8 622	1 682	10 050
7	180	508	476	4 455
8	200	4	58	1 147
9	220	0	3	188

Unter Verwendung der relativen Zeitanteile $\tau_1 = 0{,}36$, $\tau_2 = 0{,}18$ und $\tau_3 = 0{,}46$ sind für eine Einsatzzeit von 1 Stunde zu ermitteln:

- Klassenhäufigkeiten
- Verteilungsfunktion
- Extrapolierte Häufigkeitsverteilung für gleichen Kollektivumfang
- Beanspruchungskollektiv

6.1 Betriebsbeanspruchung

Lösung:

Die Klassenhäufigkeiten werden unter Verwendung von Gleichung (2.30) berechnet

$$h_j = \sum_{i=1}^{3} h_{i,j} \cdot \tau_i$$

und die Ergebnisse sind in Tabelle 6.3 angegeben.

Zur Darstellung der Verteilungsfunktion sind die relativen Summenhäufigkeiten nach den Gleichungen (2.18) und (2.22)

$$H_j = \sum_{j=1}^{j} h_j$$

$$F_j = \frac{H_j}{H_k}$$

zu berechnen und in Summationsrichtung an der Klassengrenze in Bild 6.4 anzutragen.

Tabelle 6.3 Ergebnisse zu Beispiel 1.2

j	h_j	H_j	F_j	f_j	h_j	H_j	$\bar{H}_j$
0			0,0193	0,0185	7	7	36 288
1	87	87	0,2397	0,2204	80	87	36 281
2	539	626	1,7251	1,4854	539	626	36 201
3	2 318	2 944	8,1129	6,3878	2 318	2 944	35 662
4	8 030	10 974	30,2414	22,1285	8 030	10 974	33 344
5	14 340	25 314	69,7586	39,5172	14 340	25 314	25 314
6	8 030	33 344	91,8871	22,1285	8 030	33 344	10 974
7	2 318	35 662	98,2749	6,3879	2 318	35 662	2 944
8	539	36 201	99,7603	1,4854	539	36 201	626
9	87	36 288	99,9807	0,2204	80	36 281	87
10			99,9990	0,0183	7	36 288	7

Dazu wird Funktionspapier mit der Einteilung der Ordinate nach dem Gaußschen Wahrscheinlichkeitsintegral verwendet. Die relativen Summenhäufigkeiten $F_0 = 0,0193$, $F_9 = 99,9807$ und $F_{10} = 99,9991$ sind aus Bild 6.4 an der jeweiligen Klassengrenze abzulesen. Sie bilden die Grundlage zur Berechnung der Klassenhäufigkeit für die extrapolierte Häufigkeitsverteilung.

$h_0 = F_0 \cdot H_9 / 100 = 0,0193 \cdot 36288 / 100 = 7$
$h_1 = (F_1 - F_0) H_9 / 100 = (0,2397 - 0,0193) 36288 / 100 = 80$
$h_9 = (F_9 - F_8) H_9 / 100 = (99,9807 - 99,7603) 36288 / 100 = 80$
$h_{10} = (F_{10} - F_9) H_9 / 100 = (99,9991 - 99,9807) 36288 / 100 = 7$

Das Beanspruchungskollektiv in Form von Summenhäufigkeit H_j und komplementärer Summenhäufigkeit $\bar{H}_j$ ist in Bild 6.5 dargestellt.

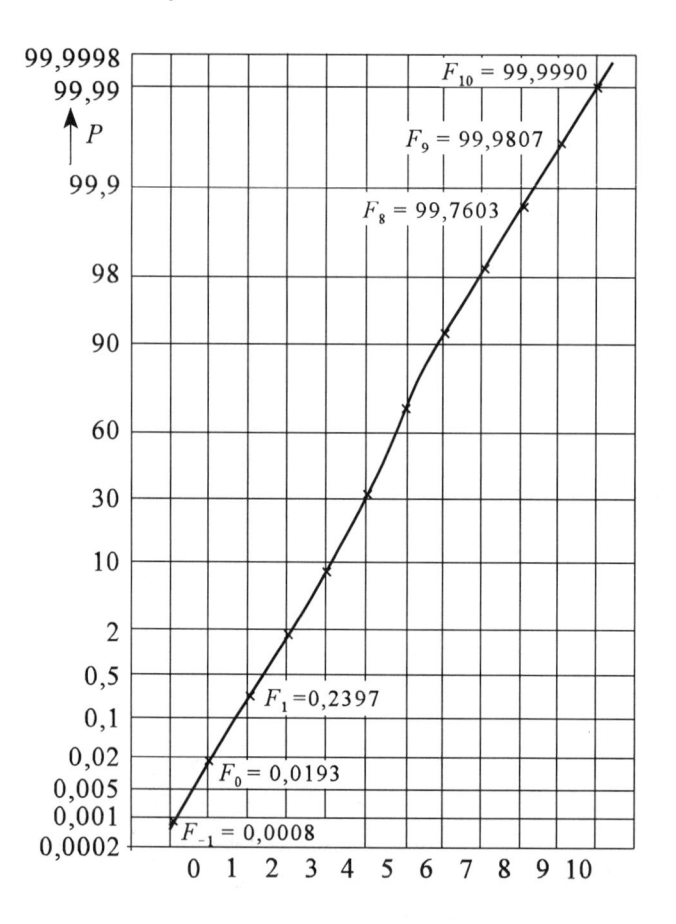

Bild 6.4 Verteilungsfunktion zu Beispiel 1.2

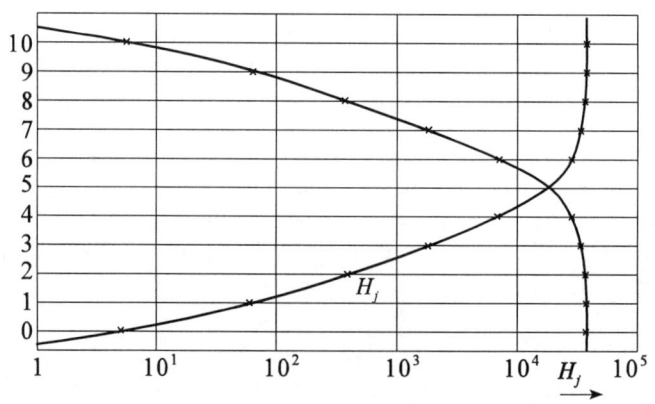

Bild 6.5 Beanspruchungskollektiv zu Beispiel 1.2

6.1 Betriebsbeanspruchung

Beispiel 1.3:

Die Häufigkeitsverteilungen der Minima und Maxima sind für zwei verschiedene Belastungszustände aus Beanspruchungsmessungen bekannt (Tabelle 6.4).

Für die relativen Zeitanteile $\tau_1 = 0{,}6$ und $\tau_2 = 0{,}4$ ist das Amplitudenkollektiv zu berechnen und grafisch darzustellen.

Tabelle 6.4 Häufigkeitsverteilungen zu Beispiel 1.3

j	X_M [N/mm²]	$h_{1j,\min}$	$h_{1j,\max}$	$h_{2j,\min}$	$h_{2j,\max}$
1	− 150	6	0	0	0
2	− 130	57	2	2	0
3	− 110	374	28	23	0
4	− 90	1 735	210	165	0
5	− 70	5 655	1 105	735	1
6	− 50	12 969	4 064	1 965	29
7	− 30	20 905	10 445	3 042	265
8	− 10	23 661	18 782	2 602	1 172
9	+ 10	18 782	23 661	1 172	2 602
10	+ 30	10 445	20 905	265	3 042
11	+ 50	4 064	12 969	29	1 965
12	+ 70	1 105	5 655	1	735
13	+ 90	210	1 735	0	165
14	+ 110	28	374	0	23
15	+ 130	2	57	0	2
16	+ 150	0	6	0	0

Lösung:

Sind die Häufigkeitsverteilungen der Minima und Maxima bekannt, so werden die Gesamthäufigkeitsverteilungen getrennt für Minima und Maxima nach Gleichung (2.30) berechnet.

$$h_{j,\min} = \sum_{i=1}^{2} h_{ij,\min} \cdot \tau_i$$

$$h_{j,\max} = \sum_{i=1}^{2} h_{ij,\max} \cdot \tau_i$$

Die Ergebnisse sind in Tabelle 6.5 angegeben. Bei symmetrischen Häufigkeitsverteilungen ist der Mittelwert mit $X_m = 0 = X_{G,8}$. Damit folgt die Häufigkeitsverteilung der regulären Spitzenwerte aus:

$h_{j,\text{rsp}} = h_{j,\min}$ für $j \le 8$

$h_{j,\text{rsp}} = h_{j,\max}$ für $j > 8$

Die Lastzyklenzahlen des Amplitudenkollektivs werden aus $h_{j,\text{rsp}}$ berechnet.

$h_j = (h_{j,\text{rsp}} + h_{(17-j),\text{rsp}}) / 2$

Das Amplitudenkollektiv ist in Bild 6.6 dargestellt.

Tabelle 6.5 Ergebnisse zu Beispiel 1.3

j	$h_{j,\min}$	$h_{j,\max}$	$h_{j,\text{rsp}}$	X_a [N/mm²]	n_j
1	4	0	4	150	4
2	35	1	35	130	35
3	234	17	234	110	234
4	1 107	126	1 107	90	1 107
5	3 687	663	3 687	70	3 687
6	8 567	2 450	8 567	50	8 567
7	13 760	6 373	13 760	30	13 760
8	15 237	11 738	15 237	10	15 237
9	11 738	15 237	15 237		
10	6 373	13 760	13 760		
11	2 450	8 567	8 567		
12	663	3 687	3 687		
13	126	1 107	1 107		
14	17	234	234		
15	1	35	35		
16	0	4	4		

6.2 Nennspannungskonzept

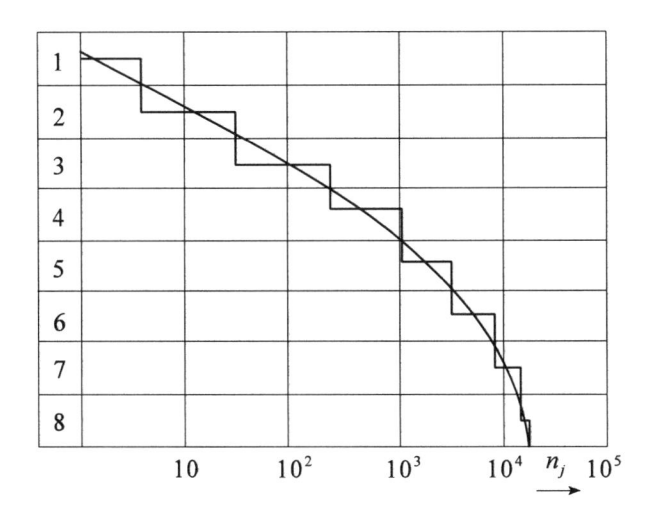

Bild 6.6 Amplitudenkollektiv zu Beispiel 1.3

6.2 Nennspannungskonzept

Beispiel 2.1:

Aus Einstufenversuchen sind für den Zeit- und Dauerfestigkeitsbereich folgende Versuchsergebnisse bekannt (Tabelle 6.6).

Tabelle 6.6 Versuchsergebnisse zu Beispiel 2.1

$\dfrac{N}{mm^2}$	Zeitfestigkeitsbereich			Dauerfestigkeitsbereich				
	280	240	180	139,5	130	120,5	111	101,5
i	$N/10^4$	$N/10^5$	$N/10^5$	$N/10^5$	$N/10^5$	$N/10^5$	$N/10^5$	$N/10^5$
1	2,19	0,89	1,65	7,8	5,9	6,9	13,8	> 20
2	2,21	0,92	1,71		11,1	8,6	18,2	> 20
3	2,27	0,96	2,21		18,4	13,2	> 20	
4	2,38	0,99	2,29		> 20	19,1	> 20	
5	2,57	1,12	2,63			> 20	> 20	
6	3,11	1,16	3,24			> 20		
7	3,25	1,18	3,56			> 20		
8	3,25	1,24	3,88					
9	3,73	1,35	4,24					

Für eine Überlebenswahrscheinlichkeit von 10, 50, 90 und 97,725 % sind zu ermitteln:

1. N_{10}, N_{50}, N_{90} und $N_{97,725}$ für die drei Spannungshorizonte des Zeitfestigkeitsbereiches unter der Voraussetzung der standardisierten Normalverteilung.
2. Konstanten der Zeitfestigkeitsgeraden m und K mit einer Ausgleichsrechnung.
3. Dauerfestigkeit nach dem Treppenstufenverfahren für eine Überlebenswahrscheinlichkeit von 10, 50, 90 und 97,725 %.
4. Die Wöhlerlinien sind in $\lg \sigma$-$\lg N$-Koordinaten darzustellen.

Lösung:

Die Lastzyklenzahlen für eine vorgegebene Überlebenswahrscheinlichkeit werden nach den Gleichungen (3.26), (3.31) und (3.33) berechnet.

$$\lg \overline{N} = \frac{1}{n} \sum_{1}^{n} \lg N_i$$

$$s_{\lg N} = \sqrt{\left[\frac{1}{n-1}\right] \left[\sum (\lg N_i)^2 - n (\lg \overline{N})^2\right]}$$

$$\lg N_P = \lg \overline{N} - u_P \, s_{\lg N}$$

Die Ergebnisse sind in Tabelle 6.7 angegeben.

Tabelle 6.7 Ergebnisse zu Beispiel 2.1

	280	240	180
$s_{\lg N}$	0,087746	0,062708	0,150744
$N_{97,725}$	18179	80903	133846
N_{90}	21019	89746	171752
N_{50}	27231	107989	267975
N_{10}	35279	129941	418107

Bei drei Spannungshorizonten werden die Konstanten m und K mit einer Ausgleichsrechnung (Gleichung (3.19) und (3.20)) ermittelt.

$$m = \frac{\sum (\lg \sigma_i) \sum (\lg N_i) - n \cdot \sum (\lg N_i \cdot \lg \sigma_i)}{n \sum (\lg \sigma_i)^2 - (\sum (\lg \sigma_i))^2}$$

6.2 Nennspannungskonzept

$$\lg K = \frac{\sum (\lg \sigma_i)^2 \cdot \sum (\lg N_i) - \sum (\lg \sigma_i) \cdot \sum (\lg N_i \cdot \lg \sigma_i)}{n \sum (\lg \sigma_i)^2 - (\sum (\lg \sigma_i))^2}$$

und die Wöhlerlinien für die vorgegebenen Überlebenswahrscheinlichkeiten angegeben.

$\lg N = \lg K - m \lg \sigma$

Wöhlerlinien für $N < N_D$

$P_\ddot{U} = 97{,}725\%$: $\qquad \lg N = 14{.}6081 - 4{.}16936 \lg \sigma$

$P_\ddot{U} = 90\%$: $\qquad \lg N = 15{.}3153 - 4{.}43837 \lg \sigma$

$P_\ddot{U} = 50\%$: $\qquad \lg N = 16{.}5909 - 4{.}92418 \lg \sigma$

$P_\ddot{U} = 10\%$: $\qquad \lg N = 17{.}8835 - 5{.}41718 \lg \sigma$

Bei den vorliegenden Versuchsergebnissen wird die Dauerfestigkeit nach dem Treppenstufenverfahren (Gleichung (3.37) bis (3.41)) berechnet. Das weniger oft eingetretene Ereignis ist „kein Bruch", d.h., die Durchläufer werden der Auswertung zu Grunde gelegt, und damit ist $\sigma_0 = 101{,}5$ N/mm².

Die Werte für n_i, $i \cdot n_i$ und $i^2 n_i$ sind in Tabelle 6.8 angegeben.

Tabelle 6.8 zu Beispiel 2.1

σ	i	n_i	$i \cdot n_i$	$i^2 n_i$
130,0	3	1	3	9
120,5	2	3	6	12
111,0	1	3	3	3
101,5	0	2	–	–
		9	12	24

$$\overline{\sigma}_D = \sigma_0 + \Delta \sigma \left[\left(\frac{\sum i \, n_i}{\sum n_i} \right) + 0{,}5 \right]$$

$$\overline{\sigma}_D = 101{,}5 + 9{,}5 \left[\left(\frac{12}{9} \right) + 0{,}5 \right] = 118{,}9 \text{ N/mm}^2$$

$$s_{\sigma D} = 1{,}62 \cdot \Delta \sigma \left[\frac{\sum n_i \sum i^2 n_i - (\sum i \, n_i)^2}{(\sum n_i)} + 0{,}029 \right]$$

$$s_{\sigma D} = 1{,}62 \, \Delta \sigma \left(\frac{9 \cdot 24 - 144}{81} + 0{,}029 \right) = 14{,}1 \text{ N/mm}^2$$

$\sigma_{D,P} = \overline{\sigma}_D + u_P \, s_{\sigma D}$

Die Dauerfestigkeit für die vorgegebenen Überlebenswahrscheinlichkeiten sind Tabelle 6.9 zu entnehmen. Die Grenzlastzyklenzahlen $N_{D,P}$ folgen aus der Wöhlerliniengleichung

$\lg N_{D,P} = \lg K - m \lg \sigma_{D,P}$

Tabelle 6.9 σ_D, N_D, m_1 und $\lg K_1$ zu Beispiel 2.1

$P_\text{Ü}$	σ_D	N_D	m_1	$\lg K_1$
97,725	90,6	2 806 260	7,33872	20,8109
90	100,8	2 649 727	7,87674	22,2039
50	118,9	2 356 844	8,84836	24,7343
10	137,0	2 034 698	9,83436	27,3218

Für den Bereich unterhalb der Dauerfestigkeit wird die Konstante K_1 und der Wöhlerlinienexponent $m_1 = 2m - 1$ verwendet.

$$\lg K_1 = N_D \, \sigma_D^{m_1}$$

Wöhlerlinien für $N \geq N_D$

$P_\text{Ü} = 97,725\%$: $\lg N = 20,8109 - 7,33872 \lg \sigma$

$P_\text{Ü} = 90\%$: $\lg N = 22,2039 - 7,87674 \lg \sigma$

$P_\text{Ü} = 50\%$: $\lg N = 24,7343 - 8,84836 \lg \sigma$

$P_\text{Ü} = 10\%$: $\lg N = 27,3218 - 9,83436 \lg \sigma$

Die Wöhlerlinien sind in Bild 6.7 dargestellt.

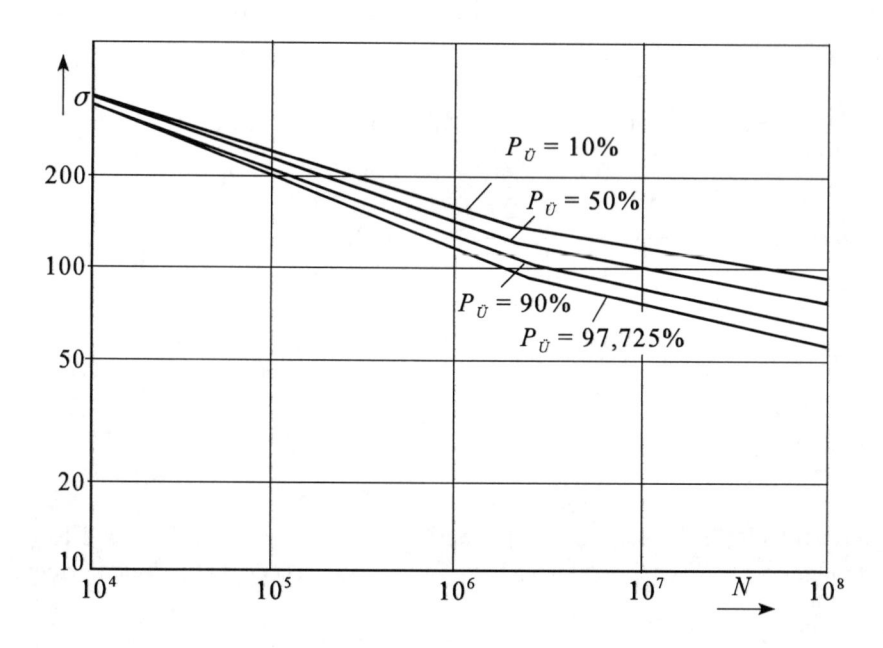

Bild 6.7 Wöhlerlinie zu Beispiel 2.1

6.2 Nennspannungskonzept

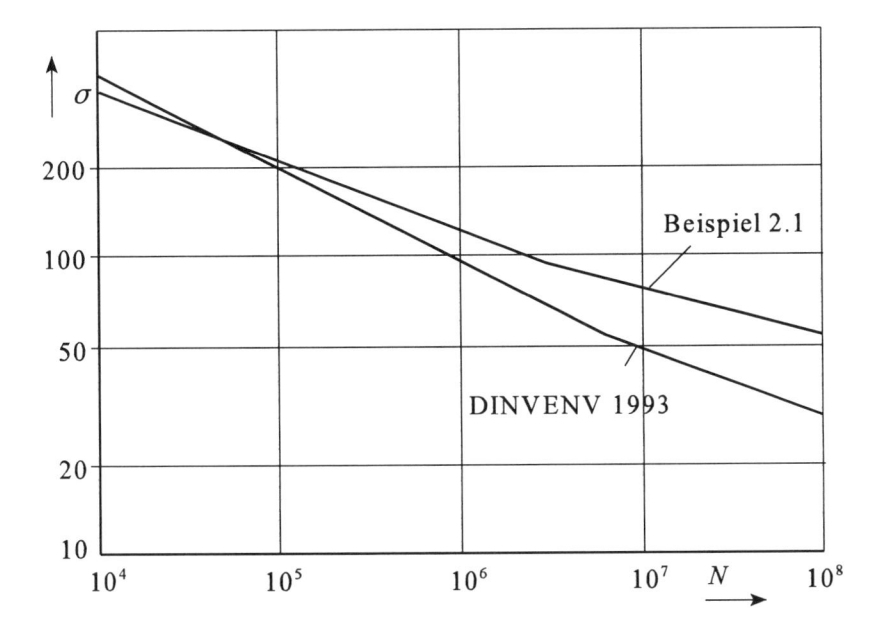

Bild 6.8 Wöhlerlinie zu Beispiel 2.2

Beispiel 2.2:

Die Ergebnisse der Einstufenversuche im Zeitfestigkeitsbereich nach Beispiel 2.1 sind für eine Überlebenswahrscheinlichkeit von 97,725% mit dem Wöhlerlinienexponenten $m = 3,0$ (DINVENV 1993) auszuwerten und die Zeitfestigkeitsgerade zu ermitteln. Mit Berücksichtigung der Dauerfestigkeitsgrenze $N_D = 5 \cdot 10^6$, ist die Wöhlerlinie zu zeichnen und mit den Ergebnissen von Beispiel 2.1 zu vergleichen.

Lösung:

Die nach Beispiel 2.1 ermittelten Wöhlerliniengleichungen für $P_B = 97,725$ % sind:

$\lg N = 14,6081 - 4,16936 \lg \sigma$ für $10^4 \leq N \leq N_D$

$\lg N = 20,8109 - 7,33872 \lg \sigma$ für $N_D \leq N \leq 10^8$

Mit einem Wöhlerlinienexponenten für Schweißverbindungen von $m = 3$ kann die Konstante $\lg K$ mit einer Ausgleichsrechnung nach der Gleichung (3.18)

$$\frac{dFQ}{d\lg K} = 2n \lg K - 2\sum (\lg N_{iv}) - 2m \sum \lg \sigma_{oi} = 0$$

berechnet werden.

$$\lg K = \left(\frac{1}{n}\right)\left(\Sigma \lg N_i + m \Sigma \lg \sigma_i\right)$$

$$\lg K = \left(\frac{1}{3}\right)(14{,}29414 + 3{,}0 \cdot 7{,}08264)$$

$$\lg K = 11{,}84735$$

Daraus folgt die Wöhlerlinie für den Zeitfestigkeitsbereich.

$\lg N = 11{,}84735 - 3{,}0 \lg \sigma \qquad$ für $N \leq N_D$

Aus der Wöhlerliniengleichung kann die jeweilige Dauerfestigkeit für $N_D = 5 \cdot 10^6$ berechnet werden.

$$\lg \sigma_D = \frac{[11{,}84735 - \lg(5 \cdot 10^6)]}{3{,}0} = 1{,}71613$$

$\sigma_D = 52{,}0$ N/mm² $\qquad$ für $N_D = 5 \cdot 10^6$

Unterhalb der Dauerfestigkeit wird $m_1 = 2m - 1 = 5$ und

$$\lg K_1 = \lg N_D + m_1 \lg \sigma_D$$

verwendet.

$$\lg K_1 = \lg(5 \cdot 10^6) + 5{,}0 \lg 52{,}0 = 15{,}27962$$

Daraus folgt die Wöhlerlinie unterhalb der Dauerfestigkeit.

$\lg N = 15{,}27962 - 5{,}0 \lg \sigma \qquad$ für $N > 5 \cdot 10^6$

Die Ergebnisse sind in Bild 6.8 dargestellt. Sie zeigen, daß bei Verwendung eines Wöhlerlinienexponenten von $m = 3$ die ermittelten Zeit- und Dauerfestigkeitswerte sehr geringe ertragbare Lastzyklenzahlen ergeben.

Beispiel 2.3:

Für eine Schweißprobe aus Stahl ist die Lebensdauer für eine Überlebenswahrscheinlichkeit von 90% und für die Kollektivgrößtwerte $\sigma_{a1}/\sigma_D = 4{,}0; 2{,}0$ und $1{,}6$ nach MINER (OM), CORTEN und DOLAN (EM) und HAIBACH (MM) zu berechnen. Das auf σ_{a1} bezogene Beanspruchungskollektiv ist der Tabelle 6.10 zu entnehmen. Aus Einstufenversuchen sind die Zeitfestigkeitsgerade und die Dauerfestigkeit bekannt:

$N_{D,90} = 1\,888\,000; \quad \sigma_{D,90} = 50{,}16$ N/mm², $m_{90} = 3{,}536$

Die Ergebnisse sind in $\lg\sigma$-$\lg N$-Koordinaten darzustellen.

6.2 Nennspannungskonzept

Lösung:

Die Grundlage der Lebensdauerberechnung sind die ertragbaren Lastzyklenzahlen der Wöhlerlinie und das Beanspruchungskollektiv. Mit $N_{D,90}$, $\sigma_{D,90}$ und m_{90} folgt die Wöhlerlinie aus:

$\lg K = \lg N_D - m \lg \sigma_D$

$\lg K = \lg 1888000 + 3{,}536 \lg 50{,}16$

$\lg K = 12{,}28847$

$\lg N = 12{,}28847 - 3{,}536 \lg \sigma$ für $N < N_D$

$m_1 = 2m - 1 = 6{,}072$

$\lg K_1 = \lg 1888000 + 6{,}072 \lg 50{,}16$

$\lg K_1 = 16{,}60057$

$\lg N = 16{,}60057 - 6{,}072 \lg \sigma$ für $N > N_D$

Tabelle 6.10 Beanspruchungskollektiv zu Beispiel 2.3

i	σ_{ai}/σ_{a1}	n_i
1	1,000	4
2	0,875	100
3	0,750	1 400
4	0,625	11 500
5	0,500	58 000
6	0,375	188 000
7	0,250	356 000
8	0,125	385 000

Mit diesen Gleichungen können die ertragbaren Lastzyklenzahlen für jede Spannungsamplitude σ_{ai} berechnet werden. Die Spannungsamplituden σ_{ai} der Beanspruchungskollektive folgen aus den vorgegebenen Kollektivgrößtwerten $\sigma_{a1}/\sigma_D = 4{,}0;\ 2{,}0;\ 1{,}6$ und den bezogenen Spannungsamplituden σ_{ai}/σ_{a1} nach Tabelle 6.10. Die Ergebnisse sind in Tabelle 6.11 bis 6.13 angegeben.

Für die Berechnung der Lebensdauer wird nach MINER der Schädigungsanteil n_i/N_i mit

$\lg N_i = \lg K - m \lg \sigma$ für $\sigma_{ai} \geq \sigma_D$

berücksichtigt. Dies hat zur Folge, daß für Kollektivgrößtwerte, bei denen eine Stufenspannung σ_{ai} gleich der Dauerfestigkeit σ_D ist, der Schädigungsanteil oberhalb von σ_D berücksichtigt und unterhalb unberücksichtigt bleibt, so daß Stufen in der Lebensdauerlinie entstehen. Nach CORTEN und DOLAN werden die ertragbaren Lastzyklenzahlen

$\lg N_i = \lg K - m \lg \sigma$ für alle σ_{ai}

und nach HAIBACH mit

$\lg N_i = \lg K - m \lg \sigma$ für $\sigma_{ai} \geq \sigma_D$

$\lg N_i = \lg K_1 - m_1 \lg \sigma$ für $\sigma_{ai} < \sigma_D$

verwendet. Die ertragbaren Lastzyklen sind in den Tabelle 6.11 bis 6.13 angegeben.

Tabelle 6.11 Ertragbare Lastzyklen für $\sigma_{a1} = 200{,}6$ N/mm²

i	σ_{ai}	n_i	N_{MIN}	$N_{C/D}/10^6$	$N_{HAI}/10^6$
1	200.6	4	14 042		
2	175.6	100	22 482	$\Rightarrow$	$\Rightarrow$
3	150.5	1 400	38 788		
4	125.4	11 500	73 942		
5	100.3	58 000	162 881		
6	75.2	188 000	450 987	$\Rightarrow$	$\Rightarrow$
7	50.2	356 000	1 882 703		
8	25.1	385 000		21.8	126.

Tabelle 6.12 Ertragbare Lastzyklen für $\sigma_{a1} = 100{,}3$ N/mm²

i	σ_{ai}	n_i	N_{MIN}	$N_{C/D}/10^6$	$N_{HAI}/10^6$
1	100.3	4	162 881		
2	87.8	100	260 780		
3	75.3	1 400	450 987	$\Rightarrow$	$\Rightarrow$
4	62.7	11 500	857 694		
5	50.2	58 000	1 882 703	$\Rightarrow$	$\Rightarrow$
6	37.6	188 000		5.231	10.86
7	25.1	356 000		21.84	126.4
8	12.5	385 000		256.9	8712.

Tabelle 6.13 Ertragbare Lastzyklen für $\sigma_{a1} = 80{,}3$ N/mm²

i	σ_{ai}	n_i	N_{MIN}	$N_{C/D}/10^6$	$N_{HAI}/10^6$
1	80.3	4	357 599		
2	70.2	100	575 204		
3	60.2	1 400	990 414	$\Rightarrow$	$\Rightarrow$
4	50.2	11 500	1 882 703		
5	40.1	58 000		4.166	7.35
6	30.1	188 000		11.49	41.95
7	20.1	356 000		47.90	487.
8	10.1	385 000		565.5	33770.

6.2 Nennspannungskonzept

Die Lebensdauer kann nach der folgenden Gleichung berechnet werden

$$N_{BD} = \frac{\sum n_i}{\sum \left(\dfrac{n_i}{N_i}\right)}$$

Tabelle 6.14 Lebensdauerwerte zu Beispiel 2.3

$\sigma_{a1} = 200{,}6$ N/mm²	$\sigma_{a1} = 100{,}3$ N/mm²	$\sigma_{a1} = 80{,}3$ N/mm²
$N_{\text{MIN (1-7)}} = 863\,000$	$N_{\text{MIN (1-5)}} = 21 \cdot 10^6$	$N_{\text{MIN (1-4)}} = 130 \cdot 10^6$
$N_{\text{MIN (1-6)}} = 1\,032\,000$	$N_{\text{MIN (1-4)}} = 59 \cdot 10^6$	$N_{\text{MIN (1-3)}} = 626 \cdot 10^6$
$N_{\text{C/D}} = 850\,000$	$N_{\text{C/D}} = 10 \cdot 10^6$	$N_{\text{C/D}} = 222 \cdot 10^6$
$N_{\text{HAI}} = 861\,000$	$N_{\text{HAI}} = 15 \cdot 10^6$	$N_{\text{HAI}} = 48 \cdot 10^6$

Alle Ergebnisse sind in Tabelle 6.14 angegeben und in Bild 6.9 dargestellt.

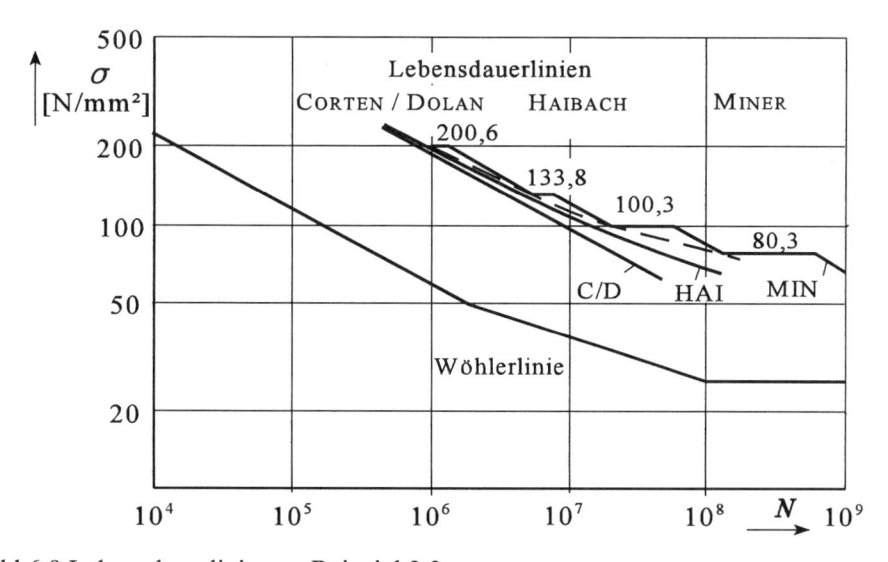

Bild 6.9 Lebensdauerlinien zu Beispiel 2.3

Beispiel 2.4:

Aus Einstufenversuchen an einer Schweißverbindung wurden die Bruchlastzyklenzahlen für zwei Belastungshorizonte (Tabelle 6.15) ermittelt. Aus diesen Ergebnissen sind für $\lg N_i$ die Mittelwerte und die Wöhlerlinien zu berechnen:

1. m_{I} und $\lg K_{\text{I}}$

2. Mit einer Ausgleichsrechnung $\lg K_{II}$ für $m_{II} = 3$.

Die Wöhlerliniengleichungen sind für die Bereiche $N = 10^4$ bis N_D und $N = N_D$ bis 10^8 anzugeben. Die Lebensdauer ist mit den Wöhlerlinien (I und II) nach HAIBACH für $P_Ü = 50\%$ und einem Kollektivgrößtwert $F_{o1} = 70$ kN zu berechnen. Das auf F_{o1} bezogene Belastungskollektiv ist der Tabelle 6.16 zu entnehmen.

Tabelle 6.15 Lastzyklenzahlen zu Beispiel 2.4

i	F_{o1} = 60kN N_1	F_{o2} = 40kN N_2
1	40000	300000
2	50000	600000
3	50000	650000
4	60000	900000
5	70000	1200000

Lösung:

Die Mittelwerte der Lastzyklenzahlen der beiden Belastungshorizonte bilden die Grundlage für die Ermittlung der Belastungswöhlerlinie.

$\lg \bar{N} = (1/n) \sum \lg N_i$

$\bar{N}_1 = 53046$ für $F_{o1} = 60$ kN

$\bar{N}_2 = 661183$ für $F_{o2} = 40$ kN

Tabelle 6.16 Belastungskollektiv zu Beispiel 2.4

i	F_{oi}/F_{o1}	N_i
1	1,000	2
2	0,875	10
3	0,750	64
4	0,625	340
5	0,500	2 000
6	0,375	11 000
7	0,250	61 600
8	0,125	925 000

Für zwei Punkte der Zeitfestigkeitsgeraden folgt die Wöhlerlinie für die Belastung aus folgenden Gleichungen:

$m_I = \lg (\bar{N}_2/\bar{N}_1) / \lg (F_{o1}/F_{o2})$

$m_I = 6.22217$

$\lg K_I = \lg \bar{N}_1 + m \lg F_{o1}$

$\lg K_I = 15.78861$

6.2 Nennspannungskonzept

$\lg N_\mathrm{I} = 15.78861 - 6.22217 \lg F_\mathrm{o}$ \qquad für $F_\mathrm{o} \geq F_\mathrm{oD}$

$\lg F_\mathrm{oDI} = [15.78861 - \lg(5 \cdot 10^6)] / 6.22217$

$F_\mathrm{oDI} = 28.8968$ kN

$m_\mathrm{I1} = 2\, m_\mathrm{I} - 1 = 11.4443$

$\lg K_\mathrm{I1} = \lg(5 \cdot 10^6) + 11.4443 \lg 28.8968$

$\lg K_\mathrm{I1} = 23.41737$

$\lg N_\mathrm{I1} = 23.41737 - 11.4443 \lg F_\mathrm{o}$ \qquad für $F_\mathrm{o} < F_\mathrm{oD}$

Für einen vorgegebenen Wöhlerlinienexponenten erhält man die Konstante $\lg K$ aus der Gleichung

$$\lg K = \left(\frac{1}{n}\right)\left(\Sigma \lg N_i + m \Sigma F_{oi}\right)$$

und die Wöhlerlinien für die Belastung aus folgenden Gleichungen:

$\lg K_\mathrm{II} = 10.3428$ \qquad für $m_\mathrm{II} = 3.0$

$\lg N_\mathrm{II} = 10.3428 - 3.0 \lg F_\mathrm{o}$ \qquad für $F_\mathrm{o} \geq F_\mathrm{oD}$

$\lg F_\mathrm{oDII} = [10.3428 - \lg(5 \cdot 10^6)] / 3,0$

$F_\mathrm{oDII} = 16,3912$

$m_\mathrm{II1} = 2\, m_\mathrm{II} - 1 = 5.0$

$\lg K_\mathrm{II1} = \lg(5 \cdot 10^6) + 5.0 \lg 16,3912$

$\lg K_\mathrm{II1} = 12,77202$

$\lg N_\mathrm{II1} = 12,77202 - 5,0 \lg F_\mathrm{o}$ \qquad für $F_\mathrm{o} < F_\mathrm{oD}$

Die mit diesen Wöhlerlinien berechneten ertragbaren Lastzyklen sind in Tabelle 6.17 angegeben.

Die Lebensdauer nach HAIBACH wird nach der folgenden Formel berechnet,

$$N_\mathrm{BD} = \frac{\left(\Sigma n_i\right)}{\Sigma \left(\dfrac{n_i}{N_i}\right)}$$

wobei für N_i oberhalb der Dauerfestigkeit die Wöhlerlinie mit dem Exponenten m und unterhalb mit dem Exponenten m_1 verwendet wird.

$N_\mathrm{LD,I} = 261{,}3 \cdot 10^6$ \qquad $N_\mathrm{LD,II} = 33{,}5 \cdot 10^6$

Tabelle 6.17 Schädigungsanteile zu Beispiel 2.4

i	F_{oi}	n_i	N_I	N_{II}
1	70.00	2	20 328	64 196
2	61.25	10	46 659	95 826
3	52.50	64	121 755	152 168
4	43.75	340	378 587	262 945
5	35.00	2 000	1 517 597	513 566
6	26.25	11 000	15 011 654	1 217 341
7	17.50	61 600	$1.5548 \cdot 10^9$	4 108 525
8	8.75	925 000	$4.3326 \cdot 10^{12}$	$1.1534 \cdot 10^8$
		$\sum n_i/N_i$	$3.8269 \cdot 10^{-3}$	$2.9867 \cdot 10^{-2}$

6.3 Kerbgrundkonzept

Beispiel 3.1:

Aus ZSD-Versuchen sind für den Werkstoff WMST3sp Versuchsergebnisse nach Tabelle 6.18 bekannt. Der Elastizitätsmodul beträgt $E = 215000$ MPa. Aus den Versuchsergebnissen sind die Kennwerte der Dehnungswöhlerlinie und der ZSD-Kurve zu berechnen. Die ZSD-Kurve und die Dehnungswöhlerlinie sind darzustellen.

Tabelle 6.18 Versuchsergebnisse zu Beispiel 3.1

Nr.	$\varepsilon_{ae} \cdot 10^3$	$\varepsilon_{ap} \cdot 10^3$	N_i	Nr.	$\varepsilon_{ae} \cdot 10^3$	$\varepsilon_{ap} \cdot 10^3$	N_i
1	1,75	6,70	790	8	1,53	3,40	3 200
2	1,71	6,72	900	9	1,53	3,40	3 750
3	1,75	6,65	950	10	1,19	1,30	28 000
4	1,55	4,37	1 950	11	1,23	1,24	30 000
5	1,60	4,38	2 500	12	1,22	1,26	32 500
6	1,52	4,46	2 550	13	1,08	0,40	230 000
7	1,47	3,48	2 800	14	1,08	0,41	316 000

6.3 Kerbgrundkonzept

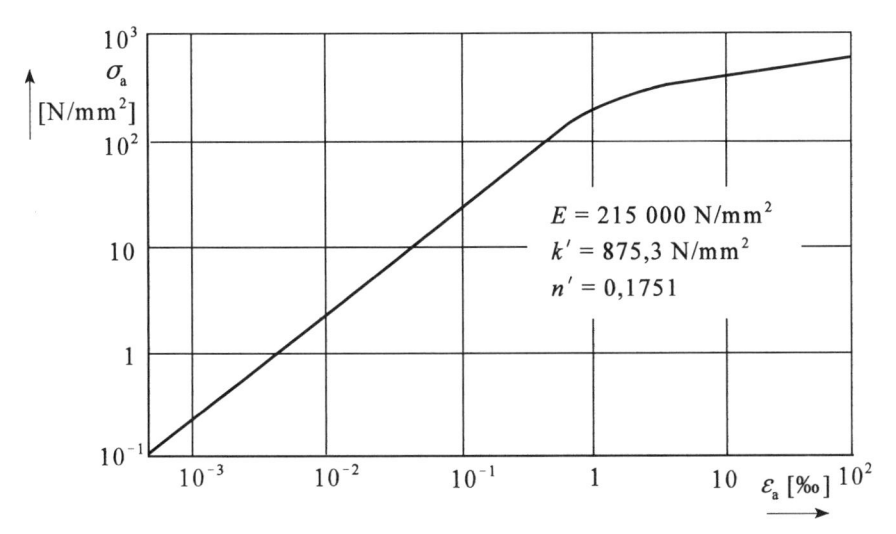

Bild 6.10 ZSD-Kurve zu Beispiel 3.1

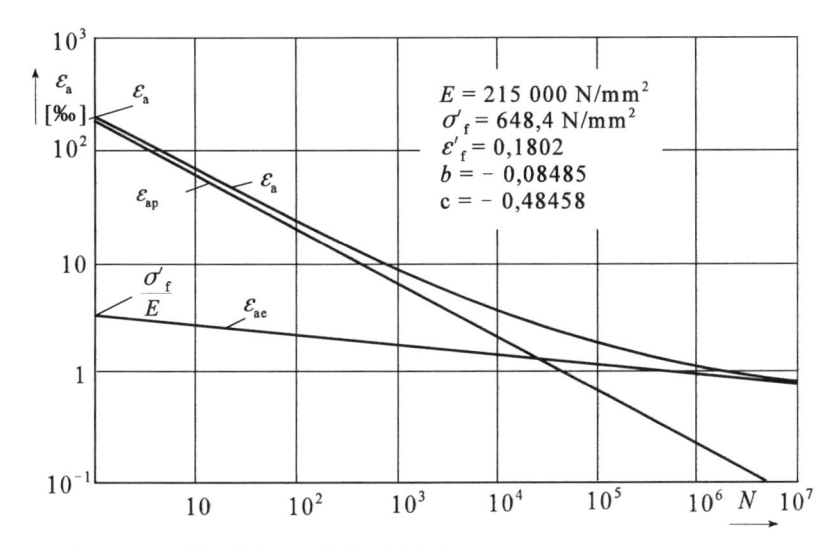

Bild 6.11 Dehnungswöhlerlinie zu Beispiel 3.1

Lösung:

Die Konstanten der Dehnungswöhlerlinie σ_f', b, ε_f' und c werden nach den Gleichungen 4.15, 4.16, 4.22 und 4.23 berechnet. Dazu werden folgende Summen benötigt.

$\Sigma(\lg \varepsilon_{aei})$, $\Sigma(\lg N_i)$, $\Sigma(\lg \varepsilon_{api})$, $\Sigma(\lg \varepsilon_{aei} \lg N_i)$, $\Sigma(\lg N_i)^2$ und $\Sigma(\lg \varepsilon_{api} \cdot \lg N_i)$.

$$b = \frac{\Sigma(\lg \varepsilon_{aei}) \Sigma(\lg N_i) - n\Sigma(\lg \varepsilon_{aei} \lg N_i)}{(\Sigma \lg N_i)^2 - n\Sigma(\lg N_i)^2} = -0{,}08485$$

$$\lg(\sigma_f'/E) = \frac{\sum \lg N_i \sum (\lg \varepsilon_{aei} \lg N_i) - \sum \lg \varepsilon_{aei} \sum (\lg N_i)^2}{(\sum \lg N_i)^2 - n \sum (\lg N_i)^2} \quad ; \quad \sigma_f' = 648{,}4 \text{ N/mm}^2$$

$$c = \frac{\sum (\lg \varepsilon_{api}) \sum (\lg N_i) - n \sum (\lg \varepsilon_{api} \lg N_i)}{(\sum \lg N_i)^2 - n \sum (\lg N_i)^2} = 0{,}1802$$

$$\lg \varepsilon_f' = \frac{\sum \lg N_i \sum \lg \varepsilon_{api} \lg N_i - \sum (\lg \varepsilon_{api}) \sum (\lg N_i)^2}{(\sum \lg N_i)^2 - n \sum (\lg N_i)^2} \quad ; \quad \varepsilon_f' = 0{,}1802$$

Die Konstanten der ZSD-Kurve n' und K' folgen aus den Gleichungen 4.29 und 4.30.

$$n' = \frac{b}{c} = 0{,}1751$$

$$K' = \frac{\sigma_f'}{\varepsilon_f'^{n'}} = 875{,}3 \text{ N/mm}^2$$

Die Ergebnisse sind in Bild 6.10 und 6.11 dargestellt.

Beispiel 3.2:

Für eine gekerbte Probe der Dicke s (Bild 6.12) sind nach dem Kerbgrundkonzept die Anrißlastzyklenzahlen bei Belastungen von F_{a1} = 50 kN, F_{a2} = 35 kN und F_{a3} = 25 kN zu berechnen und die Schädigungskennwert-Wöhlerlinie (P_{SWT}-lgN-Kurve) darzustellen.

Die Kennwerte der Dehnungswöhlerlinien für den Stahl WMST3sp sind aus ZSD-Versuchen bekannt.

B = 38 mm
b = 20 mm
s = 9 mm
r = 5 mm
t = 9 mm

Werkstoffkennwerte:
E = 215 000 N/mm²
σ'_f = 648,4 N/mm²
b = - 0,08485
ε'_f = 0,1802
c = - 0,48458

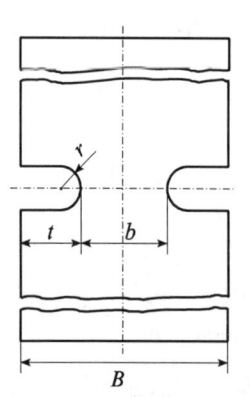

Bild 6.12 Gekerbte Probe

6.3 Kerbgrundkonzept

Dazu kann die Spannung im Kerbgrund nach der folgenden Formel berechnet werden.

$$\sigma_{aH} = \frac{F_a}{b \cdot s}\left[1 + \frac{1}{\sqrt{0{,}22\frac{r}{t} + 1{,}7\frac{r}{b}\left(1 + 2\frac{r}{b}\right)^2}}\right]$$

Lösung:

Die Formzahl α wird berechnet aus:

$$\alpha = 1 + \frac{1}{\sqrt{0{,}22\frac{5}{9} + 1{,}7\frac{5}{20}\left(1 + 2\frac{5}{20}\right)^2}} = 1{,}96$$

Damit erhält man die Spannungsamplituden zu

$$\sigma_{aH} = \frac{F_a \alpha}{b \cdot s}$$

$\sigma_{a1} = 544{,}4 \, \text{N/mm}^2$, $\quad \sigma_{a2} = 381{,}1 \, \text{N/mm}^2$, $\quad \sigma_{a3} = 272{,}2 \, \text{N/mm}^2$

Die Schädigungskennwert-Wöhlerlinie folgt aus Gleichung 4.42

$$P_{SWT} = \sqrt{\sigma_f'\, N^{2b} + E\, \sigma_f'\, \varepsilon_f'\, N^{(b+c)}}$$

$$P_{SWT} = \sqrt{420422\, N^{-0{,}1697} + 25120961\, N^{-0{,}56943}}$$

und der Verlauf ist aus Bild 6.13 zu ersehen.

Für $\sigma_m = 0$ erhält man den Schädigungskennwert P_{SWT} der Belastung nach Gleichung 4.39

$$P_{SWT} = \sqrt{(\sigma_a + \sigma_m)\, \varepsilon_a\, E}$$

$$P_{SWT} = \sqrt{\sigma_a \cdot \varepsilon_a\, E} = \sigma_{aH} \quad (\sigma_{aH}^2 = \sigma_a\, \varepsilon_a\, E)$$

Damit können die Anrißlastzyklenzahlen mit $\sigma_{a1} - \sigma_{a3}$ aus Bild 6.13 ermittelt werden.

$N_1 = 4\,975, \quad N_2 = 29\,000, \quad N_3 = 228\,000$

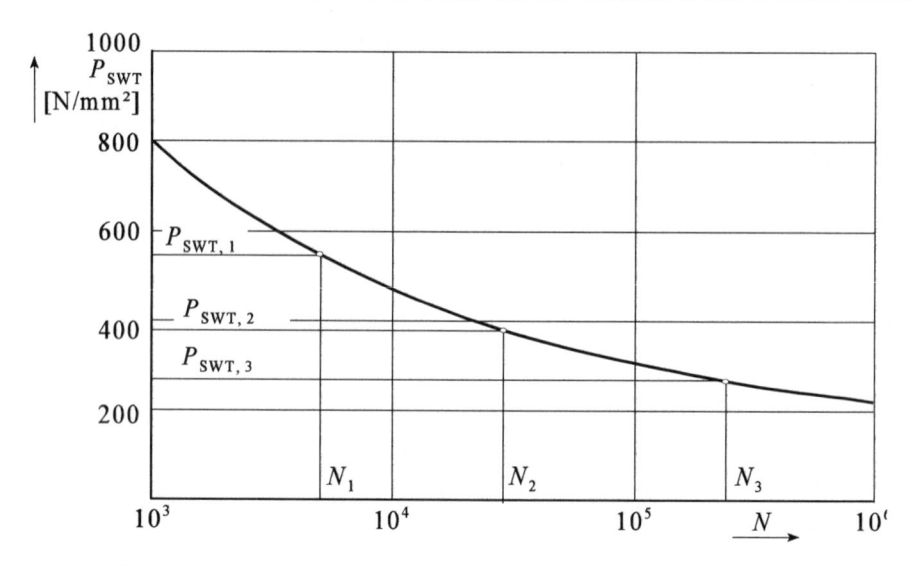

Bild 6.13 Schädigungskennwert-Wöhlerlinie zu Beispiel 3.2

Beispiel 3.3:

Für eine Schweißverbindung ist aus einer FE-Berechnung das Beanspruchungskollektiv mit σ_{oH}, σ_{uH} und n_i bekannt (siehe Tabelle 6.19). Die Kennwerte der ZSD-Kurve und der Dehnungswöhlerlinie für den Schiffbaustahl der Kategorie A sind aus Versuchen bekannt.

Tabelle 6.19 Beanspruchungskollektiv

i	σ_{oH} [N/mm²]	σ_{uH} [N/mm²]	n_i
1	1 118,6	223,6	2
2	1 062,0	279,4	10
3	1 006,2	335,4	64
4	950,2	391,2	340
5	894,4	447,2	2000
6	838,4	503,0	11 000
7	782,6	559,0	61 000
8	726,6	614,8	925 000

$E = 225000$ N/mm²
$\sigma_f' = 648,4$ N/mm²
$b = -0,08485$
$\varepsilon_f' = 0,1802$
$c = -0,48458$
$K' = 875,3$ N/mm²
$n' = 0,1751$

Die zu erwartende Lebensdauer ist zu berechnen.

Lösung:

Die Amplitude der Beanspruchung folgt aus

$$\sigma_{aH} = \frac{(\sigma_{oH} - \sigma_{uH})}{2}$$

6.3 Kerbgrundkonzept

Unter Verwendung der Neuberhyperbel und der ZSD-Kurve erhält man die Bestimmungsgleichung für die elastisch-plastischen Werte der Oberspannungen und der Amplituden (Gleichungen (4.53) und (4.60)).

$$\sigma_{oH}^2 = \sigma_{oep}^2 + E\,\sigma_{oep}\left(\frac{\sigma_{oep}}{K'}\right)^{1/n'}$$

$$\sigma_{aH}^2 = \sigma_{aep}^2 + E\,\sigma_{aep}\left(\frac{\sigma_{aep}}{K'}\right)^{1/n'}$$

Die elastisch-plastischen Dehnungen können aus Gleichung (4.61) der ZSD-Kurve berechnet werden.

$$\varepsilon_a = \frac{\sigma_{aep}}{E} + \left(\frac{\sigma_{aep}}{K'}\right)^{1/n'}$$

Mit dem Schädigungskennwert nach Gleichung (4.39)

$$P_{SWT} = \sqrt{\sigma_{oep}\,\varepsilon_{aep}\,E}$$

erhält man das Schädigungsbeanspruchungskollektiv. Die Ergebnisse sind aus Tabelle 6.20 zu ersehen. Aus der Schädigungskennwert-Wöhlerlinie nach Gleichung (4.42) kann die ertragbare Lastzyklenzahl N ermittelt werden.

$$P_{SWT} = \sqrt{\sigma_f'^2\,N^{2b} + E\,\sigma_f'\,\varepsilon_f'\,N^{b+c}}$$

Tabelle 6.20 Ergebnisse zu Beispiel 3.3

i	σ_{oep} N/mm²	σ_{aH} N/mm²	σ_{aep} N/mm²	ε_{aep} [‰]	P_{SWT} [N/mm²]	N_i	n_i/N_i
1	403,4	447,5	289,2	3,08	528,7	6 103	3,277 e-4
2	396,6	391,3	272,8	2,49	471,4	10 503	9,521 e-4
3	389,6	335,4	253,5	1,97	415,6	19 717	3,246 e-3
4	382,2	279,5	230,1	1,51	360,4	42 375	8,024 e-3
5	374,4	223,6	200,3	1,11	305,8	111 948	1,787 e-2
6	366,2	167,7	160,8	0,78	253,5	395 774	2,779 e-2
7	357,6	111,8	111,0	0,50	200,6	268 482	2,398 e-2
8	348,4	55,9	55,9	0,25	140,0	89 111 328	1,038 e-2

Die Lebensdauer beträgt

$$N_{LD} = \frac{\sum n_i}{\sum (n_i / N_i)}$$

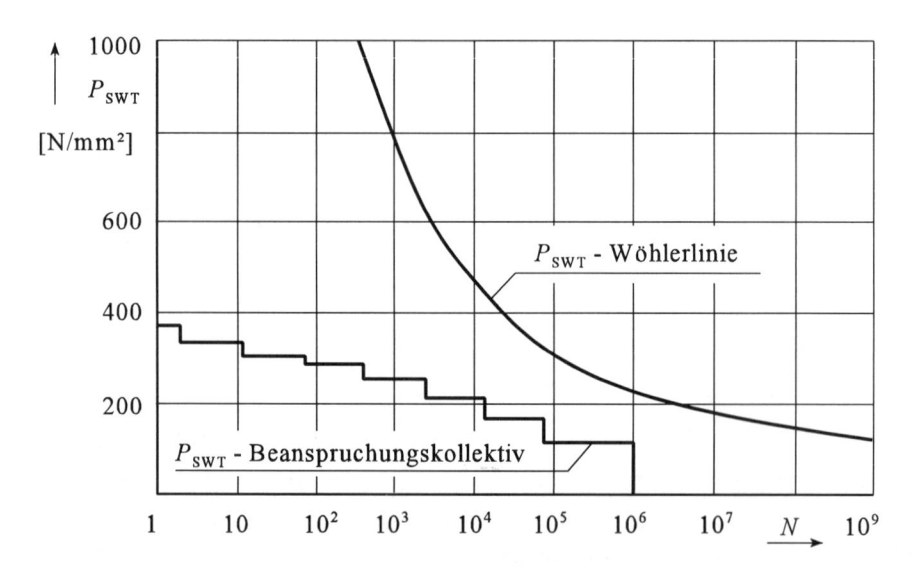

$N_{LD} = 1,08\ e7$

Bild 6.14 Schädigungskennwert-Beanspruchungskollektiv und Schädigungskennwert-Wöhlerlinie

6.4 Rißwachstumskonzept

Beispiel 4.1:

Für eine Seitenrißprobe der Breite $w = 58$ mm sind für Rißlängen von $a = 5, 10, 20, 25$ und 30 mm die Spannungsintensitätsfaktoren für eine konstante Zugbeanspruchung $\sigma_N = 114,4$ N/mm² nach einer Reihenentwicklung (Bild 5.4), nach CHELL [Gleichung (5.13)] und nach BUECKNER [Gleichung (5.16)] zu ermitteln und die Ergebnisse zu vergleichen.

Lösung:

Bei Anwendung der Reihenentwicklung folgt $K_{I,R}$ aus folgender Gleichung

$$K_{I,R} = 114,4\ (N/mm^2)\sqrt{a}\,[1,99 - 0,41\,(a/w) + 18,7\,(a/w)^2 - 38,48\,(a/w)^3 + 53,85\,(a/w)^4]$$

6.4 Rißwachstumskonzept

Nach CHELL werden in Gleichung (5.12) für eine konstante Spannung die Konstanten $B = C = 0$ und $A = 114,4$ N/mm² verwendet. Damit entfallen in Gleichung (5.13) die Koeffizienten Y_1 und Y_2. Y_0 folgt nach Gleichung (5.14) mit den Koeffizienten entsprechend Bild 5.5 für $n = 0$,

$$Y_0 = 1,992 + 3,081 \, (a/w) - 21,13 \, (a/w)^2 + 125,8 \, (a/w)^3 + 235,4 \, (a/w)^4 + 181,2 \, (a/w)^5$$

und damit K_I nach Gleichung (5.13)

$$K_{\mathrm{I,C}} = 114,4 \, \mathrm{N/mm^2} \, \sqrt{a} \, [1,992 + 3,081 \, (a/w) - 21,13 \, (a/w)^2 + 125,8 \, (a/w)^3 - 235,4 \, (a/w)^4 + 181,2 \, (a/w)^5]$$

Nach BUECKNER folgt aus Gleichung (5.15) die Konstante $C_0 = 114,4$ N/mm² und damit $k = 0$ als einziger Laufindex in Gleichung (5.16)

$$K_{\mathrm{I,B}} = 114,4 \, \mathrm{N/mm^2} \, \sqrt{(8a/\pi)} \, \{ 1 + (1/3) \, [\, 0,6147 + 17,1844 \, (a/w)^2 + 8,7822 \, (a/w)^6 \,] + (1/5) \, [\, 0,2502 + 3,2889 \, (a/w)^2 + 70,0444 \, (a/w)^6 \,] \}$$

Die Ergebnisse der Berechnung für $w = 58$ mm und $a = 5{-}30$ mm sind in Tabelle 6.21 angegeben.

Der Vergleich der Ergebnisse zeigt, daß man nach CHELL für kleine Rißlängen größere Spannungsintensitätsfaktoren erhält, als nach der Reihenentwicklung und nach BUECKNER.

Tabelle 6.21 Ergebnisse zu Beispiel 4.1

a	$K_{\mathrm{I,R}}$	$K_{\mathrm{I,C}}$	$K_{\mathrm{I,B}}$
5	530,0	554,9	531,7
10	841,3	853,6	834,6
15	1 200,7	1 199,9	1 192,8
20	1 665,7	1 665,4	1 667,7
25	2 325,1	2 310,3	2 327,6
30	3 327,5	3 258,5	3 287,4

Beispiel 4.2:

Aus experimentellen Untersuchungen wurden die Rißwachstumsgeschwindigkeiten $v = \mathrm{d}a/\mathrm{d}N$ für drei zyklische Spannungsintensitätsfaktoren ermittelt. Für die Wahrscheinlichkeiten $P = 10, 50, 90$ und 95% sind zu berechnen:

1. Die Rißwachstumsgeschwindigkeiten.
2. Die Konstanten m und C der Paris-Erdogan-Gleichung.
3. Die Konstante C für den Exponenten $m = 3$.

Die Rißwachstumsgeschwindigkeiten sind für die Wahrscheinlichkeiten P in $\lg v$-$\lg \Delta K$-Koordinaten darzustellen.

Tabelle 6.22 Rißwachstumsgeschwindigkeiten zu Beispiel 4.2

Nr.	$\Delta K_1 = 1000$ v_1	$\Delta K_2 = 3000$ v_2	$\Delta K_3 = 4000$ v_3
1	1,16 e-4	4,35 e-3	1,12 e-2
2	1,36 e-4	3,51 e-3	0,82 e-2
3	2,42 e-4	5,92 e-3	1,37 e-2
4	3,02 e-4	4,51 e-3	0,92 e-2
5	2,11 e-4	5,05 e-3	1,16 e-2
6	2,47 e-4	5,52 e-3	1,25 e-2
7	2,56 e-4	5,55 e-3	1,24 e-2

Lösung:

Der Mittelwert der Rißwachstumsgeschwindigkeit kann nach Gleichung (5.32) und die Standardabweichung nach Gleichung (5.33) berechnet werden.

$$\lg \overline{v} = (1/n) \, \Sigma \, (\lg v_i)$$

$$s_{\lg v} = \sqrt{[1/(n-1)] \, [\Sigma \, (\lg v_i)^2 - n \, (\lg \overline{v})^2]}$$

Mit dem Quantil u_P für $P = 10, 90$ und 95% folgt die Rißwachstumsgeschwindigkeit aus Gleichung (5.34)

$$\lg v_P = \lg \overline{v} + u_P \, s_{\lg v}$$

Die Ergebnisse der Berechnung sind aus Tabelle 6.23 zu ersehen.

Die Ermittlung der Konstanten der Paris-Erdogan-Gleichung erfolgt nach den Gleichungen (5.28) und (5.29).

6.4 Rißwachstumskonzept

Dazu werden die folgenden Teilsummen verwendet:

$\sum \lg \Delta K_i = 10{,}07918$

$\sum (\lg \Delta K_i)^2 = 34{,}06521$

$(\sum \lg \Delta K_i)^2 = 101{,}5899$

Tabelle 6.23 Ergebnisse der Rißwachstumsgeschwindigkeiten zu Beispiel 4.2

	$\Delta K_1 = 1000$ v_1	$\Delta K_2 = 3000$ v_2	$\Delta K_3 = 4000$ v_3
$s_{\lg v}$	0,15408 e-4	0,078893 e-3	0,079215 e-2
v_{10}	1,3031 e-4	3,8422 e-3	0,87894 e-2
v_{50}	2,0532 e-4	4,8494 e-3	1,1104 e-2
v_{90}	3,2352 e-4	6,1206 e-3	1,4028 e-2
v_{95}	3,6803 e-4	6,5382 e-3	1,4989 e-2

Für einen vorgegebenen Exponenten wird die Konstante C_1 nach Gleichung (5.30) berechnet.

$\lg C_1 = (1/n)\,(\sum \lg v_i - 3\,\sum \lg \Delta K_i)$.

Die Ergebnisse sind in Tabelle 6.24 angegeben und die Ergebnisse für m und C in Bild 6.15 und für $m = 3$ in Bild 6.16 dargestellt.

Tabelle 6.24 Ergebnisse der Konstanten m, C und C_1 zu Beispiel 4.2

P	$\sum \lg v_i$	$\sum \lg v_i \cdot \lg \Delta K_i$	m	C	$C_1 = C_{m=3}$
10	-8,35648	-27,45976	3,0495	9,3108 e-14	1,3656 e-13
50	-7,95640	-26,15015	2,8784	4,7563 e-13	1,8564 e-13
90	-7,55631	-24,84051	2,7072	2,4303 e-12	2,5237 e-13
95	-7,44289	-24,46924	2,6588	3,8580 e-12	2,7533 e-13

Beispiel 4.3:

In den Vorschriften von DET NORSKE VERITAS werden die Konstanten m und C der Paris-Erdogan-Gleichung für Stahl angegeben: $m = 3$, $C_{50} = 1{,}7 \cdot 10^{-13}$, $C_{95} = 4{,}6 \cdot 10^{-13}$.

Berechnen Sie die Konstanten für $P_{\ddot{U}} = 10$ und 90% bei der Annahme einer lg-Normalverteilung. Die Rißwachstumsgeschwindigkeiten sind für die Wahrscheinlichkeiten $P_{\ddot{U}} = 10$, 50, 90 und 95% in lg$v$-lgΔK-Koordinaten für $\Delta K = 1000 - 4000$ darzustellen.

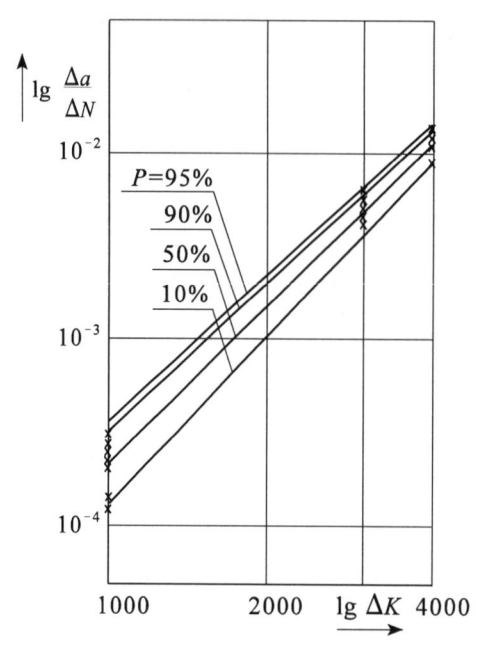

Bild 6.15 Rißwachstumsgeschwindigkeit zu Beispiel 4.2

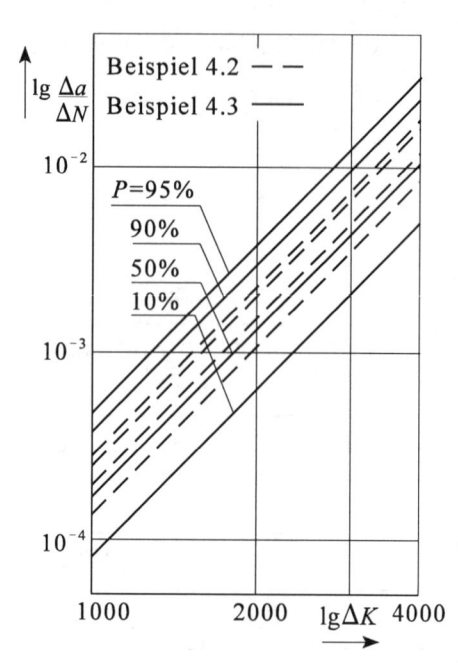

Bild 6.16 Rißwachstumsgeschwindigkeit zu Beispiel 4.3

Lösung:

Unter der Voraussetzung einer logarithmischen Normalverteilung der Rißwachstumsgeschwindigkeiten kann aus der Gleichung

$$\lg C = \lg \overline{C} + u_p\, s_{\lg C}$$

mit den Konstanten $\overline{C} = C_{50}$, C_{95} und dem Quantil $u_{95} = 1{,}6449$ die Standardabweichung berechnet werden.

$s_{\lg C} = (\lg C_{95} - \lg \overline{C})\,/\,u_{95} = 0{,}26282$

Mit den Quantilen $u_{10} = -1{,}2816$ und $u_{90} = 1{,}2816$ ergeben sich die Konstanten zu:

$\lg C_{90} = \lg \overline{C} + 1{,}2816\, s_{\lg C} = -12{,}43272$

$\quad C_{90} = 3{,}6921 \cdot 10^{-13}$

$\lg C_{10} = \lg \overline{C} - 1{,}2816\, s_{\lg C} = -13{,}10638$

$\quad C_{10} = 0{,}78275 \cdot 10^{-13}$

Für $m = 3$ sind die Rißwachstumsgeschwindigkeiten im Bild 6.16 dargestellt.

6.4 Rißwachstumskonzept

Beispiel 4.4:

Eine Seitenrißprobe hat einen Anriß von 2,5 mm bei einer Breite von 58 mm. Für eine Zugbeanspruchung von $\Delta\sigma = 114{,}4$ N/mm² ist mit $da/dN = 1{,}7 \cdot 10^{-13} \Delta K^3$ die Lastzyklenzahl bis zu einer Rißlänge von 32,5 mm zu berechnen.

Lösung:

Die Lastzyklenzahl folgt aus einer Integration der Paris-Erdogan-Gleichung

$$\Delta N = \int \frac{da}{C(\Delta K_I)^m}$$

Der zyklische Spannungsintensitätsfaktor ΔK_I ist von der Rißlänge abhängig (siehe auch Beispiel 4.1) und die Integration kann durch eine Summation ersetzt werden. Unter Verwendung der in Beispiel 4.1 berechneten Spannungsintensitätsfaktoren sind die Ergebnisse ermittelt und in Tabelle 6.25 angegeben. Sie zeigen, daß die mit den Spannungsintensitätsfaktoren nach CHELL berechnete Lastzyklenzahl kleiner ist als die nach den beiden anderen Gleichungen.

Tabelle 6.25 Ergebnisse der Lastzyklenzahlen zu Beispiel 4.4

i	Reihenentw.	CHELL	BUECKNER
1	197 557	172 138	195 669
2	49 393	47 289	50 592
3	16 991	17 025	17 331
4	6 364	6 367	6 341
5	2 340	2 385	2 332
6	798	850	828
ΔN	273 443	246 054	273 093

7 Programmbeschreibung Fatigue 1.1

7.1 Einführung

Das Programm *Fatigue 1.1* ermöglicht die Ermittlung der Ermüdungsfestigkeit nach 3 Konzepten: Das Nennspannungskonzept wird bei Bauteilen angewendet, bei denen eine Nennspannung an einem Nennquerschnitt definiert werden kann. Die Lebensdauer wird aus Beanspruchungskollektiv und Bauteilwöhlerlinie unter Verwendung von Schadensakkumulationshypothesen ermittelt. Das Kerbgrundkonzept findet Verwendung für Bauteile, bei denen keine Nennspannung definiert werden kann. Die Lebensdauer wird unter Berücksichtigung der an der gefährdeten Stelle (Kerbgrund) vorhandenen Beanspruchung aus Ermüdungskennwertkollektiv und Ermüdungskennwert-Wöhlerlinie ermittelt. Das Rißwachstumskonzept wird für Bauteile verwendet, bei denen die Lebensdauer von Anriß und Rißwachstum beeinflußt wird. Die Rißlänge wird in Abhängigkeit von der Schwingspielzahl durch numerische Integration von Rißwachstumsgleichungen ermittelt.

Fatigue 1.1 und das dazugehörige Installationsprogramm sind Windows-Anwendungen, d.h. vor der Benutzung der Programme muß Windows bereits auf dem System ausgeführt werden.

7.1.1 Installation

Benutzung des Programms

Das Programm *Fatigue 1.1* ist angelehnt an die Vorlesung Ermüdungsfestigkeit. Die Benutzung des Programms ist ohne Lizenzierung durch

>Universität Rostock
>
>Fachbereich Maschinenbau und Schiffstechnik
>
>Institut für Technische Mechanik
>
>Doz. Dr.-Ing. habil. Harry Naubereit
>
>Albert- Einstein- Str. 2
>
>D-18059 Rostock
>
>Tel.: (0381) 498 3178

nicht gestattet. Das Programm verfügt über interne Sicherungsmechanismen, der Programmstart ist ohne gültige Lizenz nicht möglich.

ACHTUNG!

Unbefugte Vervielfältigung oder unbefugter Vertrieb des Programms *Fatigue 1.1* sind strafbar und können sowohl straf- als auch zivilrechtlich verfolgt werden.

7.1 Einführung

Bei Veränderungen im Programm erfolgt keine Information an die bisherigen Nutzer. Es wird keine Garantie für die Richtigkeit der mit dem Programm *Fatigue 1.1* gewonnenen Ergebnisse sowie für die Vollständigkeit dieser Programmbeschreibung übernommen. Da sich Fehler, trotz aller Bemühungen, nie vollständig vermeiden lassen, sind wir für Hinweise jederzeit dankbar.

Systemvoraussetzungen

	Minimum	getestet
Betriebssystem	MS Windows 3.x	MS Windows 3.1, MS Windows für Workgroups 3.11, MS Windows 95, MS Windows NT 4.0
Prozessor	386	386, 486, Pentium
Arbeitsspeicher	4 MB	
freie Festplattenkapazität	ca. 3,3 MB	
Bildschirmauflösung	640 x 480 (VGA)	640 x 480, 800 x 600, 1024 x 786, 1280 x 1024, 1600 x 1200

Dateiübersicht

Die Installations-CD muß folgende Dateien enthalten:

Installation:	\install.txt		
	\setup.exe		
	\setup.lst		
	\ini.dat		
Programmdateien:	\fatigue.ex_	\gaussint.dl_	
	\fatigue.hl_	\owl202.dl_	
	\fatigue.dat	\bc402rtl.dl_	
	\fatigue.ic_	\bids402.dl_	
Beispieldateien:	\efa1_1.ek_	\efa1_2.ek_	\efa1_3.ek_
	\efa1_4.ek_	\efb1_2.ek_	\efb1_3.ek_
	\efa2_1.zf_	\efb2_1.zf_	\efa2_1.tr_
	\efb2_1.tr_	\efa1_1.ko_	\efa1_2.ko_
	\efa1_2e.ko_	\efb2_3.ko_	\efa2_1.wh_
	\efa2_1m.wh_	\efb2_1.wh_	\efa2_3.wh_
	\efa3_1.ed_	\efb3_1.ed_	\efa3_2.ed_

\efa4_1.ed_	\efb4_2.ed_	\efa3_1.dw_
\efa3_2.dw_	\efb3_1.dw_	\efa3_5.eb_
\efa3_6.eb_	\efa4_3.eb_	\efa4_4.eb_
\efb3_3.eb_	\efa4_2.ek_	\efa4_3.el_
\efa4_4.el_	\efa4_1.kp_	\efa4_1m.kp_
\efa4_2.kp_	\efa4_3.kp_	\efa4_4.kp_

Setup starten

Fatigue 1.1 und das dazugehörige Installationsprogramm sind Windows-Anwendungen, d.h. vor der Benutzung der Programme muß Windows bereits auf dem System ausgeführt werden. Um *Fatigue 1.1* zu installieren, führen Sie bitte das Setup-Programm (SETUP.EXE) aus, das Sie auf der Installations-CD finden. Installationshinweise finden Sie in der Datei INSTALL.TXT. Für die Installation von *Fatigue 1.1* müssen ca. 3,3 MB Speicher auf dem Ziellaufwerk frei sein.

Probleme bei der Installation

Bei Installations- Problemen bzw. sonstigen Fragen oder Hinweisen melden Sie sich bitte bei:

>Dipl.-Ing. Jan Weihert
>
>MET Motoren- und Energietechnik GmbH
>
>Erich- Schlesinger- Str. 50
>
>D-18059 Rostock
>
>Tel.: (0381) 491 8632
>
>Fax.: (0381) 491 8680

7.1.2 Verwenden der Hilfe

Das Programm *Fatigue 1.1* ist mit einer kontextsensitiven Online-Hilfe ausgestattet, die es Ihnen ermöglicht, durch Drücken der Taste **F1** sofort direkten Zugriff auf Informationen zum Programmkontext zu erhalten. Das Öffnen der Hilfe ist außerdem durch Betätigen der in allen Dialogfenstern des Programms enthaltenen Hilfe-Buttons möglich. Die Online-Hilfe weist alle Merkmale einer Windows-Hilfe wie:

- Einfügen von Anmerkungen
- Kopieren eines Hilfe-Themas in die Zwischenablage
- Definieren und Verwenden eines Lesezeichens
- Suchen eines Hilfe-Themas
- Bewegen in der Hilfe

7.1 Einführung

- Öffnen einer anderen Hilfe-Datei
- Drucken eines Hilfe-Themas

auf. Die Hilfe ist in der Datei FATIGUE.HLP abgelegt und enthält Informationen zu theoretischem Hintergrund und Berechnungsalgorithmen sowie zur Programmbedienung. Inhaltlich entspricht die Hilfe dieser Programmbeschreibung.

7.2 Grundlagen

7.2.1 Betriebsbeanspruchung

Beanspruchungskollektiv

Als Ergebnis der Klassierung der Beanspruchungsfunktion erhält man die absolute Klassenhäufigkeit h_i.

- i... Klasse
- k... Anzahl Klassen
- j... Teilkollektiv
- t... Anzahl Teilkollektive
- τ_j... relativer Zeitanteil Teilkollektiv j
- h_{ij}... Häufigkeit für Klasse i und Teilkollektiv j
- $\sigma_{m,i}$... Spannung für Klasse i
- $\bar{\sigma}$... Mittelwert Spannung

Häufigkeitsverteilung	Momentanwerte	Maxima/Minima	
Gesamthäufigkeitsverteilung	$h_i = \sum_{j=1}^{t} h_{ij} \tau_j$	$h_{i,min} = \sum_{j=1}^{t} h_{ij,min} \tau_j$	$h_{i,max} = \sum_{j=1}^{t} h_{ij,max} \tau_j$
Mittelwert Spannung	$\bar{\sigma} = \dfrac{\sum_{i=1}^{k} \sigma_{m,i} h_i}{\sum_{i=1}^{k} h_i}$	$\bar{\sigma} = \dfrac{\sum_{i=1}^{k} \sigma_{m,i}\left(h_{i,min} + h_{i,max}\right)}{\sum_{i=1}^{k}\left(h_{i,min} + h_{i,max}\right)}$	
reguläre Häufigkeit	$h_i = \sum_{j=1}^{t} h_{ij} \tau_j$	$\sigma_{m,i} \leq \bar{\sigma}$: $h_i = h_{i,min}$	$\sigma_{m,i} > \bar{\sigma}$: $h_i = h_{i,max}$

Hinweis: Die Variablen im Kapitel 7 werden in Bezug auf die Verwendung im Programm Fatigue 1.1 nicht kursiv dargestellt.

Das Beanspruchungskollektiv wird durch die absolute Summenhäufigkeit H_i und komplementäre Summenhäufigkeit $\overline{H}_i$ charakterisiert. Die absolute Summenhäufigkeit H_i ist die Summe der innerhalb der Klassen 1 bis i anfallenden Häufigkeiten:

$$H_i = \sum_{k=1}^{i} h_k \,.$$

Die komplementäre Summenhäufigkeit folgt aus der entgegengesetzten Summation. Der funktionelle Zusammenhang wird als Häufigkeitsfunktion $H(x)$ und komplementäre Häufigkeitsfunktion $\overline{H}(x)$ bezeichnet. Eine besondere Stellung nehmen die Häufigkeitsfunktionen jeweils nur bis zum Mittelwert summiert ein. Diese Darstellung wird mit Beanspruchungskollektiv bezeichnet (siehe Bild 2.11, Seite 29).

Bei einem zu kleinen meßtechnisch erfaßten Kollektivumfang kann eine Extrapolation des erfaßten Bereiches vorgenommen werden. Ist dabei die Standardabweichung der relativen Klassenhäufigkeit f (Verteilungsdichte) größer 2, erfolgt Extrapolation um jeweils zwei Klassen, sonst um jeweils eine Klasse. Soll mit der Extrapolation gleichzeitig eine Veränderung des Kollektivumfangs vorgenommen werden, erhält man den Kollektivumfang nach der Extrapolation $H_{k\,Extrapolation}$ aus der mit der neuen Anzahl Klassen $k_{Extrapolation}$ erfaßten Wahrscheinlichkeit, die sich aus der absoluten Klassenhäufigkeit H_k ergibt:

$$H_{k\,Extrapolation} = \frac{1}{1-\left(F_{k\,Extrapolation} - F_1\right)} \,.$$

Amplitudenkollektiv

Das Amplitudenkollektiv wird durch Spannungsamplituden $\sigma_{a,i}$ und Schwingspielzahlen n_i der Klassen i charakterisiert. Die Darstellungsform des Amplitudenkollektivs erhält man aus dem Beanspruchungskollektiv, wenn jeweils ein Maximum und ein Minimum mit gleichem Abstand vom Mittelwert zu einem Schwingspiel zusammengefaßt werden, d.h. jeder Extremwert einer Halbschwingung entspricht. Zur Berechnung kann folgender Algorithmus angegeben werden (siehe Bild 2.13 und 2.14, Seite 31):

    i... Klasse

    k... Anzahl Klassen

    z... Klassengrenze des Mittelwertes $\overline{\sigma}$

7.2 Grundlagen

$z \geq k/2$: $i = 1...z$

$2z + 1 - i \leq k$: $n_i = \dfrac{h_i + h_{2z+1-i}}{2}$

$2z + 1 - i > k$: $n_i = \dfrac{h_i}{2}$

$z < k/2$: $i = 1...(k-z)$

$2z - k + i \geq 1$: $n_i = \dfrac{h_{k+1-i} + h_{2z-k+i}}{2}$

$2z - k + i < 1$: $n_i = \dfrac{h_{k+1-i}}{2}$.

Durch die Zuordnung einer Halbschwingung zu jedem Extremwert erhält man eine Verfälschung der Beanspruchungsfunktion.

Bei einem zu kleinen meßtechnisch erfaßten Kollektivumfang kann eine Extrapolation des erfaßten Bereiches vorgenommen werden. Ist dabei die Standardabweichung der relativen Klassenhäufigkeit f (Verteilungsdichte) größer 2, erfolgt Extrapolation um jeweils zwei Klassen, sonst um jeweils eine Klasse.

Verteilungsfunktion

Die Verteilungsfunktion kennzeichnet die Darstellung der relativen Summenhäufigkeit im Wahrscheinlichkeitsnetz, dessen Ordinate nach dem Gaußschen Integral eingeteilt ist, die Verteilungsdichte die Darstellung der relativen Klassenhäufigkeiten.

Die relative Klassenhäufigkeit ist die absolute Klassenhäufigkeit bezogen auf die absolute Summenhäufigkeit der letzten Klasse (siehe Beanspruchungskollektiv):

$$f_i = \dfrac{h_i}{\sum_{j=1}^{k} h_j} = \dfrac{h_i}{H_k}.$$

Die relative Summenhäufigkeit erhält man, indem die absolute Summenhäufigkeit auf die absolute Summenhäufigkeit der letzten Klasse bezogen wird:

$$F_i = \dfrac{H_i}{H_k}.$$

7.2.2 Nennspannungskonzept

Wöhlerlinien

Für die Darstellung der Abhängigkeit der Spannungsamplitude von der Schwingspielzahl werden verschiedene Wöhlerliniengleichungen verwendet. Grundlage für die im Programm *Fatigue 1.1* verwendeten Wöhlerlinien bildet die Wöhlerliniengleichung in $\lg \sigma$-$\lg N$ – Koordinaten (siehe Bild 3.1, Seite 40):

$\lg N = \lg K - m \lg \sigma$.

Die Konstante m wird auch als Wöhlerlinienexponent bezeichnet. Mit dem Programm *Fatigue 1.1* wird die Bestimmung der Wöhlerlinien aus Versuchsergebnissen vorgenommen. Die Berechnung der Konstanten m und K wird im Abschnitt „Bestimmung der Zeitfestigkeitsgerade" beschrieben.

Bestimmung der Zeitfestigkeitsgerade

Bei der Versuchsdurchführung zur Ermittlung der Zeitfestigkeitsgeraden der Wöhlerlinie werden die Schwingspielzahlen $n_{i,j}$ auf mindestens zwei Spannungshorizonten für jeweils mindestens 8 Proben ermittelt.

Die Schwingspielzahlen für eine vorgegebene Überlebenswahrscheinlichkeit $\lg N_{Pü,i}$ erhält man aus dem logarithmischen Mittelwert $\lg \overline{N}_i$ und der Standardabweichung $S_{\lg N,i}$ der normierten Normalverteilung:

i...   Spannungshorizont

h...   Anzahl Spannungshorizonte

j...   Versuch

v...   Anzahl Versuche(Proben)

$n_{i,j}$...   Schwingspielzahl für Versuch i und Spannungshorizont j

u_P...   Quantil der normierten Normalverteilung

$$\lg \overline{N}_i = \frac{1}{v} \sum_{j=1}^{v} \lg n_{i,j}$$

$$S_{\lg N,i} = \sqrt{\left(\frac{1}{v-1}\right)\left[\sum_{j=1}^{v}\left(\lg n_{i,j}\right)^2 - v\left(\lg \overline{N}_i\right)^2\right]}$$

$\lg N_{Pü,i} = \lg \overline{N}_i - u_P S_{\lg N,i}$.

Die Berechnung der Konstanten m und K der Wöhlerliniengleichung erfolgt durch eine Ausgleichsrechnung (siehe Gleichungen 3.9 bis 3.20, Seiten 41 und 42):

$$m_{Pü} = \frac{\sum_{i=1}^{h}\lg \sigma_i \sum_{i=1}^{h}\lg N_{Pü,i} - h\sum_{i=1}^{h}\left(\lg N_{Pü,i}\, \lg \sigma_i\right)}{h\sum_{i=1}^{h}(\lg \sigma_i)^2 - \left(\sum_{i=1}^{h}\lg \sigma_i\right)^2}$$

$$\lg K_{Pü} = \frac{\sum_{i=1}^{h}(\lg \sigma_i)^2 \sum_{i=1}^{h}\lg N_{Pü,i} - \sum_{i=1}^{h}\lg \sigma_i \sum_{i=1}^{h}\left(\lg N_{Pü,i}\, \lg \sigma_i\right)}{h\sum_{i=1}^{h}(\lg \sigma_i)^2 - \left(\sum_{i=1}^{h}\lg \sigma_i\right)^2}.$$

7.2 Grundlagen

Für die Wöhlerlinie folgt:

$$\lg N = \lg K_{Pü} - m_{Pü} \lg \sigma.$$

Für eine vorgegebene Grenzschwingspielzahl N_D ergibt sich die Dauerfestigkeit $\sigma_{D,Pü}$:

$$\lg \sigma_{D,Pü} = \frac{\lg K_{Pü} - \lg N_D}{m_{Pü}}.$$

Näherungsweise Bestimmung der Dauerfestigkeit

Sind Versuchsergebnisse bekannt, so kann die Dauerfestigkeit nach verschiedenen Verfahren ermittelt werden. Für die näherungsweise Bestimmung der Dauerfestigkeit eignen sich das Treppenstufenverfahren und das Locativerfahren. Das Treppenstufenverfahren liefert bei einer verhältnismäßig geringen Anzahl von Proben eine Aussage über die Dauerfestigkeit, das Locativerfahren gestattet die näherungsweise Bestimmung der Dauerfestigkeit mit nur einer Versuchsprobe.

Treppenstufenverfahren

Mit dem Treppenstufenverfahren erhält man mit einer verhältnismäßig geringen Anzahl von Proben (ca. 20 Stck.) eine Aussage über den Mittelwert der Dauerfestigkeit und bei einer Anzahl von ca. 50 Proben eine Aussage über den Mittelwert und die Standardabweichung der Dauerfestigkeit. Die Versuche beginnen bei einem zu erwartenden Horizont für die Spannung der Dauerfestigkeit und werden je nach Ereignis (Bruch oder kein Bruch) auf dem um $\Delta\sigma$ nächst höheren bzw. niedrigen Spannungshorizont fortgesetzt. Bei der Auswertung beschränkt man sich auf das weniger oft eingetretene Ereignis (Bruch oder kein Bruch).

Den Mittelwert der Dauerfestigkeit erhält man:

    i...   Horizont

    h...   Anzahl Horizonte

    n_i... Anzahl des weniger oft eingetretenen Ereignisses (Bruch oder kein Bruch) am Horizont i

    σ_0... niedrigste Stufe des weniger oft eingetretenen Ereignisses

    $\Delta\sigma$... Stufenabstand

weniger Brüche (alle Horizonte)	weniger Nicht-Brüche (alle Horizonte)
$\bar{\sigma}_D = \sigma_0 + \Delta\sigma \left(\dfrac{\sum_{i=1}^{h}(i-1)n_i}{\sum_{i=1}^{h} n_i} + 0{,}5 \right)$	$\bar{\sigma}_D = \sigma_0 + \Delta\sigma \left(\dfrac{\sum_{i=1}^{h}(i-1)n_i}{\sum_{i=1}^{h} n_i} - 0{,}5 \right)$

Die Standardabweichung der Dauerfestigkeit S_D kann aus:

$$S_D = 1{,}62\, \Delta\sigma \left(\frac{\sum_{i=1}^{h} n_i \sum_{i=1}^{h}(i-1)^2 n_i - \left(\sum_{i=1}^{h}(i-1)n_i\right)^2}{\left(\sum_{i=1}^{h} n_i\right)^2} + 0{,}029 \right)$$

berechnet werden. Dabei muß die Bedingung

$\Delta\sigma / S_D \leq 1{,}876$

erfüllt sein.

Unter der Voraussetzung einer Normalverteilung der Dauerfestigkeitswerte kann die Dauerfestigkeit für eine vorgegebene Überlebenswahrscheinlichkeit in Abhängigkeit vom Quantil der normierten Normalverteilung u_P berechnet werden:

$\sigma_{D,P\ddot{u}} = \bar{\sigma}_D - u_P S_D$.

Sind die Konstanten der Wöhlerlinie m und K bekannt, ergibt sich die Grenzschwingspielzahl N_D aus der Wöhlerliniengleichung:

$\lg N_{D,P\ddot{u}} = \lg K_{P\ddot{u}} - m_{P\ddot{u}} \lg \sigma_{D,P\ddot{u}}$.

Locativerfahren

Das Verfahren nach LOCATI gestattet die näherungsweise Bestimmung der Dauerfestigkeit mit nur einer Versuchsprobe. Der Verlauf der Wöhlerlinie muß dabei abgeschätzt werden, d.h. der Wöhlerlinienexponent m muß aus Versuchsergebnissen bekannt sein, die geschätzte Dauerfestigkeit (Startwert der Iteration σ_{D1}) ergibt sich aus $N_D = 2 \cdot 10^6$. Der Versuch wird mit konstanter Beanspruchung auf verschiedenen Spannungshorizonten σ_j mit konstanter Schwingspielzahl n_j (bei konstantem $\Delta\sigma$) bis zum Versagen der Probe durchgeführt. Als Empfehlung gilt:

$\sigma_1 = 0{,}9\, \sigma_{D1}$

$\Delta\sigma = (0{,}05 - 0{,}1)\sigma_{D1}$

7.2 Grundlagen

$n_j = 2 \cdot 10^4 ... 6 \cdot 10^4$.

Den Mittelwert der Dauerfestigkeit ($P_Ü = 50$ %) kann man näherungsweise iterativ unter Verwendung einer linearen Schädigungsrechnung ermitteln:

S... Schädigungssumme

j... Horizont

h... Anzahl Horizonte bis Versagen der Probe

i... Iterationszähler

$$S_i = \sum_{j=1}^{h} \frac{n_j}{N_j}.$$

	$\sigma_j < \sigma_{Di}$	$\sigma_j \geq \sigma_{Di}$
Miner	$N_j = \infty$	$N_j = N_D \left(\frac{\sigma_{Di}}{\sigma_j}\right)^m$
Haibach	$N_j = N_D \left(\frac{\sigma_{Di}}{\sigma_j}\right)^{2m-1}$	$N_j = N_D \left(\frac{\sigma_{Di}}{\sigma_j}\right)^m$
Corten/Dolan	$N_j = N_D \left(\frac{\sigma_{Di}}{\sigma_j}\right)^m$	$N_j = N_D \left(\frac{\sigma_{Di}}{\sigma_j}\right)^m$

Bei einer Schädigungssumme $S_i > S$ wählt man ein $\sigma_{D(i+1)} > \sigma_{Di}$, bei $S_i < S$ ein $\sigma_{D(i+1)} < \sigma_{Di}$ usw., für $S_i \cong S$ kann der Näherungswert für den Mittelwert der Dauerfestigkeit σ_D angegeben werden.

Im Programm *Fatigue 1.1* wird die Iteration bei $S_i - S < \pm 0{,}00001$ oder $i > 10000$ abgebrochen.

Lebensdauer nach dem Nennspannungskonzept

Die Betriebsdauer ist die Lastspielzahl, die ein Bauteil während der Beanspruchung ertragen kann. Zur Ermittlung der Lebensdauer bei einer regellosen Beanspruchung auf der Basis von Nennspannungen sind verschiedene Schadensakkumulationshypothesen bekannt. Sie benötigen als Grundlage für die Berechnung der Lebensdauer das Beanspruchungskollektiv und die Werkstoff- bzw. Bauteilwöhlerlinie. Aus der Analyse der regellosen Beanspruchung erhält man das Amplitudenkollektiv mit der Stufenzahl n, den Spannungsamplituden σ_{ai} und den Lastspielzahlen n_i. Die Wöhlerlinie wird als Geradengleichung mit der Dauerfestigkeit σ_D, der Grenzschwingspielzahl N_D und dem Wöhlerlinienexponenten m verwendet:

$$\lg N = \lg K - m \lg \sigma.$$

Die lineare Schadensakkumulationshypothese von MINER wurde bereits 1945 veröffentlicht. Die gleichen Grundlagen sind in einer Veröffentlichung von PALMGREN enthalten und in der Literatur wird die Hypothese auch mit Palmgren-Miner-Regel bezeichnet. Desweiteren wird auch der Begriff Originale Miner-Regel verwendet. Miner formuliert die Schädigung als Verhältnis von Stufenschwingspielzahl n_i und ertragbarer Lastspielzahl N_i aus der Wöhlerlinie bei der gleichen Spannungsamplitude. Desweiteren setzt Miner eine Schädigung nur oberhalb der Dauerfestigkeit voraus, d.h. die Schädigungsanteile unterhalb der Dauerfestigkeit werden vernachlässigt. Damit erhält man die ertragbare Lastspielzahl bei Kollektivbelastung, d.h. die Lebensdauer $N_{B\,Miner}$ (siehe Bild 3.7, Seite 51):

i...   Stufe

s...   Anzahl Stufen

k - 1...   Anzahl Stufen mit $\sigma_{ai} \geq \sigma_D$

$$N_{B\,Miner} = \frac{N_D \, \sigma_D^m \, \sum_{i=1}^{s} n_i}{\sum_{i=1}^{k-1} n_i \, \sigma_{ai}^m}.$$

CORTEN-DOLAN berücksichtigen für die Berechnung der Schädigung auch die Stufen unterhalb der Dauerfestigkeit. Die Wöhlerlinie wird für diesen Bereich durch eine fiktive Linie mit dem gleichen Wöhlerlinienexponenten ersetzt. Dafür wird in der Literatur auch der Begriff Elementare Miner-Regel verwendet:

$$N_{B\,Corten/Dolan} = \frac{N_D \, \sigma_D^m \, \sum_{i=1}^{s} n_i}{\sum_{i=1}^{s} n_i \, \sigma_{ai}^m}.$$

Im Ergebnis einer umfangreichen Auswertung experimenteller Betriebsfestigkeitsuntersuchungen berücksichtigt HAIBACH die Schädigung unterhalb der Dauerfestigkeit durch eine fiktive Wöhlerlinie mit dem Wöhlerlinienexponenten 2m-1:

$$N_{B\,Haibach} = \frac{N_D \, \sigma_D^m \, \sum_{i=1}^{s} n_i}{\sum_{i=1}^{k-1} n_i \, \sigma_{ai}^m + \sigma_D^{1-m} \sum_{i=k}^{s} n_i \, \sigma_{ai}^{2m-1}}.$$

7.2 Grundlagen

7.2.3 Kerbgrundkonzept

Dehnungswöhlerlinie (DWL)

Die Dehnungswöhlerlinie stellt den Zusammenhang zwischen Gesamtdehnungsamplitude ε_a und Anrißschwingspielzahl N dar:

$$\varepsilon_a = \varepsilon_{ae} + \varepsilon_{ap} = \frac{\sigma'_f}{E} N^b + \varepsilon'_f N^c$$

mit:

ε_a ... Gesamtdehnungsamplitude

ε_{ae} ... elastische Dehnungsamplitude

ε_{ap} ... plastische Dehnungsamplitude

N... Anrißschwingspielzahl

E... E- Modul.

Die Konstanten der Dehnungswöhlerlinie b und σ'_f sowie c und ε'_f können aus Versuchsergebnissen mit einer Ausgleichsrechnung nach dem Fehlerquadratminimum bestimmt werden (siehe Gleichungen 4.10 bis 4.23, Seiten 74 und 75):

$$b = \frac{\sum_{i=1}^{n} \lg \varepsilon_{ae,i} + \sum_{i=1}^{n} \lg N_i - n \sum_{i=1}^{n} \left(\lg \varepsilon_{ae,i} \lg N_i \right)}{\left(\sum_{i=1}^{n} \lg N_i \right)^2 - n \sum_{i=1}^{n} \left(\lg N_i \right)^2}$$

$$\lg \frac{\sigma'_f}{E} = \frac{\sum_{i=1}^{n} \lg N_i \sum_{i=1}^{n} \left(\lg \varepsilon_{ae,i} \lg N_i \right) - \sum_{i=1}^{n} \lg \varepsilon_{ae,i} \sum_{i=1}^{n} \left(\lg N_i \right)^2}{\left(\sum_{i=1}^{n} \lg N_i \right)^2 - n \sum_{i=1}^{n} \left(\lg N_i \right)^2}$$

$$c = \frac{\sum_{i=1}^{n} \lg \varepsilon_{ap,i} + \sum_{i=1}^{n} \lg N_i - n \sum_{i=1}^{n} \left(\lg \varepsilon_{ap,i} \lg N_i \right)}{\left(\sum_{i=1}^{n} \lg N_i \right)^2 - n \sum_{i=1}^{n} \left(\lg N_i \right)^2}$$

$$\lg \varepsilon'_f = \frac{\sum_{i=1}^{n} \lg N_i \sum_{i=1}^{n} \left(\lg \varepsilon_{ap,i} \lg N_i \right) - \sum_{i=1}^{n} \lg \varepsilon_{ap,i} \sum_{i=1}^{n} \left(\lg N_i \right)^2}{\left(\sum_{i=1}^{n} \lg N_i \right)^2 - n \sum_{i=1}^{n} \left(\lg N_i \right)^2}.$$

Zyklische Spannungs-Dehnungs-Kurve (ZSDK)

Die zyklische Spannungs-Dehnungs-Kurve stellt den Zusammenhang zwischen Spannungsamplitude σ_a und Gesamtdehnungsamplitude ε_a dar:

$$\varepsilon_a = \varepsilon_{ae} + \varepsilon_{ap} = \frac{\sigma_a}{E} + \left(\frac{\sigma_a}{K'}\right)^{\frac{1}{n'}}.$$

Die Konstanten der zyklischen Spannungs-Dehnungs-Kurve K' und n' lassen sich unter der Voraussetzung, daß die ZSDK und die DWL die gleichen Versuchsergebnisse enthalten, aus den Konstanten der DWL b, σ'_f, c und ε'_f berechnen (siehe Gleichungen 4.24 bis 4.30, Seiten 75 und 76):

$$n' = \frac{b}{c}$$

$$K' = \frac{\sigma'_f}{\varepsilon_f'^{n'}}.$$

DWL / ZSDK - Statistische Auswertung

Sind die Konstanten der Dehnungswöhlerlinie bzw. die elastischen und plastischen Dehnungsanteile verschiedener Versuchsreihen eines Werkstoffes bekannt, so kann eine statistische Auswertung vorgenommen werden, die die Konstanten der Dehnungswöhlerlinie und zyklischen Spannungs-Dehnungs-Kurve für vorgegebene Überlebenswahrscheinlichkeiten liefert. Für verschiedene Anrißschwingspielzahlen N_i werden die elastischen und plastischen Dehnungsanteile für jede Versuchsreihe j angegeben (falls bekannt) oder aus den Konstanten der DWL und ZSDK berechnet:

$$\varepsilon_{ae,j,i} = \frac{\sigma'_{f,j}}{E} N_i^{b_j}$$

$$\varepsilon_{ap,j,i} = \varepsilon'_{f,j} N_i^{c_j}$$

mit

    j = 1...k   Anzahl Versuchsreihen

    i = 1...n   Anzahl Anrißschwingspielzahlen je Reihe

    (im Programm *Fatigue 1.1*: n = 3).

Unter Verwendung von logarithmischem Mittelwert $\lg\bar{\varepsilon}_a$ und Standardabweichung $S_{\lg\varepsilon_a}$ der Normalverteilung folgen die elastischen und plastischen Dehnungsanteile für

7.2 Grundlagen

eine vorgegebene Überlebenswahrscheinlichkeit $P_ü$ für jedes i (siehe Gleichungen 4.37 bis 4.38, Seiten 76 und 77):

$$\lg \bar{\varepsilon}_{ae,i} = \frac{1}{k} \sum_{j=1}^{k} \lg \varepsilon_{ae,j,i}$$

$$\lg \bar{\varepsilon}_{ap,i} = \frac{1}{k} \sum_{j=1}^{k} \lg \varepsilon_{ap,j,i}$$

$$S_{\lg \varepsilon_{ae,i}} = \sqrt{\frac{1}{k-1}\left[\sum_{j=1}^{k}\left(\lg \varepsilon_{ae,j,i}\right)^2 - k\left(\lg \bar{\varepsilon}_{ae,i}\right)^2\right]}$$

$$S_{\lg \varepsilon_{ap,i}} = \sqrt{\frac{1}{k-1}\left[\sum_{j=1}^{k}\left(\lg \varepsilon_{ap,j,i}\right)^2 - k\left(\lg \bar{\varepsilon}_{ap,i}\right)^2\right]}$$

$$\lg \varepsilon_{ae,i,Pü} = \lg \bar{\varepsilon}_{ae,i} - u_p \, S_{\lg \varepsilon_{ae,i}}$$

$$\lg \varepsilon_{ap,i,Pü} = \lg \bar{\varepsilon}_{ap,i} - u_p \, S_{\lg \varepsilon_{ap,i}}$$

mit:

u_p ... Quantil der normierten Normalverteilung.

Die Konstanten der Dehnungswöhlerlinie können für die vorgegebene Überlebenswahrscheinlichkeit mit einer Ausgleichsrechnung nach dem Fehlerquadratminimum bestimmt werden:

$$b_{Pü} = \frac{\sum_{i=1}^{n} \lg \varepsilon_{ae,i,Pü} + \sum_{i=1}^{n} \lg N_i - n\sum_{i=1}^{n}\left(\lg \varepsilon_{ae,i,Pü} \lg N_i\right)}{\left(\sum_{i=1}^{n} \lg N_i\right)^2 - n\sum_{i=1}^{n}\left(\lg N_i\right)^2}$$

$$\lg \frac{\sigma'_{f,Pü}}{E} = \frac{\sum_{i=1}^{n} \lg N_i \sum_{i=1}^{n}\left(\lg \varepsilon_{ae,i,Pü} \lg N_i\right) - \sum_{i=1}^{n} \lg \varepsilon_{ae,i,Pü} \sum_{i=1}^{n}\left(\lg N_i\right)^2}{\left(\sum_{i=1}^{n} \lg N_i\right)^2 - n\sum_{i=1}^{n}\left(\lg N_i\right)^2}$$

$$c_{Pü} = \frac{\sum_{i=1}^{n} \lg \varepsilon_{ap,i,Pü} + \sum_{i=1}^{n} \lg N_i - n\sum_{i=1}^{n}\left(\lg \varepsilon_{ap,i,Pü} \lg N_i\right)}{\left(\sum_{i=1}^{n} \lg N_i\right)^2 - n\sum_{i=1}^{n}\left(\lg N_i\right)^2}$$

$$\lg\varepsilon'_{f,Pü} = \frac{\sum_{i=1}^{n}\lg N_i \sum_{i=1}^{n}\left(\lg\varepsilon_{ap,i,Pü} \lg N_i\right) - \sum_{i=1}^{n}\lg\varepsilon_{ap,i,Pü} \sum_{i=1}^{n}(\lg N_i)^2}{\left(\sum_{i=1}^{n}\lg N_i\right)^2 - n\sum_{i=1}^{n}(\lg N_i)^2}.$$

Die Konstanten der zyklischen Spannungs-Dehnungs-Kurve lassen sich unter der Voraussetzung, daß die ZSDK und die DWL die gleichen Versuchsergebnisse enthalten, aus den Konstanten der DWL berechnen:

$$n'_{Pü} = \frac{b_{Pü}}{c_{Pü}}$$

$$K'_{Pü} = \frac{\sigma'_{f,Pü}}{\varepsilon'^{n'_{Pü}}_{f,Pü}}.$$

Kerbgrundbeanspruchung

Für eine vorgegebene Hooke'sche Spannung σ_H läßt sich bei Kenntnis der zyklischen Spannungs-Dehnungs-Kurve (ZSDK) und des E-Moduls E die elastisch-plastische Kerbgrundspannung σ_a mit Hilfe der Neuber-Regel iterativ aus

$$\varepsilon_a = \varepsilon_{ae} + \varepsilon_{ap} = \frac{\sigma_a}{E} + \left(\frac{\sigma_a}{K'}\right)^{\frac{1}{n'}}$$

berechnen. Die elastisch-plastische Kerbgrunddehnung ε_a folgt aus der ZSDK:

$$\varepsilon_a = \varepsilon_{ae} + \varepsilon_{ap} = \frac{\sigma_a}{E} + \left(\frac{\sigma_a}{K'}\right)^{\frac{1}{n'}}.$$

Die elastisch-plastische Kerbgrundbeanspruchung (ε_a, σ_a) bildet die Grundlage für die Ermittlung des Schädigungskennwertes.

Schädigungskennwert-Wöhlerlinie

Der Einfluß einer auftretenden Mittelspannung σ_m wird durch einen Schädigungskennwert P berücksichtigt. Mit dem Schädigungskennwert wird aus der Dehnungswöhlerlinie (DWL) die Schädigungskennwert-Wöhlerlinie berechnet, die die ertragbare Beanspruchung charakterisiert. In Abhängigkeit von den Konstanten der DWL wird die Schädigungskennwert-Wöhlerlinie durch folgende Beziehung beschrieben (siehe Gleichungen 4.39 bis 4.42, Seite 77):

7.2 Grundlagen

$$P = \sqrt{\sigma_f'^2 N^{2b} + E\,\sigma_f'\,\varepsilon_f'\,N^{b+c}}\;.$$

Der gebräuchlichste Schädigungskennwert ist der von SMITH, WATSON und TOPPER:

$$P_{SWT} = \sqrt{(\sigma_a + \sigma_m)\,\varepsilon_a\,E}\;.$$

BERGMANN korrigierte speziell für höherfeste Werkstoffe den Einfluß der Mittelspannung durch einen zusätzlichen Mittelspannungsfaktor a_B:

$$P_B = \sqrt{(\sigma_a + a_B\,\sigma_m)\,\varepsilon_a\,E}\;.$$

Lebensdauer nach dem Kerbgrundkonzept

Die Grundlage der Berechnung der Lebensdauer nach dem Kerbgrundkonzept bildet die Schädigungskennwert-Wöhlerlinie. Für jedes Schwingspiel j der Beanspruchungsfunktion, charakterisiert durch die Hooke'schen Spannungen $\sigma_{o,H,j}$ und $\sigma_{u,H,j}$ bei Schwingbeanspruchung bzw. $\sigma_{a,H,j}$ bei reiner Wechselbeanspruchung, wird unter Verwendung der zyklischen Spannungs-Dehnungs-Kurve (ZSDK) mit Hilfe der Neuber-Regel iterativ die elastisch-plastische Kerbgrundbeanspruchung (ε_a, σ_a) bestimmt (siehe Gleichungen 4.51 bis 4.63, Seiten 80 bis 84):

$$\sigma_{o,H,j}^2 = \sigma_{o,j}^2 + E\,\sigma_{o,j}\left(\frac{\sigma_{o,j}}{K'}\right)^{\frac{1}{n'}} \Rightarrow \sigma_{o,j}\ \text{iterativ}$$

$$\sigma_{a,H,j} = \frac{\sigma_{o,H,j} - \sigma_{u,H,j}}{2}$$

$$\sigma_{a,H,j}^2 = \sigma_{a,j}^2 + E\,\sigma_{a,j}\left(\frac{\sigma_{a,j}}{K'}\right)^{\frac{1}{n'}} \Rightarrow \sigma_{a,j}\ \text{iterativ}$$

$$\varepsilon_{a,j} = \frac{\sigma_{a,j}}{E} + \left(\frac{\sigma_{a,j}}{K'}\right)^{\frac{1}{n'}} \Rightarrow \varepsilon_{a,j}$$

$j = 1...k$ Anzahl Schwingspiele.

Für einen daraus berechneten Schädigungskennwert P_j:

$$\sigma_{m,j} = \sigma_{o,j} - \sigma_{a,j}$$

SMITH, WATSON und TOPPER: $\quad P_{SWT,j} = \sqrt{\sigma_{o,j}\, \varepsilon_{a,j}\, E}$,

BERGMANN: $\quad P_{B,j} = \sqrt{(\sigma_{a,j} + a_B\, \sigma_{m,j})\, \varepsilon_{a,j}\, E}$

a_B ... BERGMANN'scher Mittelspannungsfaktor

erhält man aus der Schädigungskennwert-Wöhlerlinie iterativ die ertragbare Schwingspielzahl $N_{P,j}$:

$$P_j = \sqrt{\sigma_f'^2 N_{P,j}^{2b} + E\, \sigma_f'\, \varepsilon_f'\, N_{P,j}^{b+c}} \quad \Rightarrow N_{P,j} \text{ iterativ}$$

und daraus den Schädigungsanteil S_j des jeweiligen Schwingspiels j der Beanspruchungsfunktion:

$$S_j = \frac{1}{N_{P,j}}.$$

Die Lebensdauer folgt aus dem Quotienten aus Anzahl der Schwingspiele und Summe der Schädigungsanteile aller Schwingspiele (Gesamtschädigung):

$$N_{B,KERB} = \frac{k}{\sum_{j=1}^{k} S_j}.$$

Für die Berechnung der Lebensdauer nach dem Kerbgrundkonzept mit dem Programm *Fatigue 1.1* können drei verschiedene Darstellungsformen der Beanspruchungsfunktion verwendet werden:

Wechselbeanspruchung:

    Amplitudenkollektiv mit $\sigma_{m,j} = 0$ auf der Grundlage der regulären Spitzenwerte,

    Eingabewerte: Anzahl Klassen,

                        Hooke'sche Spannungsamplituden für alle Klassen i: $\sigma_{a,H,i}$

                        Schwingspielzahlen für alle Klassen i: n_i

Schwingbeanspruchung:

    Beanspruchungskollektiv der Schwingbreiten auf der Grundlage der regulären Spitzenwerte,

7.2 Grundlagen

Eingabewerte: Anzahl Klassen,

Hooke´sche Spannungen für alle Klassen i: $\sigma_{o,H,i}$ und $\sigma_{u,H,i}$

Schwingspielzahlen für alle Klassen i: n_i

Korrelationstabelle:

Korrelationstabelle nach Zählverfahren "Volle Zyklen" oder "Rain-Flow",

Eingabewerte: Anzahl Klassen,

Hooke´sche Maximal- und Minimalspannung $\sigma_{H,max}$ und $\sigma_{H,min}$

Korrelationstabelle: Häufigkeit der Schwingbreiten von der Klasse p zur Klasse n: h(p,n)

p = 2... Anzahl Klassen: Nummer der Klasse mit der Lage des Maximums der Schwingbreite

n = 1... Anzahl Klassen -1: Nummer der Klasse mit der Lage des Minimums der Schwingbreite

Die Überlebenswahrscheinlichkeit der Ergebnisse $N_{B,KERB}$ ist von der Überlebenswahrscheinlichkeit der Kennwerte der Dehnungswöhlerlinie und der zyklischen Spannungs- Dehnungs- Kurve abhängig.

7.2.4 Rißwachstumskonzept

Bestimmung der Konstanten der Paris- Erdogan- Gleichung

Die Bestimmung der Konstanten C und m der Rißwachstumsgleichung in Abhängigkeit von einer Erwartungswahrscheinlichkeit P erfolgt durch statistische Auswertung der experimentell ermittelten Rißwachstumsgeschwindigkeiten verschiedener Proben

i... Versuchsreihe

r... Anzahl Versuchsreihen (Proben)

j... Versuch

n... Anzahl Versuche je Versuchsreihe

$v_{i,j}$ ... Rißwachstumsgeschwindigkeit für Versuchsreihe i und Versuch j

u_P ... Quantil der normierten Normalverteilung

$$\lg \bar{v}_i = \frac{1}{n}\sum_{j=1}^{n} \lg v_{i,j}$$

$$S_{lgv,i} = \sqrt{\left(\frac{1}{n-1}\right)\left[\sum_{j=1}^{n}(lg\,v_{i,j})^2 - n\,(lg\,\overline{v}_i)^2\right]}$$

$$lg\,v_{P,i} = lg\,\overline{v}_i + u_P\,S_{lgv,i}\,.$$

Die Berechnung der Konstanten C und m erfolgt durch eine Ausgleichsrechnung (siehe Gleichungen 5.23 bis 5.30, Seite 90):

$$m_P = \frac{r\sum_{i=1}^{r}(lg\,v_{P,i}\,lg\,\Delta K_i) - \sum_{i=1}^{r}lg\,v_{P,i}\sum_{i=1}^{r}lg\,\Delta K_i}{r\sum_{i=1}^{r}(lg\,\Delta K_i)^2 - \left(\sum_{i=1}^{r}lg\,\Delta K_i\right)^2}$$

$$lg\,C_P = \frac{\sum_{i=1}^{r}(lg\,\Delta K_i)^2 \sum_{i=1}^{r}lg\,v_{P,i} - \sum_{i=1}^{r}lg\,\Delta K_i \sum_{i=1}^{r}(lg\,v_{P,i}\,lg\,\Delta K_i)}{r\sum_{i=1}^{r}(lg\,\Delta K_i)^2 - \left(\sum_{i=1}^{r}lg\,\Delta K_i\right)^2}\,.$$

Unter der Voraussetzung eines bekannten Exponenten m folgt für die Konstante C:

$$lg\,C_P = \frac{1}{r}\left(\sum_{i=1}^{r}lg\,v_{P,i} - m_P\sum_{i=1}^{r}lg\,\Delta K_i\right).$$

Konstanten der Paris-Erdogan-Gleichung – Statistische Auswertung

Sind die Konstanten C und m der Rißwachstumsgleichung bzw. die Rißwachstumsgeschwindigkeiten verschiedener Versuchsserien eines Werkstoffes bekannt, so kann eine statistische Auswertung vorgenommen werden, die die Konstanten der Rißwachstumsgleichung für vorgegebene Erwartungswahrscheinlichkeiten P liefert. Für verschiedene zyklische Spannungsintensitätsfaktoren ΔK_i werden die Rißwachstumsgeschwindigkeiten für jede Versuchsserie j angegeben (falls bekannt) oder aus den Konstanten C und m berechnet (siehe Gleichungen 5.31 bis 5.34, Seite 100):

$$v_{i,j} = C_j\,\Delta K_i^{m_j}$$

mit

    $j = 1...n$ Anzahl Versuchsserien

    $i = 1...k$ Anzahl Spannungsintensitätsfaktoren (im Programm *Fatigue 1.1* n = 3).

    $v_{i,j}$ ...   Rißwachstumsgeschwindigkeit für Spannungsintensitätsfaktor und Versuchsserie

7.2 Grundlagen

u_p ... Quantil der normierten Normalverteilung.

Unter Verwendung von logarithmischem Mittelwert $\lg \overline{v}_i$ und Standardabweichung $S_{\lg v,i}$ der Normalverteilung folgt:

$$\lg \overline{v}_i = \frac{1}{n}\sum_{j=1}^{n} \lg v_{i,j}$$

$$S_{\lg v,i} = \sqrt{\left(\frac{1}{n-1}\right)\left[\sum_{j=1}^{n}\left(\lg v_{i,j}\right)^2 - n\left(\lg \overline{v}_i\right)^2\right]}$$

$$\lg v_{P,i} = \lg \overline{v}_i + u_P S_{\lg v,i}.$$

Die Berechnung der Konstanten C und m erfolgt durch eine Ausgleichsrechnung:

$$m_P = \frac{r\sum_{i=1}^{r}\left(\lg v_{P,i} \lg \Delta K_i\right) - \sum_{i=1}^{r}\lg v_{P,i} \sum_{i=1}^{r}\lg \Delta K_i}{r\sum_{i=1}^{r}\left(\lg \Delta K_i\right)^2 - \left(\sum_{i=1}^{r}\lg \Delta K_i\right)^2}$$

$$\lg C_P = \frac{\sum_{i=1}^{r}\left(\lg \Delta K_i\right)^2 \sum_{i=1}^{r}\lg v_{P,i} - \sum_{i=1}^{r}\lg \Delta K_i \sum_{i=1}^{r}\left(\lg v_{P,i} \lg \Delta K_i\right)}{r\sum_{i=1}^{r}\left(\lg \Delta K_i\right)^2 - \left(\sum_{i=1}^{r}\lg \Delta K_i\right)^2}.$$

Rißwachstumsberechnung

Die Rißwachstumsgeschwindigkeit da/dN korreliert sehr gut mit der Schwingbreite des zyklischen Spannungsintensitätsfaktors ΔK. Für die Beschreibung dieses Zusammenhangs werden Rißwachstumsgleichungen verwendet. Der zyklische Spannungsintensitätsfaktor ΔK ist von der Beanspruchung, der aktuellen Rißlänge und der Geometrie der Probe abhängig:

$$\Delta K = \Delta\sigma \sqrt{a}\ Y(a,W)$$

mit

$\Delta\sigma$ ... Schwingbreite der Spannung

a ... Rißlänge

W ... Probenbreite

$Y(a,W)$ ... Geometriefunktion.

Einfluß des Spannungsverhältnisses

Das Spannungsverhältnis R wird durch Einführung eines effektiven Spannungsintensitätsfaktor ΔK_{eff} berücksichtigt:

$$\Delta K_{eff} = U(R) \, \Delta K$$

mit

$$R = \frac{\sigma_u}{\sigma_o}.$$

Für die Funktion U(R) sind folgende Lösungsansätze bekannt:

$$U(R) = 1 \quad \Rightarrow \quad \text{keine Berücksichtigung}$$

$$U(R) = 1 + AR \quad \text{für} \quad R > R_G = -0{,}6 / A$$

$$U(R) = \frac{1}{1 - BR} \quad \text{für} \quad R > R_G = -1{,}5 / B$$

$$\left\{ \begin{array}{ll} U(R) = 1 + AR & \text{für} \quad R \geq -1 \\ U(R) = \dfrac{1}{1 - BR} & \text{für} \quad R < -1 \end{array} \right\}.$$

$$U(R) = 0{,}4 \quad \text{für} \quad R \leq R_G \quad \text{oder} \quad \sigma_o \leq 0$$

Dabei werden die Konstanten A und B aus Versuchsergebnissen gewonnen.

Beanspruchung

Bei einstufiger Belastung kann die Schwingbreite der Spannung $\Delta\sigma$ aus Ober- und Unterspannung berechnet werden:

$$\Delta\sigma = \sigma_o - \sigma_u.$$

Für nichteinstufige Belastung bilden Schwingbreitenkollektiv bzw. Korrelationstabelle die Grundlage der Belastung. Durch Einführen der effektiven Schwingbreite $\Delta\sigma_{eff}$ können die Gleichungen der Einstufenbelastung angewendet werden:

Schwingbreitenkollektiv:

$$\Delta\sigma_{eff} = \left[\frac{\sum_{i=1}^{k} \left\{ n_i \left[U(R_i) \Delta\sigma_i \right]^m \right\}}{\sum_{i=1}^{k} n_i} \right]^{1/m}$$

7.2 Grundlagen

Korrelationstabelle:

$$\Delta\sigma_{eff} = \left[\frac{\sum\limits_{p=2}^{k} \sum\limits_{n=1}^{k-1} \left\{ h_{p,n} \left[U(R_{p,n}) \Delta\sigma_{p,n} \right]^m \right\}}{\sum\limits_{p=2}^{k} \sum\limits_{n=1}^{k-1} h_{p,n}} \right]^{1/m}$$

mit

k...	Anzahl Klassen
$\Delta\sigma_i = \text{abs}(\sigma_{o,i} - \sigma_{u,i})$...	Schwingbreite Klasse i
n_i...	Anzahl Schwingspiele Klasse i
p...	Nummer der Klasse mit Lage der maximalen Spannung
n...	Nummer der Klasse mit Lage der minimalen Spannung
$\Delta\sigma_{p,n} = \text{abs}(\sigma_{m,p} - \sigma_{m,n})$...	Schwingbreite Klasse p,n
$\sigma_{m,i} = \sigma_{min} + \dfrac{\sigma_{max} - \sigma_{min}}{2k} + (i-1)\dfrac{\sigma_{max} - \sigma_{min}}{k}$...	Spannung in Klassenmitte Klasse i
σ_{min}...	minimale Spannung an Klassengrenze Klasse 1
σ_{max}...	maximale Spannung an Klassengrenze Klasse k
$h_{p,n}$...	Häufigkeit Schwingspiele Klasse p,n

Sollen die Gleichungen der Einstufenbelastung nicht zur Anwendung kommen, so ist eine schwingspeilweise Integration auszuführen. Die Beanspruchung wird hier in der Reihenfolge der Eingabe für jedes Schwingspiel abgearbeitet, die Schwingbreite der Spannung $\Delta\sigma$ sowie das Spannungsverhältnis R müssen für jedes Schwingspiel einzeln berechnet werden. Dabei bleiben Reihenfolgeeinflüsse unberücksichtigt.

Geometrieeinfluß

Die im Programm *Fatigue 1.1* verwendeten Geometriefunktionen Y(a,W) für gebräuchliche Probenformen sind mit Ausnahme der freien Geometriefunktion [5] entnommen:

Probenform	Bezeichnung
CC F—W □2a —F	Zugprobe mit Mittenriß
DEN F—W a a —F	Zugprobe mit zwei Seitenrissen
SENT F—W ∧a —F	Zugprobe mit einem Seitenriß
NR a F—D------F a	Zugprobe mit Umfangsriß (Rundstab)
SENB 4 ↓F W ∧a △ L=4W △	Biegeprobe (Querkraft) mit Randriß (Probenlänge = 4 * Probenbreite)
SENB 8 ↓F W ∧a △ L=8W △	Biegeprobe (Querkraft) mit Randriß (Probenlänge = 8 * Probenbreite)
SENB M(W ∧a)M	Biegeprobe (reine Biegung) mit Randriß
CT ⊢1,25 W⊣ F a 1,2 W F W	Kompakt-Zugprobe
freie Geometrie funktion	$Y = f(a, W)$

7.2 Grundlagen

Es gilt für die Geometriefunktionen: Gültigkeitsbereich

CC:

$$Y(a,W) = \sqrt{\pi}\left[1 - 0.025\left(\frac{2a}{W}\right)^2 + 0.06\left(\frac{2a}{W}\right)^4\right]\left[\cos\left(\frac{\pi a}{W}\right)\right]^{-1/2} \qquad 0 \leq \left(\frac{2a}{W}\right) \leq 1$$

DEN:

$$Y(a,W) = \sqrt{\pi}\left[1.122 - 0.561\left(\frac{2a}{W}\right) - 0.015\left(\frac{2a}{W}\right)^2 + 0.091\left(\frac{2a}{W}\right)^3\right]\left[1 - \left(\frac{2a}{W}\right)\right]^{-1/2}$$

$$0 \leq \left(\frac{2a}{W}\right) \leq 1$$

SENT:

$$Y(a,W) = 1.99 - 0.41\left(\frac{a}{W}\right) + 18.7\left(\frac{a}{W}\right)^2 - 38.48\left(\frac{a}{W}\right)^3 + 53.85\left(\frac{a}{W}\right)^4 \qquad 0 \leq \left(\frac{a}{W}\right) \leq 0.6$$

$$Y(a,W) = 0.5\left(\frac{a}{W}\right)^{-1/2}\left[1 - \left(\frac{a}{W}\right)\right]^{-3/2}\left[1 + 3\left(\frac{a}{W}\right)\right] \qquad 0.3 \leq \left(\frac{a}{W}\right) < 1$$

NR:

$$Y(a,D) = \sqrt{\pi}\left[1.122 - 1.542\left(\frac{2a}{D}\right) + 1.836\left(\frac{2a}{D}\right)^2 - 1.28\left(\frac{2a}{D}\right)^3 + 0.366\left(\frac{2a}{D}\right)^4\right]\left[1 - \left(\frac{2a}{D}\right)\right]^{-3/2}$$

$$0 \leq \left(\frac{2a}{D}\right) \leq 1$$

SENB4:

$$Y(a,W) = 1.93 - 3.07\left(\frac{a}{W}\right) + 14.53\left(\frac{a}{W}\right)^2 - 25.11\left(\frac{a}{W}\right)^3 + 25.8\left(\frac{a}{W}\right)^4 \qquad 0 \leq \left(\frac{a}{W}\right) \leq 0.6$$

SENB8:

$$Y(a,W) = 1.96 - 2.75\left(\frac{a}{W}\right) + 13.66\left(\frac{a}{W}\right)^2 - 23.98\left(\frac{a}{W}\right)^3 + 25.22\left(\frac{a}{W}\right)^4 \qquad 0 \leq \left(\frac{a}{W}\right) \leq 0.6$$

SENB:

$$Y(a,W) = 1.99 - 2.47\left(\frac{a}{W}\right) + 12.97\left(\frac{a}{W}\right)^2 - 23.17\left(\frac{a}{W}\right)^3 + 24.8\left(\frac{a}{W}\right)^4 \qquad 0 \leq \left(\frac{a}{W}\right) \leq 0.6$$

$$Y(a,W) = 0.677\left(\frac{a}{W}\right)^{-1/2}\left[1 - \left(\frac{a}{W}\right)\right]^{-3/2} \qquad 0.5 \leq \left(\frac{a}{W}\right) \leq 1$$

CT:

$$Y(a,W) = 29.6 - 185.5\left(\frac{a}{W}\right) + 655.7\left(\frac{a}{W}\right)^2 - 1017\left(\frac{a}{W}\right)^3 + 638.9\left(\frac{a}{W}\right)^4$$

$$0.3 \leq \left(\frac{a}{W}\right) \leq 0.7$$

$$Y(a,W) = 0.5\left(\frac{a}{W}\right)^{-1/2}\left[1 - \left(\frac{a}{W}\right)\right]^{-3/2}\left[5 + 3\left(\frac{a}{W}\right)\right]$$

$$0.8 < \left(\frac{a}{W}\right) < 1$$

freie Geometriefunktion:

$$Y(a,W) = \sqrt{\pi}\left[C_0 + C_1\left(\frac{a}{W}\right) + C_2\left(\frac{a}{W}\right)^2 + ... + C_5\left(\frac{a}{W}\right)^5\right]$$

$$0 \leq \left(\frac{a}{W}\right) \leq 1$$

Die Konstanten der freien Geometriefunktion können Versuchsergebnissen angepaßt werden.

Rißwachstumsgleichungen

Erweitert PARIS

Für einstufige Belastung bzw. effektive Schwingbreiten kann die zu einer definierten Rißlänge gehörige Schwingspielzahl durch numerische Integration der Paris-Erdogan-Gleichung über die gesamte Rißlänge ermittelt werden:

$$\frac{da}{dN} = C \, \Delta K_{eff}{}^m \quad \Rightarrow \quad N = \int_{a_0}^{a_C} \frac{1}{C \, \Delta K_{eff}{}^m} \, da$$

mit

N...	Schwingspielzahl
da/dN...	Rißwachstumsgeschwindigkeit
C, m...	Konstanten der Rißwachstumsgleichung
$\Delta K_{eff} = \Delta\sigma_{eff} \sqrt{a} \, Y(a,W)$...	effektiver zyklischer Spannungsintensitätsfaktor
a_0...	Anrißlänge
a_C...	Abbruchrißlänge.

FORMAN / Erweitert FORMAN

Die Darstellung des Rißwachstums in Abhängigkeit vom zyklischen Spannungsintensitätsfaktor ΔK zeigt (siehe Bild 5.7), daß das Rißwachstum bei einem Schwellenwert

7.2 Grundlagen

des Spannungsintensitätsfaktors ΔK_0 beginnt. Dieser Schwellenwert wird auch als bruchmechanische Dauerfestigkeit bezeichnet. Ein oberer Grenzwert ist der kritische zyklische Spannungsintensitätswert K_C, bei dem der Rest- oder Gewaltbruch eintritt.

Die Forman-Rißwachstumsgleichung berücksichtigt den kritischen zyklischen Spannungsintensitätswert K_C:

$$\frac{da}{dN} = \frac{C\,\Delta K_{Forman}^{m}}{(1-R)K_C - \Delta K_{Forman}} \quad \Rightarrow \quad N = \int_{a_0}^{a_C} \frac{(1-R)K_C - \Delta K_{Forman}}{C\,\Delta K_{Forman}^{m}}\,da.$$

Der Einfluß des Spannungsverhältnisses wird hier im Rahmen der Rißwachstumsgleichung berücksichtigt, für den Spannungsintensitätsfaktor gilt:

$$\Delta K_{Forman} = \Delta \sigma_{eff,Forman}\sqrt{a}\;Y(a,W)$$

$$\Delta K_C = (1-R)K_C$$

mit der effektiven Schwingbreite:

für konstante Schwingbreite:

$$\Delta \sigma_{eff,Forman} = \sigma_o - \sigma_u$$

für Schwingbreitenkollektiv:

$$\Delta \sigma_{eff,Forman} = \left[\frac{\sum_{i=1}^{k}\{n_i[\Delta \sigma_i]^m\}}{\sum_{i=1}^{k}n_i}\right]^{1/m}$$

für Korrelationstabelle:

$$\Delta \sigma_{eff,Forman} = \left[\frac{\sum_{p=2}^{k}\sum_{n=1}^{k-1}\{h_{p,n}[\Delta \sigma_{p,n}]^m\}}{\sum_{p=2}^{k}\sum_{n=1}^{k-1}h_{p,n}}\right]^{1/m}.$$

Mit Hilfe der erweiterten FORMAN-Rißwachstumsgleichung können sowohl der kritische zyklische Spannungsintensitätswert K_C als auch der Schwellenwert des Spannungsintensitätsfaktors ΔK_0 berücksichtigt werden:

$$\frac{da}{dN} = \frac{C\,(\Delta K_{Forman} - \Delta K_0)^{m}}{(1-R)K_C - \Delta K_{Forman}} \quad \Rightarrow \quad N = \int_{a_0}^{a_C} \frac{(1-R)K_C - \Delta K_{Forman}}{C\,(\Delta K_{Forman} - \Delta K_0)^{m}}\,da.$$

Numerische Integration

Integration über gesamte Rißlänge

Für einstufige Belastung bzw. effektive Schwingbreiten kann die zu einer definierten Rißlänge gehörige Schwingspielzahl durch numerische Integration der Rißwachstumsgleichungen über die gesamte Rißlänge mit bekannten Integrationsverfahren bestimmt werden. Die in *Fatigue 1.1* angebotenen Integrationsverfahren sind [59] entnommen:

Verfahren von ROMBERG:

- Berechnung des RIEMANN'schen Integrals einer stetigen Funktion f über dem Intervall [a,b]
- sehr einfach
- äußerst effektiv und genau

SIMPSON-Regel:

- Berechnung des bestimmten Integrals einer stetigen Funktion f über dem Intervall [a,b]
- für geringe Genauigkeitsansprüche zu empfehlen

NEWTON-COTES:

- Berechnung des bestimmten Integrals einer stetigen Funktion f über dem Intervall [a,b] mittels der NEWTON-COTES-3/8-Formel
- für geringe Genauigkeitsansprüche zu empfehlen

Schwingspielweise Integration

Die naheliegendste, aber auch rechenaufwendigste Möglichkeit einer Rißwachstumsberechnung, die selbst bei einer von Schwingspiel zu Schwingspiel veränderlichen Schwingbreite der Spannung anwendbar ist, besteht in der schwingspielweisen Integration der Rißwachstumsgleichung, beispielsweise:

$$\frac{da}{dN} = C \, \Delta K^m \ .$$

Die einfachste und schnellste numerische Lösung einer derartigen Anfangswertaufgabe ist der Übergang vom Differenzialquotienten auf den Differenzenquotienten, dessen Fehler bei einer extrem großen Anzahl von einigen zig- oder hunderttausend Integrationsschritten vernachlässigbar klein wird:

$$\frac{da}{dN} = C \, \Delta K^m \quad \Rightarrow \quad \frac{\Delta a}{\Delta N} \cong C \, \Delta K^m \quad \Rightarrow \quad \Delta a \cong C \, \Delta K^m \Delta N \ .$$

7.2 Grundlagen

Für jedes einzelne Schwingspiel i ergibt sich:

$$\Delta a_i = C\ \Delta K(a, \Delta\sigma_i, N_i)^m \cdot 1\ \text{Schwingspiel},$$

für die Rißlänge in Abhängigkeit von der Schwingspielzahl $\sum_i N_i$:

$$a(\sum_i N_i) = \sum_i \Delta a_i\ .$$

Für jedes Schwingspiel sind nun im Gegensatz zu Integration über die gesamte Rißlänge als Zwischenergebnis dazugehörige Rißlänge, Rißwachstumsgeschwindigkeit und Spannungsintensitätsfaktor bekannt und es können Abbruchkriterien für die Integration wie eine definierte Schwingspielzahl, das Erreichen einer definierten Rißwachstumsgeschwindigkeit oder das Erreichen eines definierten Spannungsintensitätsfaktors gewählt werden.

Im Programm *Fatigue 1.1* werden bei Eingabe von **Schwingbeanspruchung - Reihenfolge** für jedes einzelne Schwingspiel dazugehörige Schwingbreite der Spannung und Spannungsverhältnis ermittelt, für alle anderen Beanspruchungen wird die schwingspielweise Integration mit der effektiven Schwingbreite durchgeführt.

Alternativ zum Differenzenquotienten-Verfahren werden vom Programm *Fatigue 1.1* noch folgende Einschrittverfahren zur Lösung der Anfangswertaufgabe angeboten, die alle mit automatischer Schrittweitensteuerung arbeiten und [59] entnommen wurden:

- Verfahren von EULER-CAUCHY

- Verfahren von HEUN

- RUNGE-KUTTA-Verfahren.

Diese Verfahren liefern insbesondere bei kleinen Schwingspielzahlen genauere Ergebnisse als das Differenzenquotienten-Verfahren, erfordern aber einen erheblich größeren Zeitaufwand und sind daher wesentlich langsamer. Für normale Rißwachstumsberechnungen mit schwingspielweiser Integration sollte die Genauigkeit des Differenzenquotienten-Verfahrens vollkommen ausreichend sein, da es sich in der Regel um eine Integration über eine sehr große Anzahl von Schwingspielen handelt.

7.3 Programmbedienung

Das Programm *Fatigue 1.1* ist eine Windows-Anwendung, d.h., vor der Benutzung muß Windows (getestet mit MS Windows 3.x, MS Windows für Workgroups 3.x, MS Windows 95, MS Windows NT 4.0) bereits auf dem System ausgeführt werden. *Fatigue 1.1* ist mit einer kontextsensitiven Online-Hilfe ausgestattet, die durch Drücken der Taste **F1** direkten Zugriff auf Informationen zum aktuellen Programmkontext ermöglicht.

Die Bedienung des Programms kann mit Maus oder Tastatur erfolgen. Die Bewegung zwischen den Dialogelementen bei Bedienung mit Tastatur erfolgt mit der TAB-Taste. Es erfolgt eine automatische Überprüfung der in Eingabefelder und Tabellen eingegebenen Daten. Bei fehlerhafter Eingabe bzw. Bereichsüberschreitung wird eine Fehlermeldung angezeigt. Das Zahlenformat (Achtung! **Dezimaltrennzeichen**) richtet sich nach den Einstellungen Ihres Systems (z.B unter *Systemsteuerung-Ländereinstellungen -Zahlenformat* bei Windows 3.x oder Windows für Workgroups). Die Spaltenbreiten aller Tabellen können verändert werden, indem der Cursor auf die Begrenzungslinie der Kopfzeile zwischen den betreffenden Spalten gehalten und bei gedrückter linker Maustaste in die gewünschte Richtung gezogen wird. Die Felder der Ergebnistabellen können nicht bearbeitet werden. Die Spalten der Ergebnistabellen können vertauscht werden, indem der Cursor auf die Kopfzeile der zu bewegenden Spalte gehalten und bei gedrückter linker Maustaste in die gewünschte Richtung gezogen wird.

7.3.1 Hauptfenster

Das Hauptfenster dient zur Steuerung des Programmablaufs. Zur Bedienung des Programms stehen dem Nutzer ein Menü und für ausgewählte Aktionen alternativ dazu Buttons zur Verfügung, die identische Aktionen ausführen. Die Bedienung des Programms kann mit Maus oder Tastatur erfolgen.

Menübefehl	Button	Tastaturkürzel	Aktion
Datei - **D**rucker einrichten...		Alt+D, D	Drucker einrichten- Dialog aufrufen
Datei - **B**eenden		Alt+D, B	Progamm beenden
Nennspannungskonzept - **K**ollektive...		Alt+N, K	Kollektive - Dialog öffnen/aktivieren
Nennspannungskonzept - **W**öhlerlinien - **Z**eitfestigkeitsgerade...		Alt+N, W, Z	Zeitfestigkeitsgerade - Dialog öffnen/aktivieren

7.3 Programmbedienung

Nennspannungskonzept - **W**öhlerlinien - **D**auerfestigkeit - **T**reppenstufenverfahren...		Alt+N, W, D, T	Treppenstufenverfahren - Dialog öffnen/aktivieren
Nennspannungskonzept - **W**öhlerlinien - **D**auerfestigkeit - **L**ocativerfahren...		Alt+N, W, D, L	Locativerfahren - Dialog öffnen/aktivieren
Nennspannungskonzept - Le**b**ensdauer...		Alt+N, B	Lebensdauer - Dialog öffnen/aktivieren
Kerbgrundkonzept - **D**WL / ZSDK - **V**ersuchsauswertung...		Alt+K, D, V	DWL/ZSDK - Versuchsauswertung - Dialog öffnen/aktivieren
Kerbgrundkonzept - **D**WL / ZSDK - **S**tatistische Auswertung...		Alt+K, D, S	DWL/ZSDK - Statistische Auswertung - Dialog öffnen/aktivieren
Kerbgrundkonzept - **S**chädigungskennwertwöhlerlinie...		Alt+K, S	Schädigungskennwert-Wöhlerlinie - Dialog öffnen/aktivieren
Kerbgrundkonzept - **K**erbgrundbeanspruchung...		Alt+K, K	Kerbgrundbeanspruchung - Dialog öffnen/aktivieren
Kerbgrundkonzept - Le**b**ensdauer...		Alt+K, B	Lebensdauer Kerbgrundkonzept - Dialog öffnen/aktivieren
Rißwachstumskonzept - **K**onstantenbestimmung - **V**ersuchsauswertung...		Alt+R, K, V	Konstantenbestimmung - Versuchsauswertung - Dialog öffnen/aktivieren
Rißwachstumskonzept - **K**onstantenbestimmung - **S**tatistische Auswertung...		Alt+R, K, S	Konstantenbestimmung - Statistische Auswertung - Dialog öffnen/aktivieren
Rißwachstumskonzept - **R**ißwachstumsberechnung...		Alt+R, R	Rißwachstumsdialog öffnen/aktivieren

Optionen - Umgebung...		Alt+O, U	Umgebungsdialog aufrufen
Hilfe - Inhalt...		Alt+H, I	Hilfe Inhaltsverzeichnis zeigen
Hilfe - Hilfe benutzen...		Alt+H, H	Hilfe benutzen zeigen
Hilfe - Info...		Alt+H, O	Information zeigen

In der rechten unteren Ecke des Hauptfensters wird die aktuelle Uhrzeit angezeigt.

7.3.2 Betriebsbeanspruchung

Kollektive - Dialog

Das *Kollektive - Dialogfenster* dient zum Berechnen von Beanspruchungskollektiv, Amplitudenkollektiv und Verteilungsfunktion nach den im Abschnitt „Ermittlung der Betriebsbeanspruchung" beschriebenen Beziehungen. Es besteht die Möglichkeit zum Laden, Löschen und Speichern von Eingabedaten, zum Speichern der Ergebnisse sowie zum Protokollieren von Eingabedaten und Ergebnissen.

Das Öffnen des *Kollektive - Dialogfensters* erfolgt aus dem Hauptfenster mit dem Menübefehl **Nennspannungskonzept - Kollektive...**.

Bereich Eingabe:

Eingabefelder:

Eingabefeld	Bedeutung	Einheit	Typ	Bereich
Anzahl Klassen i	Anzahl Klassen	-	ganze Zahl	0 bis 32
Anzahl Teilkollektive j	Anzahl Teilkollektive	-	ganze Zahl	0 bis 12

Schaltfelder:

Schaltfeld	Wert	Bedeutung
Häufigkeitsverteilung	**Ma_x_ima/Minima**	Eingabe Häufigkeitsverteilung der Maxima/Minima
	M_o_mentanwerte	Eingabe Häufigkeitsverteilung der Momentanwerte
Kollektivumfang	**glei_c_h**	Extrapolation mit gleichem Kollektivumfang
	_v_erändert	Extrapolation mit verändertem Kollektivumfang

7.3 Programmbedienung

Bemerkung:

Das Schaltfeld **Kollektivumfang** kann nur den Eingabefocus erhalten, wenn im Auswahlfeld **Extrapolation** der Wert <Ein> gewählt wurde.

Auswahlfelder:

Auswahlfeld	Wert	Bedeutung
Extrapolation	Aus	keine Extrapolation
	Ein	Extrapolation des Kollektivumfangs um 2 Klassen

Tabelle relative Zeitanteile:

Spalte	Bedeutung	Einheit	Typ	Bereich
1 bis j	relativer Zeitanteil des Teilkollektivs	-	reelle Zahl	0 bis 1

Bemerkung:

Die Summe der relativen Zeitanteile aller Teilkollektive muß 1 ergeben. Ist dies nicht der Fall, so wird keine Berechnung durchgeführt, bei Drücken des **Berechnen** - Buttons erscheint eine Fehlermeldung.

Tabelle Spannung/Häufigkeiten:

Spalte	Bedeutung	Einheit	Typ	Bereich
0	Klasse i	-		
Xm [N/mm²]	Spannung der Klasse	N/mm²	reelle Zahl	-10000 bis 10000
2 bis j +1 bzw. 2 bis 2 j + 1	Häufigkeit für Teilkollektiv und Klasse	-	ganze Zahl	0 bis 2000000000

Bemerkung:

Nach Eingabe der Spannungen der Klassen 1 und 2 werden alle übrigen Spannungen automatisch aktualisiert. Der Anzahl der Spalten ist abhängig davon, ob Häufigkeitsverteilung der **Maxima/Minima** oder **Momentanwerte** gewählt wurde, sie wird automatisch aktualisiert.

Buttons:

Button	Tastaturkürzel	Aktion
Laden	Alt+L	Aufrufen Datei laden - Dialog
Löschen	Alt+Ö	Löschen Eingabedaten und Ergebnisse
Speichern	Alt+I	Aufrufen Datei speichern - Dialog

Bereich Ergebnisse:

Ergebnistabelle:

Spalte	Bedeutung	Einheit
0	Klasse i	-
h[i]	absolute Klassenhäufigkeit	-
H[i]	absolute Summenhäufigkeit	-
H_q[i]	komplementäre Summenhäufigkeit	-
f[i]	relative Klassenhäufigkeit	-
F[i]	relative Summenhäufigkeit	-
Xa[i]	Spannungsamplitude	N/mm²
n[i]	Schwingspiele	-
N[i]	Summe Schwingspiele	-

Bemerkung:

In der letzten Zeile der Ergebnistabelle wird in den Spalten **n[i]** und **N[i]** die Spannung Xg_m der dem Mittelwert $\overline{\sigma} = \dfrac{\sum_{i=1}^{k} \sigma_{m,i} h_i}{\sum_{i=1}^{k} h_i}$ zugeordneten Klassengrenze angezeigt.

Buttons:

Button	Tastaturkürzel	Aktion
Berechnen	Alt+B	Berechnen
Grafik	Alt+G	Öffnen/aktivieren Kollektive - Grafik
Speichern	Alt+E	Aufrufen Datei speichern - Dialog
Protokoll	Alt+P	Öffnen/aktivieren Protokoll
Schließen	Alt+S	Kollektive - Dialogfenster schließen
Hilfe	Alt+H	Hilfe Kollektive - Dialogfenster aufrufen

Kollektive - Grafik

Das *Kollektive - Grafik* - Fenster dient zur grafischen Darstellung und zum Ausdrucken von Beanspruchungskollektiv, Amplitudenkollektiv und Verteilungsfunktion. Das Öffnen des *Kollektive - Grafik* - Fensters erfolgt durch Betätigen des **Grafik** -Buttons im *Kollektive - Dialogfenster*. Das Öffnen/Aktivieren des *Kollektive - Grafik* - Fensters ist

7.3 Programmbedienung

nur möglich, wenn vorher im *Kollektive - Dialogfenster* ein Kollektiv berechnet wurde. Bei Schließen des *Kollektive- Dialogfensters* wird das *Kollektive - Grafik* - Fenster automatisch geschlossen.

Die Auswahl der darzustellenden Funktionen wird mit Hilfe der Schaltfelder vorgenommen, es kann zwischen logarithmischer oder linearer Einteilung von Abszisse/Ordinate gewählt werden.

Unter der Grafik wird eine Hilfe zur Gestaltung bzw. zum Drucken des Diagramms angezeigt. Das Diagramm wird in dem Maßstab/Zustand ausgedruckt, wie es auf dem Bildschirm dargestellt ist. Das Einrichten des Druckers kann entweder im *Hauptfenster* oder über den Menüpunkt **Datei - Drucker einrichten...** erfolgen.

Bemerkung:

Bei der Darstellung der Verteilungsfunktionen mit logarithmischer Einteilung der Ordinate können die Häufigkeiten nicht in [%] angezeigt werden, der Wertebereich muß dafür z.B. mit Hilfe von Tabellen aus dem *Gauß*schen Wahrscheinlichkeitsintegral umgerechnet werden.

Menü:

Menübefehl	Aktion
Datei - Drucker einrichten...	Drucker einrichten- Dialog aufrufen
Datei - Schließen	Kollektive - Grafik - Fenster schließen

Auswahlfelder:

Auswahlfeld	Wert	Bedeutung
Abszisse/Ordinate logarithmisch	Ein	logarithmische Teilung von Abszisse/Ordinate
	Aus	lineare Teilung von Abszisse/Ordinate

Schaltfeld:

Wert	Bedeutung
Beanspruchungskollektiv	Darstellung Beanspruchungskollektiv
Amplitudenkollektiv	Darstellung Amplitudenkollektiv
Verteilungsfunktionen	Darstellung Verteilungsfunktionen

Buttons:

Button	Tastaturkürzel	Aktion
Schließen	Alt+S	Kollektive - Grafik - Fenster schließen
Hilfe	Alt+H	Hilfe Kollektive - Grafik - Fenster aufrufen

7.3.3 Nennspannungskonzept

Zeitfestigkeitsgerade - Dialog

Das *Zeitfestigkeitsgerade - Dialogfenster* dient zum Berechnen der den Zeitfestigkeitsbereich der Wöhlerlinie beschreibenden Konstanten, der Dauerfestigkeit (falls Grenzschwingspielzahl eingegeben) sowie von Bruchschwingspielzahlen (Zwischenergebnis) in Abhängigkeit von der Überlebenswahrscheinlichkeit aus Versuchsergebnissen nach den im Abschnitt "Bestimmung der Zeitfestigkeitsgerade" beschriebenen Beziehungen. Der Wöhlerlinienexponent m kann dabei berechnet bzw. vorgegeben werden, es können bis zu 4 Überlebenswahrscheinlichkeiten angegeben werden. Es besteht die Möglichkeit zum Laden, Löschen und Speichern von Eingabedaten, zum Speichern der Ergebnisse sowie zum Protokollieren von Eingabedaten und Ergebnissen. Das Öffnen des *Zeitfestigkeitsgerade - Dialogfensters* erfolgt aus dem Hauptfenster mit dem Menübefehl **Nennspannungskonzept - Wöhlerlinien - Zeitfestigkeitsgerade...**.

Bereich Eingabe:

Eingabefelder:

Eingabefeld	Bedeutung	Einheit	Typ	Bereich
Anzahl Horizonte i	Anzahl Horizonte	-	ganze Zahl	0 bis 32
Anzahl Versuche j	Anzahl Versuche	-	ganze Zahl	0 bis 32
$P_{ü1}$ [%]	Überlebenswahrscheinlichkeit	%	reelle Zahl	0 bis 100
$P_{ü2}$ [%]	Überlebenswahrscheinlichkeit	%	reelle Zahl	0 bis 100
$P_{ü3}$ [%]	Überlebenswahrscheinlichkeit	%	reelle Zahl	0 bis 100
$P_{ü4}$ [%]	Überlebenswahrscheinlichkeit	%	reelle Zahl	0 bis 100
N_D	Grenzschwingspielzahl	-	ganze Zahl	0 bis 2000000000
m	Wöhlerlinienexponent (m vorgegeben)	-	reelle Zahl	0 bis 100000

7.3 Programmbedienung

Bemerkung:

Die Eingabe des Wöhlerlinienexponenten m ist nur möglich, wenn das Schaltfeld **m berechnen** aktiviert ist.

Schaltfelder:

Schaltfeld	Wert	Bedeutung
m	**m berechnen**	Wöhlerlinienexponent m berechnen
	m vorgeben	Wöhlerlinienexponent m in Eingabefeld vorgeben

Tabelle Spannung/Bruchschwingspielzahlen:

Zeilen	Bedeutung	Einheit	Typ	Bereich
[N/mm²]	Spannung Horizont i	N/mm²	reelle Zahl	0 bis 10000
2 bis j + 1	Bruchschwingspielzahl für Versuch j auf Horizont i	-	ganze Zahl	0 bis 2000000000

Buttons:

Button	Tastaturkürzel	Aktion
Laden	Alt+L	Aufrufen Datei laden - Dialog
Löschen	Alt+Ö	Löschen Eingabedaten und Ergebnisse
Speichern	Alt+I	Aufrufen Datei speichern - Dialog

Bereich Ergebnisse:

Tabelle Konstanten der Wöhlerlinie / Dauerfestigkeit:

Spalte	Bedeutung	Einheit
Pü [%]	Überlebenswahrscheinlichkeit	%
m	Wöhlerlinienexponent	-
lg K	lg K	-
[N/mm²]	Dauerfestigkeit	N/mm²

Bemerkung:

Die Dauerfestigkeit wird nur berechnet, wenn eine Grenzschwingspielzahl N_D vorgegeben wurde.

Tabelle Bruchschwingspielzahlen für Überlebenswahrscheinlichkeiten:

Spalte	Bedeutung	Einheit
Pü [%]	Überlebenswahrscheinlichkeit	%
1 bis i	Bruchschwingspielzahlen für Überlebenswahrscheinlichkeit und Horizont	-

Buttons:

Button	Tastaturkürzel	Aktion
Berechnen	Alt+B	Berechnen
Grafik	Alt+G	Öffnen/aktivieren Zeitfestigkeitsgerade - Grafik
Speichern	Alt+E	Aufrufen Datei speichern - Dialog
Protokoll	Alt+P	Öffnen/aktivieren Protokoll
Schließen	Alt+S	Zeitfestigkeitsgerade - Dialogfenster schließen
Hilfe	Alt+H	Hilfe Zeitfestigkeitsgerade - Dialogfenster aufrufen

Zeitfestigkeitsgerade - Grafik

Das *Zeitfestigkeitsgerade - Grafik* - Fenster dient zur grafischen Darstellung und zum Ausdrucken des im *Zeitfestigkeitsgerade - Dialogfenster* berechneten Zeitfestigkeitsbereiches der Wöhlerlinien. Der Bereich unterhalb der Dauerfestigkeit wird durch eine Wöhlerlinie mit dem Wöhlerlinienexponenten 2m-1 dargestellt (Schadensakkumulationshypothese von HAIBACH). Das Öffnen des *Zeitfestigkeitsgerade - Grafik* - Fensters erfolgt durch Betätigen des **Grafik** -Button im *Zeitfestigkeitsgerade - Dialogfenster*. Das Öffnen/Aktivieren des *Zeitfestigkeitsgerade - Grafik* - Fensters ist nur möglich, wenn vorher eine Berechnung durchgeführt wurde. Bei Schließen des *Zeitfestigkeitsgerade - Dialogfensters* wird das *Zeitfestigkeitsgerade - Grafik* - Fenster automatisch geschlossen.

Es kann zwischen logarithmischer oder linearer Einteilung von Abszisse und Ordinate gewählt werden.

Unter der Grafik wird eine Hilfe zur Gestaltung bzw. zum Drucken des Diagramms angezeigt. Das Diagramm wird in dem Maßstab/Zustand ausgedruckt, wie es auf dem Bildschirm dargestellt ist. Das Einrichten des Druckers kann entweder im *Hauptfenster* oder über den Menüpunkt **Datei - Drucker einrichten...** erfolgen.

7.3 Programmbedienung

Menü:

Menübefehl	Aktion
Datei - Drucker einrichten...	Drucker einrichten- Dialog aufrufen
Datei - Schließen	Zeitfestigkeitsgerade - Grafik - Fenster schließen

Auswahlfelder:

Auswahlfeld	Wert	Bedeutung
Ordinate logarithmisch	Ein	logarithmische Teilung der Ordinate
	Aus	lineare Teilung der Ordinate
Abszisse logarithmisch	Ein	logarithmische Teilung der Abszisse
	Aus	lineare Teilung der Abszisse

Buttons:

Button	Tastaturkürzel	Aktion
Schließen	Alt+S	Zeitfestigkeitsgerade - Grafik - Fenster schließen
Hilfe	Alt+H	Hilfe Zeitfestigkeitsgerade - Grafik - Fenster aufrufen

Treppenstufenverfahren - Dialog

Das *Treppenstufenverfahren - Dialogfenster* dient zur näherungsweisen Berechnung von Dauerfestigkeit und Grenzschwingspielzahl (falls Wöhlerlinie eingegeben) aus Versuchsergebnissen nach den im Abschnitt „Treppenstufenverfahren" beschriebenen Beziehungen. Es können bis zu 4 Wöhlerlinien in Abhängigkeit von der Überlebenswahrscheinlichkeit angegeben werden. Es besteht die Möglichkeit zum Laden, Löschen und Speichern von Eingabedaten sowie zum Protokollieren von Eingabedaten und Ergebnissen. Die Ergebnisse werden in Abhängigkeit von der Überlebenswahrscheinlichkeit für die Schadensakkumulationshypothese von HAIBACH grafisch dargestellt, wobei zwischen logarithmischer oder linearer Einteilung der Ordinate gewählt werden kann.

Unterhalb der grafischen Ergebnisdarstellung wird eine Hilfe zur Gestaltung bzw. zum Drucken angezeigt. Das Diagramm wird in dem Maßstab/Zustand ausgedruckt, wie es auf dem Bildschirm dargestellt ist, das Einrichten des Druckers erfolgt im *Hauptfenster*.

Das Öffnen des *Treppenstufenverfahren - Dialogfensters* erfolgt aus dem Hauptfenster mit dem Menübefehl **Nennspannungskonzept - Wöhlerlinien - Dauerfestigkeit - Treppenstufenverfahren...**

Bereich Versuche:

Eingabefelder:

Eingabefeld	Bedeutung	Einheit	Typ	Bereich
Anzahl Horizonte	Anzahl Horizonte	-	ganze Zahl	0 bis 32

Tabelle:

Spalten	Bedeutung	Einheit	Typ	Bereich
Horizont	Horizont	-	ganze Zahl	0 bis 32
X [N/mm²]	Spannung	N/mm²	reelle Zahl	0 bis 10000
Brüche	Anzahl Brüche	-	ganze Zahl	0 bis 1000000
Durchläufer	Anzahl Durchläufer (Nicht- Brüche)	-	ganze Zahl	0 bis 1000000

Bemerkung:

Nach Eingabe der Spannungen von Horizont 1 und 2 werden alle übrigen Spannungen automatisch vorgegeben.

Buttons:

Button	Tastaturkürzel	Aktion
Laden	Alt+L	Aufrufen Datei laden - Dialog
Löschen	Alt+Ö	Löschen Versuche und Ergebnisse
Speichern	Alt+I	Aufrufen Datei speichern - Dialog

Bereich Wöhlerlinien:

Tabelle Konstanten der Wöhlerlinie:

Spalten	Bedeutung	Einheit	Typ	Bereich
Pü [%]	Überlebenswahrscheinlichkeit	%	reelle Zahl	0 bis 100
m	m	-	reelle Zahl	0 bis 100000
lg K	lg K	-	reelle Zahl	0 bis 38

7.3 Programmbedienung

Buttons:

Button	Tastaturkürzel	Aktion
Laden	Alt+D	Aufrufen Datei laden - Dialog
Löschen	Alt+C	Löschen Wöhlerlinien und Ergebnisse
Speichern	Alt+R	Aufrufen Datei speichern - Dialog

Bereich Ergebnisse:

Tabelle:

Spalten	Bedeutung	Einheit
Pü [%]	Überlebenswahrscheinlichkeit	%
X [N/mm²]	Dauerfestigkeit	N/mm²
N Grenz	Grenzschwingspielzahl	-

Bemerkung:

Die Berechnung von Grenzschwingspielzahlen erfolgt nur, wenn Wöhlerlinien (beschrieben durch m **und** lg K) eingegeben wurden. Wurde keine Überlebenswahrscheinlichkeit angegeben, so erfolgt die Berechnung und Darstellung des Mittelwertes ($P_{Ü} = 50\ \%$).

Auswahlfelder:

Auswahlfeld	Wert	Bedeutung
log. Ordinate	Ein	logarithmische Teilung der Ordinate
	Aus	lineare Teilung der Ordinate
log. Abszisse	Ein	logarithmische Teilung der Abszisse
	Aus	lineare Teilung der Abszisse

Bemerkung:

Es können nur Wöhlerlinien dargestellt werden, wenn eine Überlebenswahrscheinlichkeit angegeben wurde.

Buttons:

Button	Tastaturkürzel	Aktion
Berechnen	Alt+B	Berechnen
Protokoll	Alt+P	Öffnen/aktivieren Protokoll
Schließen	Alt+S	Treppenstufenverfahren - Dialogfenster schließen
Hilfe	Alt+H	Hilfe Treppenstufenverfahren - Dialogfenster aufrufen

Locativerfahren - Dialog

Das *Locativerfahren - Dialogfenster* dient zur näherungsweisen Berechnung der Dauerfestigkeit mit nur einer Versuchsprobe bei bekanntem Wöhlerlinienexponenten m nach den im Abschnitt „Locativerfahren" beschriebenen Beziehungen. Es besteht die Möglichkeit zum Laden, Löschen und Speichern von Eingabedaten sowie zum Protokollieren von Eingabedaten und Ergebnissen. Die Ergebnisse werden in Abhängigkeit von der Schadensakkumulationshypothese (MINER, HAIBACH, CORTEN/DOLAN) grafisch dargestellt, wobei zwischen logarithmischer oder linearer Einteilung von Ordinate und Abszisse gewählt werden kann.

Unterhalb der grafischen Ergebnisdarstellung wird eine Hilfe zur Gestaltung bzw. zum Drucken angezeigt. Das Diagramm wird in dem Maßstab/Zustand ausgedruckt, wie es auf dem Bildschirm dargestellt ist, das Einrichten des Druckers erfolgt im *Hauptfenster*.

Das Öffnen des *Locativerfahren - Dialogfensters* erfolgt aus dem Hauptfenster mit dem Menübefehl **Nennspannungskonzept** - **Wöhlerlinien** - **Dauerfestigkeit** - **Locativerfahren...**.

Bereich Eingabe:

Eingabefelder:

Eingabefeld	Bedeutung	Einheit	Typ	Bereich
N_D	Grenzschwingspielzahl	-	ganze Zahl	0 bis 2000000000
σ_D	geschätzte Dauerfestigkeit	N/mm²	reelle Zahl	0,0001 bis 10000
m	Wöhlerlinienexponent	-	reelle Zahl	0 bis 100000
S	Schädigungssumme	-	reelle Zahl	0 bis 100
Anzahl Horizonte	Anzahl Horizonte	-	ganze Zahl	0 bis 32

7.3 Programmbedienung

Tabelle:

Spalten	Bedeutung	Einheit	Typ	Bereich
Horizont	Horizont	-	ganze Zahl	0 bis 32
X [N/mm²]	Spannung	N/mm²	reelle Zahl	0 bis 10000
n	Schwingspiele	-	ganze Zahl	0 bis 1000000

Bemerkung:

Die Horizonte können sowohl mit der kleinsten als auch mit der größten Spannung beginnend eingegeben werden. Wird mit der kleinsten Spannung beginnend eingegeben, so werden nach Eingabe von Horizont 1 und 2 alle übrigen Spannungen und mit Ausnahme der letzten alle Schwingspielzahlen automatisch aktualisiert. Wird mit der größten Spannung beginnend eingegeben, so werden nach Eingabe von Horizont 1 und 2 alle übrigen Spannungen automatisch aktualisiert.

Buttons:

Button	Tastaturkürzel	Aktion
Laden	Alt+L	Aufrufen Datei laden - Dialog
Löschen	Alt+Ö	Löschen Eingabe und Ergebnisse
Speichern	Alt+I	Aufrufen Datei speichern - Dialog

Bereich Ergebnisse:

Tabelle Dauerfestigkeit:

Spalte	Bedeutung	Einheit
0	Schadensakkumulationshypothese	-
[N/mm²]	Dauerfestigkeit	N/mm²

Auswahlfelder:

Auswahlfeld	Wert	Bedeutung
Ordinate logarithmisch	Ein	logarithmische Teilung der Ordinate
	Aus	lineare Teilung der Ordinate
Abszisse logarithmisch	Ein	logarithmische Teilung der Abszisse
	Aus	lineare Teilung der Abszisse

Buttons:

Button	Tastaturkürzel	Aktion
Berechnen	Alt+B	Berechnen
Protokoll	Alt+P	Öffnen/aktivieren Protokoll
Schließen	Alt+S	Locativerfahren - Dialogfenster schließen
Hilfe	Alt+H	Hilfe Locativerfahren - Dialogfenster aufrufen

Lebensdauer Nennspannungskonzept - Dialog

Das *Lebensdauer Nennspannungskonzept - Dialogfenster* dient zur Berechnung der Lebensdauer nach den im Abschnitt „Lebensdauer nach dem Nennspannungskonzept" beschriebenen Beziehungen in Abhängigkeit von Überlebenswahrscheinlichkeit und Schadensakkumulationshypothese (MINER, HAIBACH, CORTEN/DOLAN). Es besteht die Möglichkeit zum Laden, Löschen und Speichern von Eingabedaten sowie zum Protokollieren von Eingabedaten und Ergebnissen. Die Ergebnisse werden grafisch dargestellt, wobei zwischen logarithmischer oder linearer Einteilung der Ordinate gewählt werden kann.

Unterhalb der grafischen Ergebnisdarstellung wird eine Hilfe zur Gestaltung bzw. zum Drucken angezeigt. Das Diagramm wird in dem Maßstab/Zustand ausgedruckt, wie es auf dem Bildschirm dargestellt ist, das Einrichten des Druckers erfolgt im *Hauptfenster*.

Das Öffnen des *Lebensdauer Nennspannungskonzept - Dialogfensters* erfolgt aus dem Hauptfenster mit dem Menübefehl **Nennspannungskonzept - Lebensdauer...**.

Bereich Amplitudenkollektiv:

Eingabefelder:

Eingabefeld	Bedeutung	Einheit	Typ	Bereich
Anzahl Stufen	Anzahl Stufen	-	ganze Zahl	0 bis 32

Tabelle:

Spalten	Bedeutung	Einheit	Typ	Bereich
Stufe	Stufe	-	ganze Zahl	0 bis 32
Xa [N/mm²]	Spannungsamplitude Xa	N/mm²	reelle Zahl	0 bis 10000
n	Schwingspielzahl n	-	ganze Zahl	0 bis 2000000000

7.3 Programmbedienung

Bemerkung:

Nach Eingabe der Spannungen von Stufe 1 und 2 werden alle übrigen Spannungen automatisch aktualisiert.

Buttons:

Button	Tastaturkürzel	Aktion
Laden	Alt+L	Aufrufen Datei laden - Dialog
Löschen	Alt+Ö	Löschen Amplitudenkollektiv und Ergebnisse
Speichern	Alt+I	Aufrufen Datei speichern - Dialog

Bereich Wöhlerlinien:

Eingabefelder:

Eingabefeld	Bedeutung	Einheit	Typ	Bereich
N_D	Grenzschwingspielzahl	-	ganze Zahl	0 bis 100000000

Tabelle Konstanten der Wöhlerlinie / Dauerfestigkeit:

Spalten	Bedeutung	Einheit	Typ	Bereich
Pü [%]	Überlebenswahrscheinlichkeit	%	reelle Zahl	0 bis 100
m	m	-	reelle Zahl	0 bis 100000
lg K	lg K	-	reelle Zahl	0 bis 38
[N/mm²]	Dauerfestigkeit	N/mm²	reelle Zahl	0 bis 10000

Bemerkung:

Der Zeitfestigkeitsbereich einer Wöhlerlinie wird durch die Beziehung

$$\lg N = \lg K - m \lg \sigma$$

beschrieben, d.h., es genügt die Eingabe von m und lgK, m und Dauerfestigkeit oder lgK und Dauerfestigkeit für die Berechnung der Lebensdauer. Der fehlende Parameter wird automatisch berechnet. Wird keine Überlebenswahrscheinlichkeit angegeben, so erfolgt die Berechnung und Darstellung des Mittelwertes ($P_{\ddot{U}} = 50\,\%$).

Buttons:

Button	Tastaturkürzel	Aktion
🖫 La<u>d</u>en	Alt+D	Aufrufen Datei laden - Dialog
🗑 Lös<u>c</u>hen	Alt+C	Löschen Wöhlerlinien und Ergebnisse
🖬 Speiche<u>r</u>n	Alt+R	Aufrufen Datei speichern - Dialog

Bereich Ergebnisse:

Tabelle:

Spalte	Bedeutung	Einheit
Pü [%]	Überlebenswahrscheinlichkeit	%
Miner	Lebensdauer Miner	-
Haibach	Lebensdauer Haibach	-
Corten/Dolan	Lebensdauer Corten/Dolan	-

Bemerkung:

Die Berechnung erfolgt nur, wenn Amplitudenkollektiv, Wöhlerlinien (beschrieben durch m und lg K, m und Dauerfestigkeit oder lg K und Dauerfestigkeit) und Überlebenswahrscheinlichkeit eingegeben wurden. Wurde keine Überlebenswahrscheinlichkeit angegeben, so erfolgt die Berechnung und Darstellung des Mittelwertes ($P_{Ü}$ = 50 %).

Auswahlfelder:

Auswahlfeld	Wert	Bedeutung
log. <u>O</u>rdinate	Ein	logarithmische Teilung der Ordinate
	Aus	lineare Teilung der Ordinate

Schaltfeld:

Wert	Bedeutung
Pü x %	Darstellung Wöhlerlinien und Lebensdauer für Überlebenswahrscheinlichkeit x %

Bemerkung:

Es können nur Wöhlerlinien dargestellt werden, wenn eine Überlebenswahrscheinlichkeit angegeben wurde.

7.3 Programmbedienung

Buttons:

Button	Tastaturkürzel	Aktion
🖩 **B**erechnen	Alt+B	Berechnen
📋 **P**rotokoll	Alt+P	Öffnen/aktivieren Protokoll
🏛 **S**chließen	Alt+S	Treppenstufenverfahren - Dialogfenster schließen
❓ **H**ilfe	Alt+H	Hilfe Treppenstufenverfahren - Dialogfenster aufrufen

7.3.4 Kerbgrundkonzept

DWL / ZSDK - Versuchsauswertung - Dialog

Das *DWL / ZSDK - Versuchsauswertung - Dialogfenster* dient zur Berechnung der Mittelwerte ($P_{Ü}$ = 50 %) der Konstanten der Dehnungswöhlerlinie (DWL) und zyklischen Spannungs- Dehnungs- Kurve (ZSDK) aus Versuchsergebnissen nach den im Abschnitt „Dehnungswöhlerlinie / Zyklische Spannungs-Dehnungs-Kurve" beschriebenen Beziehungen. Es besteht die Möglichkeit zum Laden, Löschen und Speichern von Eingabedaten, zum Speichern der Ergebnisse sowie zum Protokollieren von Eingabedaten und Ergebnissen. Die Ergebnisse werden grafisch dargestellt, wobei zwischen DWL oder ZSDK gewählt werden kann.

Unterhalb der grafischen Ergebnisdarstellung wird eine Hilfe zur Gestaltung bzw. zum Drucken angezeigt. Das Diagramm wird in dem Maßstab/Zustand ausgedruckt, wie es auf dem Bildschirm dargestellt ist, das Einrichten des Druckers erfolgt im *Hauptfenster*.

Das Öffnen des *DWL / ZSDK - Versuchsauswertung - Dialogfensters* erfolgt aus dem Hauptfenster mit dem Menübefehl **Kerbgrundkonzept** - **DWL / ZSDK -Versuchsauswertung…**.

Bereich Versuche:

Eingabefelder:

Eingabefeld	Bedeutung	Einheit	Typ	Bereich
E-Modul [N/mm²]	E-Modul	N/mm²	reelle Zahl	0 bis 1000000000
Anzahl Versuche i	Anzahl Versuche	-	ganze Zahl	0 bis 32

Tabelle:

Spalten	Bedeutung	Einheit	Typ	Bereich
i	Versuch i	-	ganze Zahl	0 bis 32
eps a e[i]	elastische Dehnungsamplitude	-	reelle Zahl	-1 bis 10
eps a p[i]	plastische Dehnungsamplitude	-	reelle Zahl	-1 bis 10
N[i]	Anrißschwingspielzahl	-	ganze Zahl	0 bis 2000000000

Buttons:

Button	Tastaturkürzel	Aktion
Laden	Alt+L	Aufrufen Datei laden - Dialog
Löschen	Alt+Ö	Löschen Versuche und Ergebnisse
Speichern	Alt+I	Aufrufen Datei speichern - Dialog

Bereich Ergebnisse:

Tabelle DWL:

Spalte	Bedeutung	Einheit
b	b	-
S_f´ [N/mm²]	σ'_f	N/mm²
c	c	-
eps_f´	ε'_f	-

Tabelle ZSD - Kurve:

Spalte	Bedeutung	Einheit
n´	n´	-
K´ [N/mm²]	K´	N/mm²

Bemerkung:

Es erfolgt die Berechnung, Darstellung und Speicherung der Mittelwerte ($P_{\ddot{U}}$ = 50 %) von DWL und ZSDK.

7.3 Programmbedienung

Schaltfelder:

Schaltfeld	Wert	Bedeutung
Diagramm	**DWL**	Darstellung DWL
	ZSDK	Darstellung ZSDK

Buttons:

Button	Tastaturkürzel	Aktion
Berechnen	Alt+B	Berechnen
Speichern	Alt+E	Aufrufen Datei speichern - Dialog
Protokoll	Alt+P	Öffnen/aktivieren Protokoll
Schließen	Alt+S	DWL / ZSDK - Versuchsauswertung - Dialogfenster schließen
Hilfe	Alt+H	Hilfe DWL / ZSDK - Versuchsauswertung - Dialogfenster aufrufen

DWL / ZSDK - Statistische Auswertung - Dialog

Das *DWL / ZSDK - Statistische Auswertung - Dialogfenster* dient zum Berechnen der Konstanten der Dehnungswöhlerlinie (DWL) und zyklischen Spannungs-Dehnungs-Kurve (ZSDK) in Abhängigkeit von der Überlebenswahrscheinlichkeit aus Versuchsergebnissen verschiedener Versuchsreihen eines Werkstoffes nach den im Abschnitt „DWL / ZSDK - Statistische Auswertung" beschriebenen Beziehungen. Für 3 Anrißschwingspielzahlen können die elastischen und plastischen Dehnungsanteile oder die Konstanten der DWL der Versuchsreihen eingegeben werden, es können bis zu 4 Überlebenswahrscheinlichkeiten gewählt werden. Es besteht die Möglichkeit zum Laden, Löschen und Speichern von Eingabedaten, zum Speichern der Ergebnisse sowie zum Protokollieren von Eingabedaten und Ergebnissen.

Das Öffnen des *DWL / ZSDK - Statistische Auswertung - Dialogfensters* erfolgt aus dem Hauptfenster mit dem Menübefehl **Kerbgrundkonzept - DWL / ZSDK - Statistische Auswertung...**.

Bereich Eingabe:

Schaltfelder:

Schaltfeld	Wert	Bedeutung
Eingabe	**Dehnungsanteile**	Eingabe Dehnungsanteile
	Dehnungswöhlerlinien	Eingabe Konstanten der Dehnungswöhlerlinien

Eingabefelder:

Eingabefeld	Bedeutung	Einheit	Typ	Bereich
E-Modul [N/mm²]	E-Modul	N/mm²	reelle Zahl	0 bis 1000000000
Anzahl Versuche i	Anzahl Versuche	-	ganze Zahl	0 bis 32
$P_{ü1}$ [%]	Überlebenswahrscheinlichkeit	%	reelle Zahl	0 bis 100
$P_{ü2}$ [%]	Überlebenswahrscheinlichkeit	%	reelle Zahl	0 bis 100
$P_{ü3}$ [%]	Überlebenswahrscheinlichkeit	%	reelle Zahl	0 bis 100
$P_{ü4}$ [%]	Überlebenswahrscheinlichkeit	%	reelle Zahl	0 bis 100
N_1	Anrißschwingspielzahl	-	ganze Zahl	0 bis 2000000000
N_2	Anrißschwingspielzahl	-	ganze Zahl	0 bis 2000000000
N_3	Anrißschwingspielzahl	-	ganze Zahl	0 bis 2000000000

Tabelle für Eingabe Dehnungsanteile:

Spalten	Bedeutung	Einheit	Typ	Bereich
Versuch i	Versuch i	-	ganze Zahl	0 bis 32
eps_e N1	elastischer Dehnungsanteil für N1	-	reelle Zahl	0 bis 10
eps_e N2	elastischer Dehnungsanteil für N2	-	reelle Zahl	0 bis 10
eps_e N3	elastischer Dehnungsanteil für N3	-	reelle Zahl	0 bis 10
eps_p N1	plastischer Dehnungsanteil für N1	-	reelle Zahl	0 bis 10
eps_p N2	plastischer Dehnungsanteil für N2	-	reelle Zahl	0 bis 10
eps_p N3	plastischer Dehnungsanteil für N3	-	reelle Zahl	0 bis 10

Tabelle für Eingabe Dehnungswöhlerlinien:

Spalten	Bedeutung	Einheit	Typ	Bereich
Versuch i	Versuch i	-	ganze Zahl	0 bis 32
b	b	-	reelle Zahl	-1 bis 0
S_f´ [N/mm²]	σ'_f	-	reelle Zahl	0 bis 10000
c	c	-	reelle Zahl	-1 bis 0
eps_f´	ε'_f	-	reelle Zahl	0 bis 10

7.3 Programmbedienung

Buttons:

Button	Tastaturkürzel	Aktion
Laden	Alt+L	Aufrufen Datei laden - Dialog
Löschen	Alt+Ö	Löschen Eingabedaten und Ergebnisse
Speichern	Alt+I	Aufrufen Datei speichern - Dialog

Bereich Ergebnisse:

Tabelle DWL und ZSDK:

Spalte	Bedeutung	Einheit
Pü [%]	Überlebenswahrscheinlichkeit	%
b	b	-
S_f´ [N/mm²]	σ_f'	N/mm²
c	c	-
eps_f´	ε_f'	-
n´	n´	-
K´ [N/mm²]	K´	N/mm²

Buttons:

Button	Tastaturkürzel	Aktion
Berechnen	Alt+B	Berechnen
Grafik	Alt+G	Öffnen/aktivieren Statistische Auswertung - Grafik
Speichern	Alt+E	Aufrufen Datei speichern - Dialog
Protokoll	Alt+P	Öffnen/aktivieren Protokoll
Schließen	Alt+S	DWL / ZSDK - Statistische Auswertung - Dialogfenster schließen
Hilfe	Alt+H	Hilfe DWL / ZSDK - Statistische Auswertung - Dialogfenster aufrufen

DWL / ZSDK - Statistische Auswertung - Grafik

Das *DWL / ZSDK - Statistische Auswertung - Grafik* - Fenster dient zur grafischen Darstellung und zum Ausdrucken der im *DWL / ZSDK - Statistische Auswertung - Dialogfenster* berechneten Konstanten der Dehnungswöhlerlinie (DWL) und zyklischen Spannungs- Dehnungs- Kurve (ZSDK) in Abhängigkeit von der Überlebenswahrscheinlichkeit. Es kann zwischen Darstellung von DWL oder ZSDK gewählt werden. Das Öffnen des *DWL / ZSDK - Statistische Auswertung - Grafik-* Fensters erfolgt durch Betätigen des **Grafik** -Buttons im *DWL / ZSDK - Statistische Auswertung - Dialogfenster*. Das Öffnen/Aktivieren des *DWL / ZSDK - Statistische Auswertung - Grafik-* Fensters ist nur möglich, wenn vorher eine Berechnung durchgeführt wurde. Bei Schließen des *DWL / ZSDK - Statistische Auswertung - Dialogfensters* wird das *DWL / ZSDK - Statistische Auswertung - Grafik-* Fenster automatisch geschlossen.

Unter der Grafik wird eine Hilfe zur Gestaltung bzw. zum Drucken des Diagramms angezeigt. Das Diagramm wird in dem Maßstab/Zustand ausgedruckt, wie es auf dem Bildschirm dargestellt ist. Das Einrichten des Druckers kann entweder im *Hauptfenster* oder über den Menüpunkt **Datei - Drucker einrichten...** erfolgen.

Menü:

Menübefehl	Aktion
Datei - Drucker einrichten...	Drucker einrichten- Dialog aufrufen
Datei - Schließen	DWL / ZSDK - Statistische Auswertung - Grafik - Fenster schließen

Schaltfelder:

Schaltfeld	Wert	Bedeutung
Diagramm	**DWL**	Darstellung DWL
	ZSDK	Darstellung ZSDK
Pü	x %	Darstellung DWL und ZSDK für Überlebenswahrscheinlichkeit x %

Buttons:

Button	Tastaturkürzel	Aktion
Schließen	Alt+S	DWL / ZSDK - Statistische Auswertung - Grafik - Fenster schließen
Hilfe	Alt+H	Hilfe DWL / ZSDK - Statistische Auswertung - Grafik - Fenster aufrufen

Kerbgrundbeanspruchung - Dialog

Das *Kerbgrundbeanspruchung - Dialogfenster* dient zur iterativen Bestimmung der elastisch- plastischen Kerbgrundbeanspruchung für vorgegebene Hooke'sche Spannungen mit Hilfe der Neuber-Regel aus den Konstanten der zyklischen Spannungs-Dehnungs-Kurve (ZSDK) nach den im Abschnitt „Kerbgrundbeanspruchung" beschriebenen Beziehungen. Es besteht die Möglichkeit zum Laden, Löschen und

7.3 Programmbedienung

Speichern der Mittelwerte ($P_Ü$ = 50 %) der Konstanten der ZSDK sowie zum Protokollieren von Eingabedaten und Ergebnissen. Die Ergebnisse werden grafisch dargestellt, wobei zwischen logarithmischer oder linearer Einteilung der Achsen gewählt werden kann.

Unterhalb der grafischen Ergebnisdarstellung wird eine Hilfe zur Gestaltung bzw. zum Drucken angezeigt. Das Diagramm wird in dem Maßstab/Zustand ausgedruckt, wie es auf dem Bildschirm dargestellt ist, das Einrichten des Druckers erfolgt im *Hauptfenster*.

Das Öffnen des *Kerbgrundbeanspruchung - Dialogfensters* erfolgt aus dem Hauptfenster mit dem Menübefehl **Kerbgrundkonzept** - **Kerbgrundbeanspruchung...**.

Bereich Zyklische Spannungs-Dehnungs-Kurve:

Eingabefelder:

Eingabefeld	Bedeutung	Einheit	Typ	Bereich
n´	n´	-	reelle Zahl	0 bis 10
K´ [N/mm²]	K´	N/mm²	reelle Zahl	0 bis 10000

Buttons:

Button	Tastaturkürzel	Aktion
Laden	Alt+L	Aufrufen Datei laden - Dialog
Löschen	Alt+Ö	Löschen ZSDK
Speichern	Alt+I	Aufrufen Datei speichern - Dialog

Bemerkung:

Beim Laden werden automatisch die Mittelwerte ($P_Ü$ = 50 %) der Konstanten der ZSDK aus der zu ladenden Datei ausgewählt. Enthält die Datei keine Mittelwerte, so erscheint eine Fehlermeldung. Beim Speichern wird den zu speichernden Konstanten der ZSDK programmintern die Überlebenswahrscheinlichkeit $P_Ü$ = 50 % zugeordnet.

Bereich Eingabe HOOKE´sche Spannung:

Eingabefelder:

Eingabefeld	Bedeutung	Einheit	Typ	Bereich
E-Modul [N/mm²]	E-Modul	N/mm²	reelle Zahl	0 bis 1000000000
Anzahl	Anzahl Hooke´sche Spannungen	-	ganze Zahl	0 bis 8

Tabelle Spannungen:

Spalten	Bedeutung	Einheit	Typ	Bereich
i	i	-	ganze Zahl	0 bis 8
S_Hook [N/mm²]	Hooke'sche Spannung	N/mm²	reelle Zahl	0 bis 10000

Bereich Ergebnisse:

Tabelle Kerbgrundbeanspruchung:

Spalten	Bedeutung	Einheit
i	i	-
S_a [N/mm²]	elastisch-plastische Kerbgrundspannung	N/mm²
eps_a	elastisch-plastische Kerbgrunddehnung	-

Buttons:

Button	Tastaturkürzel	Aktion
Berechnen	Alt+B	Berechnen
Protokoll	Alt+P	Öffnen/aktivieren Protokoll
Schließen	Alt+S	Kerbgrundbeanspruchung - Dialogfenster schließen
Hilfe	Alt+H	Hilfe Kerbgrundbeanspruchung - Dialogfenster aufrufen

Auswahlfelder:

Auswahlfeld	Wert	Bedeutung
log. Achsen	Ein	logarithmische Teilung der Achsen
	Aus	lineare Teilung der Achsen

Schädigungskennwertwöhlerlinie - Dialog

Das *Schädigungskennwertwöhlerlinie - Dialogfenster* dient zur Berechnung der Schädigungskennwert-Wöhlerlinie aus den Konstanten der Dehnungswöhlerlinie (DWL) und zur iterativen Bestimmung von zu gegebenen Spannungen gehörigen Anrißschwingspielzahlen nach den im Abschnitt „Schädigungskennwert-Wöhlerlinie" beschriebenen Beziehungen. Es besteht die Möglichkeit zum Laden, Löschen und Speichern der Mittelwerte ($P_Ü$ = 50 %) der Konstanten der DWL sowie zum Protokollieren von Eingabedaten und Ergebnissen. Die Ergebnisse werden grafisch dargestellt,

7.3 Programmbedienung

wobei zwischen logarithmischer oder linearer Einteilung von Ordinate und Abszisse gewählt werden kann.

Unterhalb der grafischen Ergebnisdarstellung wird eine Hilfe zur Gestaltung bzw. zum Drucken angezeigt. Das Diagramm wird in dem Maßstab/Zustand ausgedruckt, wie es auf dem Bildschirm dargestellt ist, das Einrichten des Druckers erfolgt im *Hauptfenster*.

Das Öffnen des *Schädigungskennwertwöhlerlinie - Dialogfensters* erfolgt aus dem Hauptfenster mit dem Menübefehl **Kerbgrundkonzept - Schädigungskennwertwöhlerlinie....**

Bereich Dehnungswöhlerlinie:

Eingabefelder:

Eingabefeld	Bedeutung	Einheit	Typ	Bereich
b	b	-	reelle Zahl	-1 bis 0
S_f´[N/mm²]	σ'_f	N/mm²	reelle Zahl	0 bis 10000
c	c	-	reelle Zahl	-1 bis 0
eps_f´	ε'_f	-	reelle Zahl	0 bis 10

Buttons:

Button	Tastaturkürzel	Aktion
Laden	Alt+L	Aufrufen Datei laden - Dialog
Löschen	Alt+Ö	Löschen DWL
Speichern	Alt+I	Aufrufen Datei speichern - Dialog

Bemerkung:

Beim Laden werden automatisch die Mittelwerte ($P_{\ddot{u}}$ = 50 %) der Konstanten der DWL aus der zu ladenden Datei ausgewählt. Enthält die Datei keine Mittelwerte, so erscheint eine Fehlermeldung. Beim Speichern wird den zu speichernden Konstanten der DWL programmintern die Überlebenswahrscheinlichkeit $P_{\ddot{u}}$ = 50 % zugeordnet.

Bereich Eingabe:

Schaltfelder:

Schaltfeld	Wert	Bedeutung
Eingabe	**Spannung**	Eingabe Spannungen
	Schwingspielzahl	Eingabe Anrißschwingspielzahlen

Bemerkung:

Der Inhalt der Tabellen der Bereiche Eingabe und Ergebnisse richtet sich danach, welcher Wert im Schaltfeld **Eingabe** gewält wurde. Bei Wahl von **Spa<u>n</u>nung** werden die zu einzugebenden Spannungen gehörigen Anrißschwingspielzahlen berechnet, bei Wahl von **Sch<u>w</u>ingspielzahl** die zu einzugebenden Anrißschwingspielzahlen gehörigen Spannungen. Wird nach einer durchgeführten Berechnung der Wert des Schaltfeldes **Eingabe** verändert, so bleiben die intern gespeicherten Wertepaare erhalten. Anrißschwingspielzahlen größer 1e+9 werden nicht berücksichtigt und dargestellt.

Eingabefelder:

Eingabefeld	Bedeutung	Einheit	Typ	Bereich
E-Modul [N/mm²]	E-Modul	N/mm²	reelle Zahl	0 bis 1000000000
Anzahl	Anzahl Spannungen bzw. Anrißschwingspielzahlen	-	ganze Zahl	0 bis 8

Tabelle Spannungen:

Spalten	Bedeutung	Einheit	Typ	Bereich
i	i	-	ganze Zahl	0 bis 8
Sigma N/mm²	Spannung	N/mm²	reelle Zahl	0 bis 10000

Tabelle Anrißschwingspielzahlen:

Spalten	Bedeutung	Einheit	Typ	Bereich
i	i	-	ganze Zahl	0 bis 8
N_Anriß	Anrißschwingspielzahl	-	ganze Zahl	0 bis 2147483646

Bereich Ergebnisse:

Tabelle Anrißschwingspielzahlen:

Spalten	Bedeutung	Einheit
i	i	-
N_Anriß	Anrißschwingspielzahl	-

7.3 Programmbedienung

Tabelle Spannungen:

Spalten	Bedeutung	Einheit
i	i	-
Sigma N/mm²	Spannung	N/mm²

Buttons:

Button	Tastaturkürzel	Aktion
Berechnen	Alt+B	Berechnen
Protokoll	Alt+P	Öffnen/aktivieren Protokoll
Schließen	Alt+S	Schädigungskennwert-Wöhlerlinie - Dialogfenster schließen
Hilfe	Alt+H	Hilfe Schädigungskennwert-Wöhlerlinie - Dialogfenster aufrufen

Auswahlfelder:

Auswahlfeld	Wert	Bedeutung
log. **O**rdinate	Ein	logarithmische Teilung der Ordinate
	Aus	lineare Teilung der Ordinate
log. **A**bszisse	Ein	logarithmische Teilung der Abszisse
	Aus	lineare Teilung der Abszisse

Lebensdauer Kerbgrundkonzept - Dialog

Das *Lebensdauer Kerbgrundkonzept - Dialogfenster* dient zur Berechnung der Lebensdauer nach dem Kerbgrundkonzept nach den im Abschnitt „Lebensdauer nach dem Kerbgrundkonzept" beschriebenen Beziehungen. Es besteht die Möglichkeit zum Laden, Löschen und Speichern der Beanspruchung und der Mittelwerte ($P_{ü}$ = 50 %) der Konstanten der DWL und ZSDK sowie zum Protokollieren von Eingabedaten und Ergebnissen. Bei Eingabe der Beanspruchungsfunktion kann zwischen drei verschiedenen Darstellungsformen gewählt werden (Wechselbeanspruchung, Schwingbeanspruchung oder Korrelationstabelle). Die Berechnung des Schädigungskennwertes kann nach SMITH, WATSON und TOPPER oder BERGMANN erfolgen. Die Ergebnisse werden grafisch dargestellt, wobei zwischen logarithmischer oder linearer Einteilung der Ordinate gewählt werden kann.

Unterhalb der grafischen Ergebnisdarstellung wird eine Hilfe zur Gestaltung bzw. zum Drucken angezeigt. Das Diagramm wird in dem Maßstab/Zustand ausgedruckt, wie es auf dem Bildschirm dargestellt ist, das Einrichten des Druckers erfolgt im *Hauptfenster*.

Das Öffnen des *Lebensdauer Kerbgrundkonzept - Dialogfensters* erfolgt aus dem Hauptfenster mit dem Menübefehl **Kerbgrundkonzept - Lebensdauer...**.

Bereich Beanspruchung:

Schaltfelder:

Schaltfeld	Wert	Bedeutung
Beanspruchung	**Wechselbeanspruchung**	Eingabe Wechselbeanspruchung
	Schwingbeanspruchung	Eingabe Schwingbeanspruchung
	Korrelationstabelle	Eingabe Korrelationstabelle

Bemerkung:

Die Art der Eingabewerte des Bereiches Beanspruchung richtet sich danach, welcher Wert im Schaltfeld **Beanspruchung** gewält wurde. Bei Wahl von **Wechselbeanspruchung** werden die Hooek'schen Spannungsamplituden und Schwingspielzahlen für alle Klassen eines Amplitudenkollektivs mit der Mittelspannung 0 eingegeben. Bei Wahl von **Schwingbeanspruchung** werden die Hooke'schen Ober- und Unterspannungen und Schwingspielzahlen für alle Klassen eines Beanspruchungskollektiv der Schwingbreiten eingegeben. Bei Wahl von **Korrelationstabelle** werden die Hooke'sche Maximal- und Minimalspannung sowie eine Korrelationstabelle nach den Zählverfahren „Volle Zyklen" oder „Rain-Flow" eingegeben. Die Korrelationstabelle enthält die Häufigkeit der Schwingbreiten von der Klasse p zur Klasse n (p = 2 ... Anzahl Klassen: Nummer der Klasse mit der Lage des Maxima der Schwingbreite; n = 1 ... Anzahl Klassen -1: Nummer der Klasse mit der Lage des Minima der Schwingbreite).

Eingabefelder:

Eingabefeld	Bedeutung	Einheit	Typ	Bereich
E-Modul [N/mm²]	E-Modul	N/mm²	reelle Zahl	0 bis 1000000000
Anzahl Klassen	Anzahl Klassen	-	ganze Zahl	0 bis 32
S_H,max [N/mm²]	Hooke'sche Maximalspannung	N/mm²	reelle Zahl	-10000 bis 10000
S_H,min [N/mm²]	Hooke'sche Minimalspannung	N/mm²	reelle Zahl	-10000 bis 10000

7.3 Programmbedienung

Tabelle Wechselbeanspruchung:

Spalten	Bedeutung	Einheit	Typ	Bereich
i	Klasse	-	ganze Zahl	0 bis 32
S_aH [N/mm²]	Hooke'sche Spannungsamplitude	N/mm²	reelle Zahl	0 bis 10000
n	Schwingspielzahl	-	ganze Zahl	0 bis 2000000000

Tabelle Schwingbeanspruchung:

Spalten	Bedeutung	Einheit	Typ	Bereich
i	Klasse	-	ganze Zahl	0 bis 32
S_oH [N/mm²]	Hooke'sche Oberspannung	N/mm²	reelle Zahl	-10000 bis 10000
S_uH [N/mm²]	Hooke'sche Unterspannung	N/mm²	reelle Zahl	-10000 bis 10000
n	Schwingspielzahl	-	ganze Zahl	0 bis 2000000000

Tabelle Korrelationstabelle (Zeilen: p = 2...Anzahl Klassen; Spalten: n = 1...Anzahl Klassen - 1):

	Bedeutung	Einheit	Typ	Bereich
Zelle [p,n]	Häufigkeit h(p,n) der Schwingbreiten von der Klasse p zur Klasse n	-	ganze Zahl	0 bis 2000000000

Buttons:

Button	Tastaturkürzel	Aktion
Laden	Alt+L	Aufrufen Datei laden - Dialog
Löschen	Alt+Ö	Löschen Beanspruchung
Speichern	Alt+I	Aufrufen Datei speichern - Dialog

Bereich DWL / ZSDK:

Eingabefelder:

Eingabefeld	Bedeutung	Einheit	Typ	Bereich
b	b	-	reelle Zahl	-1 bis 0
S_f´ [N/mm²]	σ'_f	N/mm²	reelle Zahl	0 bis 10000
c	c	-	reelle Zahl	-1 bis 0
eps_f´	ε'_f	-	reelle Zahl	0 bis 10
n´	n´	-	reelle Zahl	0 bis 10
K´ [N/mm²]	K´	N/mm²	reelle Zahl	0 bis 10000

Buttons:

Button	Tastaturkürzel	Aktion
🖬 **L**aden	Alt+L	Aufrufen Datei laden - Dialog
🖼 L**ö**schen	Alt+Ö	Löschen DWL / ZSDK
🖺 Spe**i**chern	Alt+I	Aufrufen Datei speichern - Dialog

Bemerkung:

Beim Laden werden automatisch die Mittelwerte ($P_{\ddot{U}}$ = 50 %) der Konstanten der DWL / ZSDK aus der zu ladenden Datei ausgewählt. Enthält die Datei keine Mittelwerte, so erscheint eine Fehlermeldung. Beim Speichern wird den zu speichernden Konstanten der DWL/ZSDK programmintern die Überlebenswahrscheinlichkeit $P_{\ddot{U}}$ = 50 % zugeordnet.

Bereich Ergebnisse:

Schaltfelder:

Schaltfeld	Wert	Bedeutung
Schädigungs-kennwert	S**m**ith-Watson-Topper	Schädigungskennwert nach SMITH, WATSON UND TOPPER
	Ber**g**mann	Schädigungskennwert nach BERGMANN

Bemerkung:

Die Berechnung des Schädigungskennwertes nach BERGMANN ist nur für die Beanspruchungsarten **Schwi<u>n</u>gbeanspruchung** oder **<u>K</u>orrelationstabelle** möglich.

7.3 Programmbedienung

Eingabefelder:

Eingabefeld	Bedeutung	Einheit	Typ	Bereich
Zug	BERGMANN'scher Mittelspannungsfaktor für Zugbereich	-	reelle Zahl	0 bis 100
Druck	BERGMANN'scher Mittelspannungsfaktor für Druckbereich	-	reelle Zahl	0 bis 1000000
Lebensdauer	Lebensdauer	-	ganze Zahl	

Bemerkung:

Nach Veränderung des Eingabefeldes **Zug** wird im Eingabefeld **Druck** automatisch der Kehrwert des Feldes **Zug** vorgegeben. Das Ergebnisfeld **Lebensdauer** kann nicht bearbeitet werden.

Buttons:

Button	Tastaturkürzel	Aktion
Berechnen	Alt+B	Berechnen
Protokoll	Alt+P	Öffnen/aktivieren Protokoll
Schließen	Alt+S	Lebensdauer Kerbgrundkonzept - Dialogfenster schließen
Hilfe	Alt+H	Hilfe Lebensdauer Kerbgrundkonzept - Dialogfenster aufrufen

Auswahlfelder:

Auswahlfeld	Wert	Bedeutung
log. Ordinate	Ein	logarithmische Teilung der Ordinate
	Aus	lineare Teilung der Ordinate

7.3.5 Rißwachstumskonzept

Konstantenbestimmung - Versuchsauswertung - Dialog

Das *Konstantenbestimmung - Versuchsauswertung - Dialogfenster* dient Bestimmung der Konstanten C und m der Paris-Erdogan-Rißwachstumsgleichung für stabiles Rißwachstum in Abhängigkeit von einer Erwartungswahrscheinlichkeit P durch statistische Auswertung experimentell ermittelter Rißwachstumsgeschwindigkeiten verschiedener Proben nach den im Abschnitt „Bestimmung der Konstanten der Paris-Erdogan-Gleichung" beschriebenen Beziehungen. Die Konstante m kann berechnet oder vorgegeben werden. Es besteht die Möglichkeit zum Laden, Löschen und Speichern von Eingabedaten, zum Speichern der Ergebnisse sowie zum Protokollieren von Eingabedaten und Ergebnissen. Die Ergebnisse werden grafisch dargestellt, wobei zwischen logarithmischer oder linearer Einteilung der Achsen gewählt werden kann.

Unterhalb der grafischen Ergebnisdarstellung wird eine Hilfe zur Gestaltung bzw. zum Drucken angezeigt. Das Diagramm wird in dem Maßstab/Zustand ausgedruckt, wie es auf dem Bildschirm dargestellt ist, das Einrichten des Druckers erfolgt im *Hauptfenster*.

Das Öffnen des *Konstantenbestimmung - Versuchsauswertung - Dialogfensters* erfolgt aus dem Hauptfenster mit dem Menübefehl **Rißwachstumskonzept - Konstantenbestimmung - Versuchsauswertung...**.

Bereich Eingabe:

Eingabefelder:

Eingabefeld	Bedeutung	Einheit	Typ	Bereich
Anzahl Versuchsreihen i	Anzahl Versuchsreihen	-	ganze Zahl	0 bis 32
Anzahl Versuche j	Anzahl Versuche	-	ganze Zahl	0 bis 32
P_1 [%]	Erwartungswahrscheinlichkeit	%	reelle Zahl	0 bis 100
P_2 [%]	Erwartungswahrscheinlichkeit	%	reelle Zahl	0 bis 100
P_3 [%]	Erwartungswahrscheinlichkeit	%	reelle Zahl	0 bis 100
P_4 [%]	Erwartungswahrscheinlichkeit	%	reelle Zahl	0 bis 100
m	m vorgegeben	-	reelle Zahl	0 bis 100

Bemerkung:

Die Eingabe der Konstante m ist nur möglich, wenn das Schaltfeld **m berechnen** aktiviert ist.

Schaltfelder:

Schaltfeld	Wert	Bedeutung
m	**m berechnen**	m berechnen
	m vorgeben	m in Eingabefeld vorgeben

7.3 Programmbedienung

Tabelle:

Zeilen	Bedeutung	Einheit	Typ	Bereich
delta K	zyklischer Spannungsintensitätsfaktor Versuchsreihe i	-	reelle Zahl	0 bis 15000
1 bis j	Rißwachstumsgeschwindigkeit für Versuchsreihe i und Versuch j	-	reelle Zahl	0 bis 1

Buttons:

Button	Tastaturkürzel	Aktion
Laden	Alt+L	Aufrufen Datei laden - Dialog
Löschen	Alt+Ö	Löschen Versuche und Ergebnisse
Speichern	Alt+I	Aufrufen Datei speichern - Dialog

Bereich Ergebnisse:

Tabelle Konstanten der Rißwachstumsgleichung:

Spalte	Bedeutung	Einheit
P [%]	Erwartungswahrscheinlichkeit	%
m	m	-
C	C	-

Buttons:

Button	Tastaturkürzel	Aktion
Berechnen	Alt+B	Berechnen
Speichern	Alt+E	Aufrufen Datei speichern - Dialog
Protokoll	Alt+P	Öffnen/aktivieren Protokoll
Schließen	Alt+S	Konstantenbestimmung - Versuchsauswertung - Dialogfenster schließen
Hilfe	Alt+H	Hilfe Konstantenbestimmung - Versuchsauswertung - Dialogfenster aufrufen

Auswahlfelder:

Auswahlfeld	Wert	Bedeutung
log. Achsen	Ein	logarithmische Teilung der Achsen
	Aus	lineare Teilung der Achsen

Konstantenbestimmung - Statistische Auswertung - Dialog

Das *Konstantenbestimmung - Statistische Auswertung - Dialogfenster* dient zur Bestimmung der Konstanten C und m der Paris-Erdogan-Rißwachstumsgleichung für stabiles Rißwachstum in Abhängigkeit von einer Erwartungswahrscheinlichkeit P aus Versuchsergebnissen verschiedener Versuchsserien eines Werkstoffes nach den im Abschnitt „Konstanten der Paris-Erdogan-Gleichung - Statistische Auswertung" beschriebenen Beziehungen. Für 3 zyklische Spannungsintensitätsfaktoren können die Rißwachstumsgeschwindigkeiten oder die Konstanten C und m der Rißwachstumsgleichung der Versuchsserien eingegeben werden, es können bis zu 4 Erwartungswahrscheinlichkeiten gewählt werden. Es besteht die Möglichkeit zum Laden, Löschen und Speichern von Eingabedaten, zum Speichern der Ergebnisse sowie zum Protokollieren von Eingabedaten und Ergebnissen. Die Ergebnisse werden grafisch dargestellt, wobei zwischen logarithmischer oder linearer Einteilung der Achsen gewählt werden kann.

Unterhalb der grafischen Ergebnisdarstellung wird eine Hilfe zur Gestaltung bzw. zum Drucken angezeigt. Das Diagramm wird in dem Maßstab/Zustand ausgedruckt, wie es auf dem Bildschirm dargestellt ist, das Einrichten des Druckers erfolgt im *Hauptfenster*.

Das Öffnen des *Konstantenbestimmung - Statistische Auswertung - Dialogfensters* erfolgt aus dem Hauptfenster mit dem Menübefehl **Rißwachstumskonzept - Konstantenbestimmung - Statistische Auswertung...**.

Bereich Eingabe:

Schaltfelder:

Schaltfeld	Wert	Bedeutung
Eingabe	**K**onstanten	Eingabe Konstanten
	Rißwachstumsgeschwindigkeit	Eingabe Rißwachstumsgeschwindigkeiten

7.3 Programmbedienung

Eingabefelder:

Eingabefeld	Bedeutung	Einheit	Typ	Bereich
Anzahl Versuchsserien j	Anzahl Versuchsserien	-	ganze Zahl	0 bis 32
P_1 [%]	Erwartungswahrscheinlichkeit	%	reelle Zahl	0 bis 100
P_2 [%]	Erwartungswahrscheinlichkeit	%	reelle Zahl	0 bis 100
P_3 [%]	Erwartungswahrscheinlichkeit	%	reelle Zahl	0 bis 100
P_4 [%]	Erwartungswahrscheinlichkeit	%	reelle Zahl	0 bis 100
delta K_1	zyklischer Spannungsintensitätsfaktor 1	-	reelle Zahl	0 bis 15000
delta K_2	zyklischer Spannungsintensitätsfaktor 2	-	reelle Zahl	0 bis 15000
delta K_3	zyklischer Spannungsintensitätsfaktor 3	-	reelle Zahl	0 bis 15000

Tabelle für Eingabe Konstanten:

Spalten	Bedeutung	Einheit	Typ	Bereich
Serie j	Versuchsserie j	-	ganze Zahl	0 bis 32
m	m	-	reelle Zahl	0 bis 100
C	C	-	reelle Zahl	0 bis 1

Tabelle für Eingabe Rißwachstumsgeschwindigkeiten:

Spalten	Bedeutung	Einheit	Typ	Bereich
Serie j	Versuchsserie j	-	ganze Zahl	0 bis 32
vRiss_1	Rißwachstumsgeschwindigkeiten für delta K_1	-	reelle Zahl	0 bis 1
vRiss_2	Rißwachstumsgeschwindigkeiten für delta K_2	-	reelle Zahl	0 bis 1
vRiss_3	Rißwachstumsgeschwindigkeiten für delta K_3	-	reelle Zahl	0 bis 1

Buttons:

Button	Tastaturkürzel	Aktion
Laden	Alt+L	Aufrufen Datei laden - Dialog
Löschen	Alt+Ö	Löschen Eingabedaten und Ergebnisse
Speichern	Alt+I	Aufrufen Datei speichern - Dialog

Bereich Ergebnisse:

Tabelle Konstanten der Rißwachstumsgleichung:

Spalte	Bedeutung	Einheit
P [%]	Erwartungswahrscheinlichkeit	%
m	m	-
C	C	-

Buttons:

Button	Tastaturkürzel	Aktion
Berechnen	Alt+B	Berechnen
Speichern	Alt+E	Aufrufen Datei speichern - Dialog
Protokoll	Alt+P	Öffnen/aktivieren Protokoll
Schließen	Alt+S	Konstantenbestimmung - Statistische Auswertung - Dialogfenster schließen
Hilfe	Alt+H	Hilfe Konstantenbestimmung - Statistische Auswertung - Dialogfenster aufrufen

Auswahlfelder:

Auswahlfeld	Wert	Bedeutung
log. Achsen	Ein	logarithmische Teilung der Achsen
	Aus	lineare Teilung der Achsen

Rißwachstumsdialog

Das *Rißwachstumsdialogfenster* dient zur Berechnung der Rißwachstums nach den im Abschnitt *„Rißwachstumsberechnung"* beschriebenen Beziehungen. Es besteht die Möglichkeit zum Laden, Löschen und Speichern der Eingabedaten sowie zum Protokollieren von Eingabedaten und Ergebnissen. Bei Eingabe der Beanspruchung kann zwischen drei verschiedenen Darstellungsformen gewählt werden (konstante Schwing-

7.3 Programmbedienung

breite, Schwingbeanspruchung oder Korrelationstabelle). Es kann zwischen 3 zu integrierenden Rißwachstumsgleichungen gewählt werden, wobei der Einfluß von Spannungsverhältnis und Probenform berücksichtigt wird. Die Konstanten der Rißwachstumsgleichung können für bis zu 4 Erwartungswahrscheinlichkeiten angegeben werden. Dabei ist zu beachten, daß die Berechnung jeweils nur für eine Erwartungswahrscheinlichkeit durchgeführt werden kann und daß die dafür vorgesehenen Konstanten markiert werden müssen. Die Integration der gewählten Rißwachstumsgleichung kann über die gesamte Rißlänge oder schwingspielweise erfolgen. Für schwingspielweise Integration und veränderliche Schwingbreite der Spannung (Schwingbeanspruchung oder Korrelationstabelle) können verschiedene Abbruchkriterien festgelegt werden. Sowohl für Integration über die gesamte Rißlänge als auch für schwingspielweise Integration werden verschiedene Integrations- bzw. Einschrittverfahren angeboten. Nach Start der schwingspielweisen Integration wird der aktuelle Rißfortschritt im Bereich **Ergebnisse** angezeigt, bei u. U. zeitintensiven Berechnungen kann die laufende Integration abgebrochen werden.

Das Öffnen des *Rißwachstumsdialogfensters* erfolgt aus dem Hauptfenster mit dem Menübefehl **Rißwachstumskonzept - Rißwachstum...**.

Bereich Beanspruchung:

Schaltfelder:

Schaltfeld	Wert	Bedeutung
Bean-spruchung	**konstante Schwingbreite**	Eingabe konstante Schwingbreite
	Schwing - Effektiv	Eingabe Schwingbeanspruchung - Integration mit effektiver Schwingbreite
	Schwing - Reihenfolge	Eingabe Schwingbeanspruchung - Integration mit Schwingbreite für jedes Schwingspiel einzeln
	Korrelationstab. Effektiv	Eingabe Korrelationstabelle - Integration mit effektiver Schwingbreite

Bemerkung:

Die Wahl von **Schwing - Effektiv** oder **Schwing - Reihenfolge** beeinflußt nicht die Eingabe der Beanspruchung, sondern bestimmt, ob die Integration mit effektiver Schwingbreite oder mit Schwingbreite für jedes Schwingspiel einzeln ausgeführt werden soll. Für Korrelationstabellen ist nur die Integration mit effektiver Schwingbreite möglich. Die Art der Eingabewerte des Bereiches Beanspruchung richtet sich danach, welcher Wert im Schaltfeld **Beanspruchung** gewält wurde. Bei Wahl von **konstante Schwingbreite** werden die Ober- und Unterspannungen einer konstanten Schwingbeanspruchung eingegeben. Bei Wahl von **Schwing - Effektiv** und **Schwing - Rei-**

henfolge werden die Ober- und Unterspannungen und Schwingspielzahlen für alle Klassen des Beanspruchungskollektivs eingegeben. Bei Wahl von **Korrelationstab. Effektiv** werden die Maximal- und Minimalspannung an Klassengrenze k und l sowie eine Korrelationstabelle nach den Zählverfahren "Volle Zyklen" oder "Rain-Flow" eingegeben. Die Korrelationstabelle enthält die Häufigkeit der Schwingbreiten von der Klasse p zur Klasse n (p = 2... Anzahl Klassen: Nummer der Klasse mit der Lage des Maxima der Schwingbreite; n = 1... Anzahl Klassen -1: Nummer der Klasse mit der Lage des Minima der Schwingbreite).

Eingabefelder:

Eingabefeld	Bedeutung	Einheit	Typ	Bereich
S_o [N/mm²]	Oberspannung für konstante Schwingbreite	N/mm²	reelle Zahl	-10000 bis 10000
S_u [N/mm²]	Unterspannung für konstante Schwingbreite	N/mm²	reelle Zahl	-10000 bis 10000
Anz. Klassen	Anzahl Klassen	-	ganze Zahl	0 bis 32
S_max [N/mm²]	maximale Spannung an Klassengrenze Klasse k	N/mm²	reelle Zahl	-10000 bis 10000
S_min [N/mm²]	minimale Spannung an Klassengrenze Klasse 1	N/mm²	reelle Zahl	-10000 bis 10000

Tabelle Schwingbeanspruchung:

Spalten	Bedeutung	Einheit	Typ	Bereich
i	Klasse	-	ganze Zahl	0 bis 32
So [N/mm²]	Oberspannung Klasse i	N/mm²	reelle Zahl	-10000 bis 10000
Su [N/mm²]	Unterspannung Klasse i	N/mm²	reelle Zahl	-10000 bis 10000
n	Schwingspielzahl Klasse i	-	ganze Zahl	0 bis 2000000000

Tabelle Korrelationstabelle (Zeilen: p = 2...Anzahl Klassen; Spalten: n = 1...Anzahl Klassen - 1):

	Bedeutung	Einheit	Typ	Bereich
Zelle [p,n]	Häufigkeit h(p,n) der Schwingbreiten von der Klasse p zur Klasse n	-	ganze Zahl	0 bis 2000000000

7.3 Programmbedienung

Buttons:

Button	Tastaturkürzel	Aktion
Laden	Alt+L	Aufrufen Datei laden - Dialog
Löschen	Alt+Ö	Löschen Beanspruchung
Speichern	Alt+I	Aufrufen Datei speichern - Dialog

Bereich Geometrie:

Auswahlbox Probenform:

Auswahlfeld	Bedeutung	Probenform
CC	Zugprobe mit Mittenriß	CC: F—[W □2a]—F
DEN	Zugprobe mit zwei Seitenrissen	DEN: F—[W a/a]—F
SENT	Zugprobe mit einem Seitenriß	SENT: F—[W a]—F
NR	Zugprobe mit Umfangsriß (Rundstab)	NR: F—[D a/a]—F
SENB 4	Biegeprobe (Querkraft) mit Randriß (Probenlänge = 4 * Probenbreite)	SENB 4, F, W, a, L=4W
SENB 8	Biegeprobe (Querkraft) mit Randriß (Probenlänge = 8 * Probenbreite)	SENB 8, F, W, a, L=8W
SENB	Biegeprobe (reine Biegung) mit Randriß	SENB: M([W a])M

CT	Kompakt- Zugprobe	CT ⊢ 1,25 W ⊣ F_a 1,2 W $\lfloor F \quad W$
freie Geometriefunktion	Y = f(a,W)	

Bemerkung:

Bei Wahl des Feldes **NR** wird in das Eingabefeld **Probenbreite** der **Probendurchmesser** eingegeben, da es sich um einen Rundstab handelt. Bei Eingabe von Probenbreite bzw. Probendurchmesser und Anrißlänge sind die Angaben in den Skizzen für die Probenform zu beachten. Die Konstanten der freien Geometriefunktion (siehe Abschnitt *Rißwachstumsberechnung*) können nur bei Wahl des Feldes **freie Geometriefunktion** eingegeben werden.

Eingabefelder:

Eingabefeld	Bedeutung	Einheit	Typ	Bereich
Probenbreite W [mm]	Probenbreite laut Skizze Probenform	mm	reelle Zahl	0 bis 10000
Anrißlänge a_0 [mm]	Anrißlänge laut Skizze Probenform	mm	reelle Zahl	0 bis Probenbreite
C_0 bis C_5	Konstanten der freien Geometriefunktion	-	reelle Zahl	-10000 bis 10000

Buttons:

Button	Tastaturkürzel	Aktion
Laden		Aufrufen Datei laden - Dialog
Löschen		Löschen Geometrie und Rißwachstumsgleichung
Speichern		Aufrufen Datei speichern - Dialog

Bemerkungen:

Das Laden, Löschen und Speichern im Bereich Geometrie betrifft sowohl die Geometrie als auch die Rißwachstumsgleichung (außer Konstanten). Die Gestaltung des *Rißwachstumsdialog*- Fensters läßt dies für den Nutzer leider nicht erkennen, war aber aus Platzgründen nicht anders zu realisieren.

7.3 Programmbedienung

Bereich Rißwachstumsgleichung:

Schaltfelder:

Schaltfeld	Wert	Bedeutung
Rißwachs-tums-gleichung	**Erweitert Paris**	Rißwachstumsgleichung Erweitert Paris
	Forman	Rißwachstumsgleichung Forman
	Erweitert Forman	Rißwachstumsgleichung Erweitert Forman

Bemerkung:

Die Art der Eingabewerte des Bereiches Rißwachstumsgleichung richtet sich danach, welcher Wert im Schaltfeld **Rißwachstumsgleichung** gewählt wurde. Bei Wahl von **Erweitert Paris** wird das Spannungsverhältnis R mit verschiedenen Lösungsansätzen der Funktion U(R) berücksichtigt. Bei Wahl von **Forman** wird der kritische zyklische Spannungsintensitätswert K_C berücksichtigt und eingegeben. Bei Wahl von **Erweitert Forman** werden sowohl der kritische zyklische Spannungsintensitätswert K_C als auch der Schwellenwert des Spannungsintensitätsfaktors ΔK_0 berücksichtigt und eingegeben.

Rißwachstumsgleichung Erweitert Paris:

Auswahlbox U (R):

Auswahlfeld	Bedeutung
1	keine Berücksichtigung des Spannungsverhältnisses R
1 + A R	$\Delta K_{eff} = U(R)\,\Delta K$; $U(R) = 1 + AR$ für $R > R_G = -0{,}6/A$
1 / (1 - B R)	$\Delta K_{eff} = U(R)\,\Delta K$; $U(R) = \dfrac{1}{1-BR}$ für $R > R_G = -1{,}5/B$
1 + A R für R >= -1; 1 / (1 - B R) für R < -1	$\Delta K_{eff} = U(R)\,\Delta K$; $\begin{cases} U(R) = 1 + AR & \text{für } R \geq -1 \\ U(R) = \dfrac{1}{1-BR} & \text{für } R < -1 \end{cases}$

Bemerkung:

$U(R) = 0{,}4$ für $R \leq R_G$ oder $\sigma_o \leq 0$. Die Möglichkeit zur Eingabe der Konstanten **A** und **B** der Funktion U (R) hängt davon ab, welches Feld der Auswahlbox gewählt wurde.

Eingabefelder:

Eingabefeld	Bedeutung	Einheit	Typ	Bereich
A	Konstante der Funktion U (R)	-	reelle Zahl	-100 bis 100
B	Konstante der Funktion U (R)	-	reelle Zahl	-100 bis 100

Rißwachstumsgleichung Forman:

Eingabefelder:

Eingabefeld	Bedeutung	Einheit	Typ	Bereich
K_c [N mm^-3/2]	kritischer zyklischer Spannungsintensitätswert K_C	N mm^-3/2	reelle Zahl	0 bis 15000

Rißwachstumsgleichung Erweitert Forman:

Eingabefelder:

Eingabefeld	Bedeutung	Einheit	Typ	Bereich
K_0 [N mm^-3/2]	Schwellenwert des Spannungsintensitätsfaktors ΔK_0	N mm^-3/2	reelle Zahl	0 bis 15000
K_c [N mm^-3/2]	kritischer zyklischer Spannungsintensitätswert K_C	N mm^-3/2	reelle Zahl	0 bis 15000

Bereich Konstanten:

Tabelle für Eingabe Konstanten:

Spalten	Bedeutung	Einheit	Typ	Bereich
P [%]	Erwartungswahrscheinlichkeit	%	reelle Zahl	0 bis 100
m	m	-	reelle Zahl	0 bis 100
C	C	-	reelle Zahl	0 bis 1

Schaltfelder:

Schaltfeld	Wert	Bedeutung
Konstanten	Zeile in Tabelle Konstanten	Zeile in Tabelle Konstanten entspricht Auswahl

7.3 Programmbedienung

Bemerkung:

Es können nur die Zeilen der Tabelle Konstanten ausgewählt werden, die gültige Werte für sowohl m als auch C enthalten. Wird keine Erwartungswahrscheinlichkeit angegeben, so wird automatisch P = 50 % gesetzt.

Buttons:

Button	Tastaturkürzel	Aktion
La*d*en	Alt+D	Aufrufen Datei laden - Dialog
Lös*c*hen	Alt+C	Löschen Konstanten
Speiche*r*n	Alt+R	Aufrufen Datei speichern - Dialog

Bereich Integration:

Schaltfelder:

Schaltfeld	Wert	Bedeutung
Integration	**über gesamte Rißlänge**	Integration über gesamte Rißlänge
	Schwingspiel*w*eise	schwingspielweise Integration

Bemerkungen:

Die Möglichkeiten zum Schalten des Schaltfeldes **Integration** hängen davon ab, welche Beanspruchungsart im Schaltfeld **Beanspruchung** gewählt wurde. Ist die Beanspruchung **Schwin*g* - Reihenfolge** ausgewählt, so kann nur schwingspielweise Integration ausgeführt werden. Je nach Wert des Schaltfeldes **Integration** können in der **Verfahren** - Auswahlbox entweder Integrationsverfahren oder Einschrittverfahren gewählt werden. Je nach Wert des Schaltfeldes **Integration** richtet sich die Möglichkeit zur Wahl verschiedener Abbruchkriterien in der **Abbruchkriterium** - Auswahlbox. Für Integration **über gesamte Rißlänge** kann nur nach Erreichen einer definierten Rißlänge abgebrochen werden, da ja über die gesamte Rißlänge integriert wird. Für **Schwingspiel*w*eise** Integration können verschiedene Abbruchkriterien gewählt werden (siehe Auswahlbox Abbruchkriterium).

Auswahlbox Verfahren:

Auswahlfeld	Bedeutung
Romberg	Integrationsverfahren von Romberg
Simpson	Integration mit Simpson-Regel
Newton- Cotes	Integration mit Newton-Cotes-3/8-Formel

Differenzenquotient	schwingspielweise Integration durch Übergang von Differenzialquotienten auf Differenzenquotienten
Euler- Cauchy	schwingspielweise Integration mit Einschrittverfahren von Euler-Cauchy
Heun	schwingspielweise Integration mit Einschrittverfahren von Heun
Runge- Kutta	schwingspielweise Integration mit Runge-Kutta-Einschrittverfahren

Bemerkungen:

Ist im Schaltfeld **Integration** der Wert **über gesamte Rißlänge** eingestellt, können in der **Verfahren** - Auswahlbox nur Integrationsverfahren gewählt werden; ist im Schaltfeld **Integration** der Wert **Schwingspielweise** eingestellt, können nur Einschrittverfahren gewählt werden. Hinweise zur Auswahl des geeigneten Verfahrens sind im Abschnitt *Rißwachstumsberechnung* enthalten.

Auswahlbox Abbruchkriterium:

Auswahlfeld	Bedeutung	Bemerkung
Erreichen definierte Rißlänge	Abbruch Integration nach Erreichen einer definierten Rißlänge	
Anzahl Schwingspiele	Abbruch Integration nach Erreichen einer definierten Anzahl von Schwingspielen	nur für **Schwingspielweise** Integration
Durchläufe Belastung	Abbruch Integration nach Erreichen einer definierten Anzahl von Belastungsdurchläufen	nur für **Schwingspielweise** Integration und Beanspruchung **Schwing - Reihenfolge**
da/dN definiert	Abbruch Integration nach Erreichen einer definierten Rißwachstumsgeschwindigkeit	nur für **Schwingspielweise** Integration
delta_K definiert	Abbruch Integration nach Erreichen eines definierten Spannungsintensitätsfaktors	nur für **Schwingspielweise** Integration

7.3 Programmbedienung

Bemerkungen:

Die in die Eingabefelder **Abbruchkriterium** einzugebenden Werte richten sich nach der Wahl in der **Auswahlbox Abbruchkriterium**.

Eingabefelder:

Eingabefeld	Bedeutung	Einheit	Typ	Bereich
Rißlänge a [mm]	Abbruchrißlänge	mm	reelle Zahl	0 bis Probenbreite
Schwingspiele N	Abbruchschwingspielzahl	-	reelle Zahl	0 bis 1000000000
Durchläufe	Durchläufe Belastung	-	reelle Zahl	0 bis 1000000000
da/dN [mm/SSp]	Abbruchrißwachstums-geschwindigkeit	mm/SSp	reelle Zahl	0 bis 1
dK [N/mm^(3/2)]	Abbruchspannungs-intensitätsfaktor	N/mm^(3/2)	reelle Zahl	-100 bis 100

Bereich Ergebnisse:

Ergebnisfelder:

Ergebnisfeld	Bedeutung	Einheit
Schwingspielzahl N	Rißschwingspielzahl	-
Rißlänge a [mm]	Rißlänge	mm
da/dN [mm/SSp]	Rißwachstumsgeschwindigkeit	mm/SSp
d_K [N/mm^(3/2)]	Spannungsintensitätsfaktor	N/mm^(3/2)

Bemerkungen:

Bei Integration **über gesamte Rißlänge** können die Ergebnisse nur für die Abbruchrißlänge angegeben werden, da in einem Schritt integriert wird und Zwischenergebnisse nicht bekannt sind. Bei **schwingspielweiser** Integration werden aktuelle Rißschwingspielzahl und Rißlänge je nach gewähltem Einschrittverfahren alle n Schwingspiele aktualisiert (**Differenzenquotient** n = 100; **Euler-Cauchy-, Heun- und Runge-Kutta-** Verfahren n = 10), Rißwachstumsgeschwindigkeit und Spannungsintensitätsfaktor werden nur für das letzte integrierte Schwingspiel angezeigt. Es wird eine Information angezeigt, für welche Erwartungswahrscheinlichkeit die Konstanten der Rißwachstumsgleichung ausgewählt wurden.

Buttons:

Button	Tastaturkürzel	Aktion
Berechnen	Alt+B	Berechnen
Abbrechen	Alt+A	Abbrechen schwingspielweise Integration
Protokoll	Alt+P	Öffnen/aktivieren Protokoll
Schließen	Alt+S	Rißwachstumsdialog schließen
Hilfe	Alt+H	Hilfe Rißwachstumsdialog aufrufen

Bemerkungen:

Nach Start der **schwingspielweisen** Integration sind alle Dialogelemente des *Rißwachstumsdialogs* bis auf den **Abbrechen**-Button gesperrt, d.h. es kann während der Berechnung nicht zu unerwünschten Fehleingaben oder Parameterverstellungen kommen. Während der u.U. zeitaufwendigen Integration kann in andere Dialogfenster des Programms *Fatigue 1.1* gewechselt oder, je nach Systemressourcen, mit anderen Programmen weitergearbeitet werden. Wird während einer laufenden Integration versucht, das Programm *Fatigue 1.1* zu beenden, so wird eine Fehlermeldung angezeigt. Zum Beenden des Programms bei laufender Integration muß zunächst die Integration durch Drücken des **Abbrechen**- Button abgebrochen werden.

7.3.6 Allgemeine Dialoge

Umgebungsdialog

Der *Umgebungsdialog* dient zum Festlegen der Verzeichnisse für vom Programm benötigte Hilfedatei und Bilder. Das Öffnen des *Umgebungsdialogs* erfolgt aus dem Hauptfenster mit dem Menübefehl **Optionen** - **Umgebung**....

Hilfedatei:

Unter **Optionen** - **Umgebung** - **Hilfedatei** muß das Verzeichnis eingestellt sein, daß die Hilfedatei des Programms enthält:

FATIGUE.HLP

Bilder:

Unter **Optionen** - **Umgebung** - **Bilder** muß das Verzeichnis eingestellt sein, daß die folgenden vom Programm verwendeten Bilder enthält:

FATIGUE.ICO

7.3 Programmbedienung

Buttons:

Button	Tastaturkürzel	Aktion
✓ **OK**	Alt+O	Einstellungen übernehmen und Fenster schließen
✗ **Abbruch**	Alt+A	Änderungen ignorieren und Fenster schließen
? **Hilfe**	Alt+H	Hilfe Umgebungsdialog aufrufen

Bemerkung:

Das *Umgebungsdialog* - Fenster kann nur mit **OK** geschlossen werden, wenn Hilfedatei und Bilder in den dafür eingestellten Verzeichnissen vom Programm gefunden werden. Andernfalls muß das *Umgebungsdialog* - Fenster mit **Abbruch** geschlossen werden.

Protokoll

Der *Protokoll - Dialog* dient zum Anzeigen und Ausdrucken von Eingabedaten und Ergebnissen aller vom Programm durchgeführten Berechnungen. Das Öffnen/Aktivieren des *Protokoll - Dialogs* erfolgt aus dem jeweiligen Dialogfenster durch Betätigen des **Protokoll**-Button. Der *Protokoll - Dialog* fungiert als Texteditor. Es werden stets die aktuellen Daten des zuletzt geöffneten Dialogfensters protokolliert, eine beliebige Manipulation (Text einfügen, löschen usw.) des automatisch angezeigten Textes ist möglich. Das Ändern von Schriftart und -größe ist nicht möglich, es kann nur der gesamte Text ausgedruckt werden. Der Text kann mit professionellen Texteditoren bzw. Textverarbeitungsprogrammen weiterverarbeitet werden.

Die Bedienung des *Protokoll- Dialogs* erfolgt mit dem Menü.

Menübefehl	Shortcut	Aktion
Datei - Neu		Neues Textdatei öffnen (leer)
Datei - Öffnen		Protokoll öffnen
Datei - Speichern		Protokoll speichern
Datei - Speichern unter...		Protokoll speichern unter
Datei - Drucken...		Öffnen Drucken - Dialog
Datei - Drucker einrichten...		Drucker einrichten
Datei - Schließen		Protokoll- Dialogfenster schließen
Bearbeiten - Ausschneiden	Strg + X	markierten Text in Zwischenablage ausschneiden

Bearbeiten - **K**opieren	Strg + C	markierten Text in Zwischenablage kopieren
Bearbeiten - **E**infügen	Strg + V	Text aus Zwischenablage einfügen
Bearbeiten - **L**öschen	Entf	markierten Text löschen
Bearbeiten - **A**lles markieren	Strg + A	gesamten Text markieren
Hilfe		Hilfe Protokoll- Dialogfenster aufrufen

Drucken - Dialog

Der *Drucken - Dialog* dient zum Ausdrucken des im Protokoll angezeigten Textes. Das Öffnen des *Drucken - Dialogs* erfolgt mit Hilfe des Menüpunktes **Datei - D**rucken... des *Protokollfensters*.

Buttons:

Button	Aktion
OK	Protokoll drucken
Abbruch	Protokoll nicht drucken
Einrichten	Drucker einrichten- Dialog aufrufen
Hilfe	Hilfe Drucken - Dialog aufrufen

Datei laden - Dialog

Mit dem *Datei laden - Dialog* wird die Auswahl der zu ladenden Datei vorgenommen. Die Auswahl von Laufwerk, Verzeichnis, Dateiname und Dateiformat ergibt einen voll qualifizierten Pfadnamen.

Das Dateiformat richtet sich nach den zu ladenden Daten, vom Programm *Fatigue 1.1* werden folgende Dateiformate verwendet:

Format	Bedeutung	Daten
*.eko	Eingabe Kollektiv	Anzahl Klassen, Anzahl Teilkollektive, Häufigkeitsverteilung der Maxima/Minima oder Momentanwerte eingegeben, relative Zeitanteile der Teilkollektive, Spannungen und Häufigkeiten für Teilkollektive und Klassen, absolute Klassenhäufigkeit, absolute Summenhäufigkeit, komplementäre Summenhäufigkeit, Summe Schwingspielzahlen Amplitudenkollektiv, relative Klassenhäufigkeit, relative Summenhäufigkeit

*.kol	Amplitudenkollektiv	Anzahl Kollektivstufen, Schwingspielzahl und Spannungsamplitude je Stufe
*.zfs	Eingabe Zeitfestigkeit	Anzahl Horizonte, Anzahl Versuche, Spannung je Horizont, Bruchschwingspielzahl je Versuch und Horizont
*.whl	Wöhlerlinien	Grenzschwingspielzahl, 4 Überlebenswahrscheinlichkeiten, Konstanten der Wöhlerlinie für 4 Überlebenswahrscheinlichkeiten
*.trp	Eingabe Treppenstufenverfahren	Anzahl Horizonte, Spannung je Horizont, Anzahl Brüche und Anzahl Nichtbrüche je Horizont
*.loc	Eingabe Locativerfahren	Grenzschwingspielzahl, Schädigungssumme, Dauerfestigkeit, Anzahl Horizonte, Spannung und Schwingspielzahl je Horizont
*.edz	Eingabe DWL / ZSDK	E-Modul, Anzahl Versuche, elastische und plastische Dehnungsamplitude sowie Schwingspielzahl je Versuch
*.dwl	DWL / ZSDK	4 Überlebenswahrscheinlichkeiten, Konstanten der DWL und ZSDK für 4 Überlebenswahrscheinlichkeiten
*.sta	DWL / ZSDK Statistik	Dehnungsanteile oder DWL eingegeben, E-Modul, Anzahl Versuchsreihen, 3 Anrißschwingspielzahlen, elastische und plastische Dehnungsanteile je Anrißschwingspielzahl und Versuchsreihe, Konstanten der DWL je Versuchsreihe
*.ebk	Eingabe Beanspruchung	eingegebene Beanspruchungsart, E-Modul, Anzahl Klassen, Ober- und Unterspannung sowie Spannungsamplitude je Klasse, Schwingspielzahl je Klasse, Maximal- und Minimalspannung, Häufigkeit der Schwingbreiten
*.ekb	Eingabe Konstantenbestimmung Versuchsauswertung	Anzahl Versuchsreihen, Anzahl Versuche, zyklischer Spannungsintensitätsfaktor je Versuchsreihe, Rißwachstumsgeschwindigkeiten je Versuchsreihe und Versuch
*.kpe	Konstanten der Paris- Erdogan- Rißwachstumsgleichung	Konstanten der Paris- Erdogan- Gleichung m und C für 4 Erwartungswahrscheinlichkeiten

*.eks	Eingabe Konstantenbestimmung Statistik	Konstanten oder Rißwachstumsgeschwindigkeiten eingegeben, Anzahl Versuchsreihen, Spannungsintensitätsfaktoren, Konstanten je Versuchsreihe bzw. Rißwachstumsgeschwindigkeiten je Versuchsreihe und Spannungsintensitätsfaktor
*.elr	Eingabe Rißwachstum	Rißwachstumsgleichung, Berücksichtigung des Spannungsverhältnisses, Konstanten der Funktion U(R), delta_Kc, delta_K0, Anrißlänge, Probenbreite, Probenform, Konstanten der freien Geometriefunktion, Integrationsmethode, Integrationsverfahren, Abbruchkriterium, Abbruchgröße
*.txt	Protokoll - Textdatei	Eingabedaten und Berechnungsergebnisse

Datei speichern - Dialog

Mit dem *Datei speichern* - Dialog wird durch Festlegen von Laufwerk, Verzeichnis, Dateiname und Dateiformat ein voll qualifizierter Pfadname für die zu speichernde Datei festgelegt.

Nach Schließen des Dialogfensters mit dem Schalter **OK** wird eine Datei im Binärformat (außer bei Protokoll - Textdatei) mit dem vorher qualifizierten Pfadnamen erzeugt. Falls der Anwender versucht, eine Datei zu speichern, die bereits vorhanden ist, wird ein Meldungsfenster angezeigt, das den Anwender darüber informiert, daß die Datei bereits existiert und dem Anwender die Wahl läßt, die Datei zu überschreiben oder nicht. Nach Schließen des Dialogfensters mit dem Schalter **Abbrechen** wird die Datei nicht gespeichert. Das zu wählende Dateiformat richtet sich nach den zu speichernden Daten (siehe Datei laden - Dialog).

Grafik

Alle im Programm *Fatigue 1.1* angezeigten Grafiken können mit Hilfe von Maus und Tastatur gestaltet und ausgedruckt werden. Das Diagramm wird stets in dem Maßstab/Zustand ausgedruckt, wie es auf dem Bildschirm dargestellt ist. Das Einrichten des Druckers erfolgt im *Hauptfenster*.

Ereignis	Aktion
Kurve aus/einblenden	mit rechter Maustaste farbigen Button klicken (nur wenn Diagramm mehrere Kurven enthält)
Vollbild ein/ausschalten	mit linker Maustaste in Diagrammrahmen klicken

7.3 Programmbedienung

Diagramm ausdrucken	mit rechter Maustaste in Diagrammkopfzeile klicken und Diagramm drucken - Dialog aufrufen
Kurve(n) schieben	mit rechter Maustaste in Diagramm klicken, Maustaste gedrückt halten und ziehen
Kurve(n) zoomen	Alt- Taste drücken und mit rechter Maustaste in Diagramm klicken, Maustaste gedrückt halten und Zoomfenster von unten links nach oben rechts aufziehen
Kurve(n) verzerren	Ctrl- Taste drücken und mit rechter Maustaste in Diagramm klicken, Maustaste gedrückt halten und ziehen
Originalmaßstab wiederherstellen	mit rechter Maustaste unterhalb X- Achse klicken

Diagramm drucken

Der *Diagramm drucken - Dialog* dient zum Festlegen von Papierausrichtung sowie Größe und Position des zu druckenden Diagramms auf dem Ausdruck. Das Diagramm wird in dem Maßstab/Zustand ausgedruckt, wie es auf dem Bildschirm dargestellt ist. Die zu erwartende Bildgröße und -position kann mit Hilfe einer Vorschau überprüft werden.

Der Aufruf des *Diagramm drucken - Dialogs* erfolgt durch klicken mit der rechten Maustaste in die Diagrammkopfzeile des gewünschten Diagramms.

Bemerkung:

Der zu benutzende Drucker muß installiert und einsatzbereit sein. Die Einrichtung des Druckers erfolgt über den Menüpunkt **Datei** - **Drucker einrichten...** des Hauptfensters.

Schaltfeld :

Wert	Bedeutung
Hochformat	Hochformat
Querformat	Querformat

Eingabefelder:

Eingabefeld	Bedeutung	Einheit	Typ	Bereich
Links	linker Rand	% Seitenbreite	ganze Zahl	0 bis 100
Oben	oberer Rand	% Seitenbreite	ganze Zahl	0 bis 100
Breite	Bildbreite	% Seitenbreite	ganze Zahl	0 bis 100
Höhe	Bildhöhe	% Seitenbreite	ganze Zahl	0 bis 100

Buttons:

Button	Aktion
✓ **OK**	Diagramm drucken
✗ **Abbruch**	Diagramm nicht drucken

8 Aufgaben

Die Lösung der Aufgaben erfolgt mit dem Programm Ermüdung. Dazu ist es erforderlich die Programmbeschreibung Fatigue 1.1 für Windows zu lesen und die Installation des Programms auszuführen. In dem Programm ist die Ermittlung der Betriebsbeanspruchung dem Nennspannungskonzept zugeordnet.

8.1 Betriebsbeanspruchung

Aufgabe 1.1: Für die Häufigkeitsverteilungen h_1 bis h_3 (Tabelle 8.1) sind mit den relativen Zeitanteilen τ_1 bis τ_3 das Beanspruchungs- und das Amplitudenkollektiv zu berechnen und darzustellen. Eine Extrapolation bei gleichem Kollektivumfang ist auszuführen.

Tabelle 8.1 Häufigkeitsverteilungen zu Aufgabe 1.1

	τ_j	$\tau_1 = 0{,}36$	$\tau_2 = 0{,}18$	$\tau_3 = 0{,}46$
i	X_m [N/mm²]	h_1	h_2	h_3
1	60	0	0	22
2	80	4	3	188
3	100	508	58	1 147
4	120	8 622	476	4 455
5	140	21 713	1 682	10 050
6	160	8 622	2 560	13 179
7	180	508	1 682	10 050
8	200	4	476	4 455
9	220	0	58	1 147
10	240	0	3	188

Lösung: Fatigue laden, Nennspannungskonzept, Beanspruchungskollektive
Eingabe: Anzahl der Klassen $i = 10$, Tab-Taste
Anzahl der Teilkollektive $j = 3$, Tab-Taste
Häufigkeitsverteilung, Momentanwerte
relative Zeitanteile, $\tau_1 = 0{,}36$, $\tau_2 = 0{,}18$, $\tau_3 = 0{,}46$
Klassenmitten X_m für $i = 1$ bis 10 eingeben
Häufigkeiten h_1 bis h_3 für $i = 1$ bis 10 eingeben
Speichern: efa1_1.eko
Berechnen: Speichern, efa1_1.kol
Protokoll: Datei, Drucken (siehe Seite 218)
Grafik: Beanspruchungskollektiv, Maus rechts - Kopfzeile, Oben = 8%, Höhe = 23%
Verteilungsfunktionen, Maus rechts-Kopfzeile, Oben = 36%, Höhe = 23%
Amplitudenkollektiv, Maus rechts-Kopfzeile, Oben = 64%, Höhe = 23%
(s.Seite 219)
Berechnen: Extrapolation, Kollektivumfang gleich,
Speichern: efa1_1e.kol

```
==================================================================
Naubereit, Weihert                             Fatigue 1.1
Einführung in die                        Programm zur Berechnung
Ermüdungsfestigkeit                      der Ermüdungsfestigkeit
Carl Hanser Verlag                              25.11.98
==================================================================

Ermittlung von Beanspruchungskollektiv, Amplitudenkollektiv und
Verteilungsfunktionen aus Häufigkeitsverteilungen

Eingabedaten: Datei "EFA1_1.EKO"
================================

relative Zeitanteile der Teilkollektive:
----------------------------------------

   Teilkollektiv j  |    1|     2|      3|
   ---------------------------------------
   rel. Zeitanteil  | 0,36|  0,18|   0,46|

Häufigkeitsverteilungen der Teilkollektive:
-------------------------------------------

     i|  Xm [N/mm²]  |   h 1|   h 2|   h 3|
     ---------------------------------------
     1|       60|        0|      0|     22|
     2|       80|        4|      3|    188|
     3|      100|      508|     58|   1147|
     4|      120|     8622|    476|   4455|
     5|      140|    21713|   1682|  10050|
     6|      160|     8622|   2560|  13179|
     7|      180|      508|   1682|  10050|
     8|      200|        4|    476|   4455|
     9|      220|        0|     58|   1147|
    10|      240|        0|      3|    188|

Ergebnisse:
===========

     | Beanspruchungskollektiv | Verteilungsfkt. | Amplitudenkollektiv |
    i|   h[i]|   H[i]|  H_q[i]|    f[i]|    F[i]|   xa[i]|  n[i]|  N[i]|
    -------------------------------------------------------------------
    1|     10|     10|   36297| 0,000276| 0,000276|  90,00|    48|    48|
    2|     88|     98|   36287| 0,002424| 0,002700|  70,00|   313|   361|
    3|    721|    819|   36199| 0,019864| 0,022564|  50,00|  1428|  1789|
    4|   5239|   6058|   35478| 0,144337| 0,166901|  30,00|  5174|  6963|
    5|  12742|  18800|   30239| 0,351048| 0,517949|  10,00| 11184| 18147|
    6|   9627|  28427|   17497| 0,265229| 0,783178|   0,00|     0|     0|
    7|   5109|  33536|    7870| 0,140755| 0,923933|   0,00|     0|     0|
    8|   2136|  35672|    2761| 0,058848| 0,982781|   0,00|     0|     0|
    9|    538|  36210|     625| 0,014822| 0,997603|   0,00|     0|     0|
   10|     87|  36297|      87| 0,002397| 0,999777|   0,00|     0|     0|

Spannung auf Klassengrenze Mittelwert: 150,00 N/mm²
```

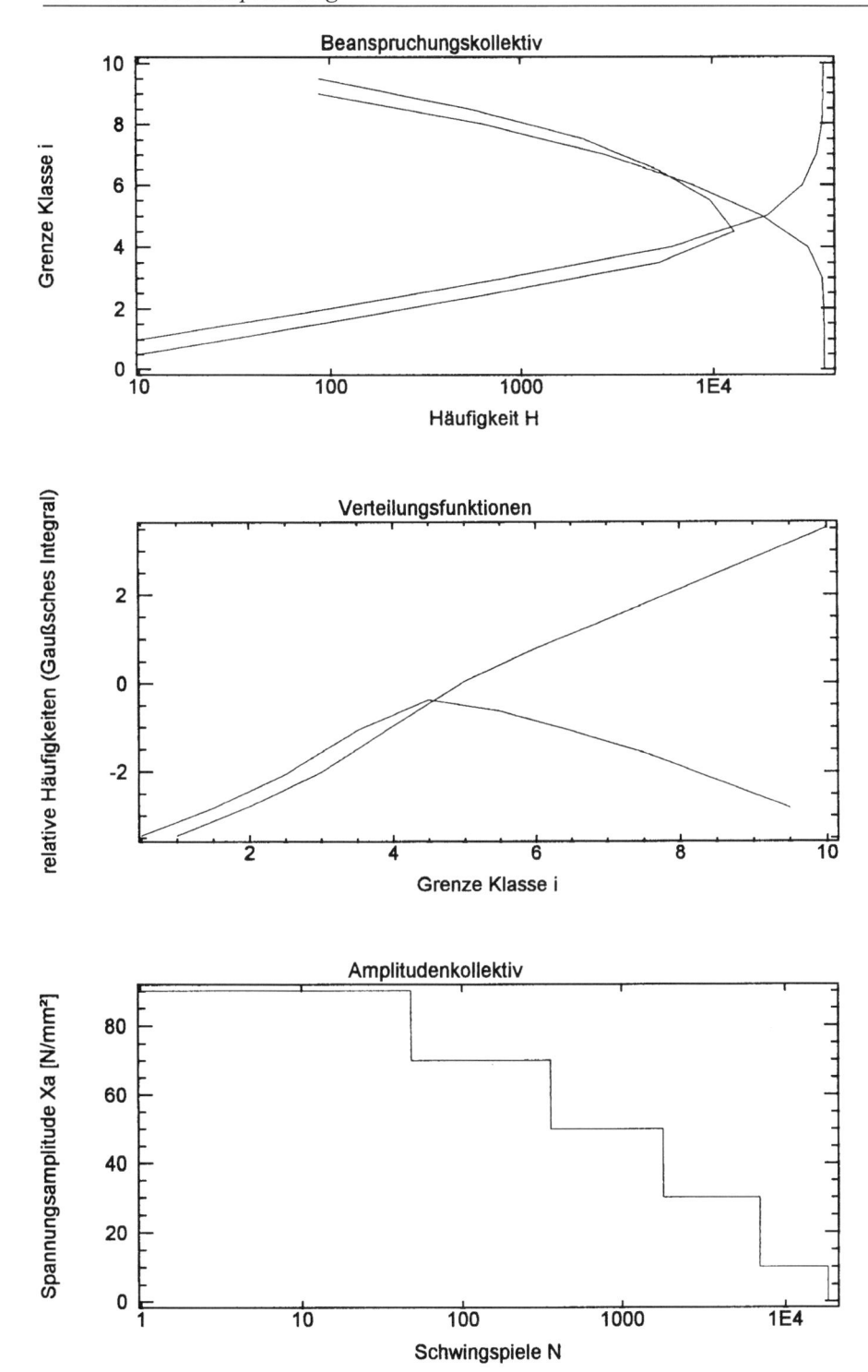

8.1 Betriebsbeanspruchung

Aufgabe 1.2: Unter Verwendung der in Tabelle 8.2 angegebenen Häufigkeitsverteilungen der Minima und Maxima sind für die relativen Zeitanteile $\tau_1 = 0{,}8$ und $\tau_2 = 0{,}2$ das Beanspruchungs- und das Amplitudenkollektiv zu berechnen und grafisch darzustellen. Eine Extrapolation bei erweitertem Kollektivumfang ist auszuführen.

Tabelle 8.2 Häufigkeitsverteilungen zu Aufgabe 1.2

i	$X_{M,i}$ [N/mm²]	$h_{1i,\min}$	$h_{1i,\max}$	$h_{2i,\min}$	$h_{2i,\max}$
1	-165	1	0	1	0
2	-135	14	1	23	0
3	-105	118	14	236	0
4	-75	537	120	1 133	7
5	-45	1 336	547	2 529	139
6	-15	1 817	1 351	2 458	961
7	15	1 351	1 817	961	2 458
8	45	547	1 336	139	2 529
9	75	120	537	7	1 133
10	105	14	118	0	236
11	135	1	14	0	23
12	165	0	1	0	1

Lösung: Fatigue laden, Nennspannungskonzept, Beanspruchungskollektive
Eingabe: Anzahl der Klassen $i = 12$, Tab-Taste
        Anzahl der Teilkollektive $j = 2$, Tab-Taste
        Häufigkeitsverteilung, Maxima/Minima
        relative Zeitanteile, $\tau_1 = 0{,}8$, $\tau_2 = 0{,}2$
        Klassenmitten X_m für $i = 1$ bis 12 eingeben
        Häufigkeiten $h_{1\min}$, $h_{1\max}$, $h_{2\min}$ und $h_{2\max}$ für $i = 1$ bis 12 eingeben
Speichern: efa1_2.eko
Berechnen: Speichern, efa1_2.kol
Protokoll: Datei, Drucken (s. Seite 221)
Grafik: Beanspruchungskollektiv, Maus rechts - Kopfzeile, Oben = 8%, Höhe = 23%
         Verteilungsfunktionen, Maus rechts-Kopfzeile, Oben = 36%, Höhe = 23%
         Amplitudenkollektiv, Maus rechts-Kopfzeile, Oben = 64%, Höhe = 23%
         (s.Seite 222)
Berechnen: Extrapolation, Kollektivumfang verändert,
Speichern: efa1_2e.kol
Protokoll: Datei, Drucken (s. Seite 223)

8.1 Betriebsbeanspruchung

```
===============================================================================
Naubereit, Weihert                                          Fatigue 1.1
Einführung in die                                    Programm zur Berechnung
Ermüdungsfestigkeit                                  der Ermüdungsfestigkeit
Carl Hanser Verlag                                             25.11.98
===============================================================================
```

Ermittlung von Beanspruchungskollektiv, Amplitudenkollektiv und
Verteilungsfunktionen aus Häufigkeitsverteilungen

Eingabedaten: Datei "EFA1_2.EKO"
===============================

relative Zeitanteile der Teilkollektive:

Teilkollektiv j	1	2
rel. Zeitanteil	0,8	0,2

Häufigkeitsverteilungen der Teilkollektive:
----

i	Xm [N/mm²]	h 1 min	h 1 max	h 2 min	h 2 max
1	-165	1	0	1	0
2	-135	14	1	23	0
3	-105	118	14	236	0
4	-75	537	120	1133	7
5	-45	1336	547	2529	139
6	-15	1817	1351	2458	961
7	15	1351	1817	961	2458
8	45	547	1336	139	2529
9	75	120	537	7	1133
10	105	14	118	0	236
11	135	1	14	0	23
12	165	0	1	0	1

Ergebnisse:
===========

	Beanspruchungskollektiv			Verteilungsfkt.		Amplitudenkollektiv		
i	h[i]	H[i]	H_q[i]	f[i]	F[i]	xa[i]	n[i]	N[i]
1	1	1	8670	0,000115	0,000115	165,00	1	1
2	16	17	8669	0,001845	0,001961	135,00	16	17
3	142	159	8653	0,016378	0,018339	105,00	142	159
4	656	815	8511	0,075663	0,094002	75,00	656	815
5	1575	2390	7855	0,181661	0,275663	45,00	1575	2390
6	1945	4335	6280	0,224337	0,500000	15,00	1945	4335
7	1945	6280	4335	0,224337	0,724337	0,00	0	0
8	1575	7855	2390	0,181661	0,905998	0,00	0	0
9	656	8511	815	0,075663	0,981661	0,00	0	0
10	142	8653	159	0,016378	0,998039	0,00	0	0
11	16	8669	17	0,001845	0,999885	0,00	0	0
12	1	8670	1	0,000115	0,999996	0,00	0	0

Spannung auf Klassengrenze Mittelwert: 0,00 N/mm²

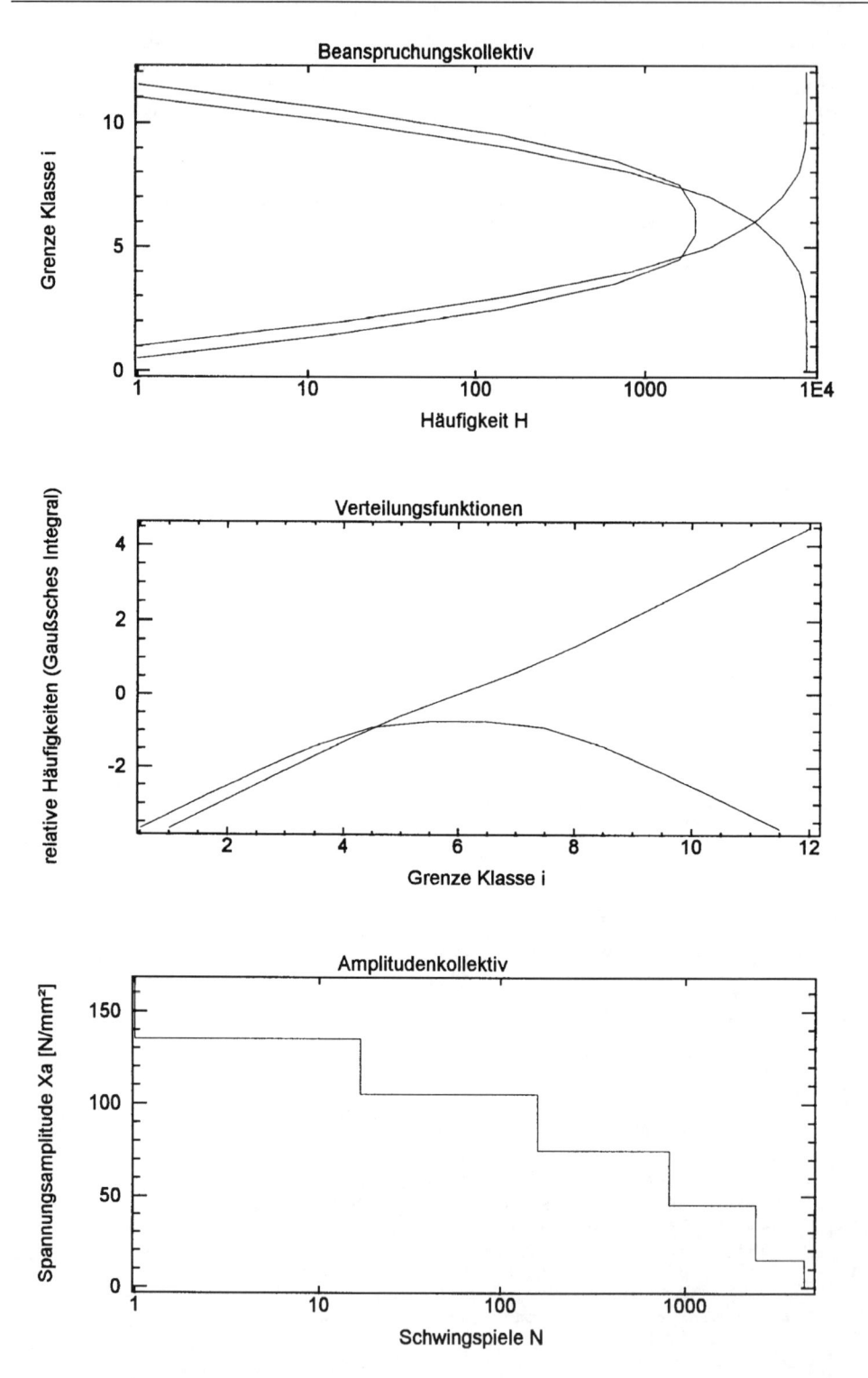

Beanspruchungskollektiv

Grenze Klasse i vs. Häufigkeit H

Verteilungsfunktionen

relative Häufigkeiten (Gaußsches Integral) vs. Grenze Klasse i

Amplitudenkollektiv

Spannungsamplitude X_a [N/mm²] vs. Schwingspiele N

8.1 Betriebsbeanspruchung

```
================================================================================
Naubereit, Weihert                                             Fatigue 1.1
Einführung in die                                       Programm zur Berechnung
Ermüdungsfestigkeit                                     der Ermüdungsfestigkeit
Carl Hanser Verlag                                                    25.11.98
================================================================================

Ermittlung von Beanspruchungskollektiv, Amplitudenkollektiv und
Verteilungsfunktionen aus Häufigkeitsverteilungen

Eingabedaten: Datei "EFA1_2.EKO"
=================================

relative Zeitanteile der Teilkollektive:
----------------------------------------

 Teilkollektiv j  |      1|      2|
----------------------------------
 rel. Zeitanteil  |    0,8|    0,2|

Häufigkeitsverteilungen der Teilkollektive:
-------------------------------------------

    i|  Xm [N/mm²]  | h 1 min| h 1 max| h 2 min| h 2 max|
---------------------------------------------------------
    1|        -165 |      1 |      0 |      1 |      0 |
    2|        -135 |     14 |      1 |     23 |      0 |
    3|        -105 |    118 |     14 |    236 |      0 |
    4|         -75 |    537 |    120 |   1133 |      7 |
    5|         -45 |   1336 |    547 |   2529 |    139 |
    6|         -15 |   1817 |   1351 |   2458 |    961 |
    7|          15 |   1351 |   1817 |    961 |   2458 |
    8|          45 |    547 |   1336 |    139 |   2529 |
    9|          75 |    120 |    537 |      7 |   1133 |
   10|         105 |     14 |    118 |      0 |    236 |
   11|         135 |      1 |     14 |      0 |     23 |
   12|         165 |      0 |      1 |      0 |      1 |

Ergebnisse:
===========
(Kollektiv mit verändertem Umfang um 2 Klassenbreite(n) extrapoliert)

     | Beanspruchungskollektiv |    Verteilungsfkt.   |    Amplitudenkollektiv    |
    i|   h[i]|    H[i]|  H_q[i]|    f[i]|      F[i]|  xa[i]|    n[i]|     N[i]|
-----------------------------------------------------------------------------------
    1|      1|       1|  261630| 0,000004| 0,000004| 195,00|       1|        1|
    2|     29|      30|  261629| 0,000112| 0,000115| 165,00|      29|       30|
    3|    483|     513|  261600| 0,001845| 0,001961| 135,00|     483|      513|
    4|   4285|    4798|  261117| 0,016378| 0,018339| 105,00|    4285|     4798|
    5|  19796|   24594|  256832| 0,075663| 0,094002|  75,00|   19796|    24594|
    6|  47528|   72122|  237036| 0,181661| 0,275663|  45,00|   47528|    72122|
    7|  58693|  130815|  189508| 0,224337| 0,500000|  15,00|   58693|   130815|
    8|  58693|  189508|  130815| 0,224337| 0,724337|   0,00|       0|        0|
    9|  47528|  237036|   72122| 0,181661| 0,905998|   0,00|       0|        0|
   10|  19796|  256832|   24594| 0,075663| 0,981661|   0,00|       0|        0|
   11|   4285|  261117|    4798| 0,016378| 0,998039|   0,00|       0|        0|
   12|    483|  261600|     513| 0,001845| 0,999885|   0,00|       0|        0|
   13|     29|  261629|      30| 0,000112| 0,999996|   0,00|       0|        0|
   14|      1|  261630|       1| 0,000004| 1,000000|   0,00|       0|        0|

Spannung auf Klassengrenze Mittelwert: 0,00 N/mm²
```

8.2 Nennspannungskonzept

Aufgabe 2.1: Die Zeit- und Dauerfestigkeitswerte für eine Schweißverbindung sind aus Einstufenversuchen bekannt (Tabelle 8.3). Für eine Überlebenswahrscheinlichkeit von 10, 50, 90 und 97,7% sind der Wöhlerlinienexponent und die Konstante lg$K$ aus den Zeitfestigkeitswerten und nach dem Treppenstufenverfahren die Dauerfestigkeitswerte und die Grenzlastzyklen N_D zu berechnen. Die Wöhlerlinien sind darzustellen. Des weiteren sind mit einem Wöhlerlinienexponenten von $m = 3$ für $N < N_D$ und einer Grenzlastzyklenzahl N_D = 5e6 die Wöhlerlinien aus den Zeitfestigkeitswerten zu ermitteln.

Für $N > N_D$ ist $m = 5$ zu verwenden. Die Wöhlerlinien sind ebenfalls darzustellen.

Tabelle 8.3 Versuchsergebnisse zu Aufgabe 2.1

σ_a [N/mm²]	Zeitfestigkeit			Dauerfestigkeit			
	180	120	90	63,4	58,7	54,0	49,3
1	18 500	87 000	225 000	980 000	1 420 000	1 520 000	> 2e6
2	20 500	110 000	272 000		1 600 000	1 690 000	> 2e6
3	20 900	118 000	281 000		1 900 000	1 850 000	> 2e6
4	23 700	144 000	314 000		1 950 000	1 900 000	> 2e6
5	23 900	151 000	361 000		> 2e6	> 2e6	
6	25 900	160 000	378 000			> 2e6	
7	27 900	168 000	401 000			> 2e6	
8	28 800	186 000	546 000			> 2e6	
9	32 200	226 000	591 000			> 2e6	

Lösung: Fatigue laden, Nennspannungskonzept, Wöhlerlinien, Zeitfestigkeitsgerade
Eingabe: Anzahl der Horizonte i = 3, Tab-Taste
           Anzahl der Versuche j = 9, Tab-Taste
           Überlebenswahrscheinlichkeiten, $P_{Ü1}$, $P_{Ü2}$, $P_{Ü3}$, $P_{Ü4}$, Tab-Taste
           Grenzlastzyklenzahl, N_D = 5 000 000, Tab-Taste
           Wöhlerlinienexponent m berechnen, Tab-Taste
           Spannungswerte, σ_1=180, σ_2= 120, σ_3 = 90, Tab-Taste
           Bruchlastzyklenzahlen, n_{1j}, n_{2j}, n_{3j} für j = 1 bis 9 eingeben
Speichern: efa2_1.zfs
Berechnen: Speichern efa2_1.whl
Protokoll: Datei, Drucken (s. Seite 226)
Nennspannungskonzept, Wöhlerlinien, Dauerfestigkeit, Treppenstufenverfahren
Eingabe: Anzahl der Horizonte = 4, Tab-Taste
           Spannungshorizonte, σ_1 = 63,4 , σ_2 = 58.7 , σ_3 = 54.0 , σ_4 = 49.3
           Anzahl der Brüche eingeben
           Anzahl der Durchläufer eingeben
           Laden efa2_1.whl

8.2 Nennspannungskonzept

Speichern: efa2_1.trp
Berechnen:
Protokoll: Datei, Drucken (s. Seite 227)
Grafik: Wöhlerlinien, Maus rechts-Kopfzeile, Oben: 8% , Höhe: 37% (s. Seite 229)
Nennspannungskonzept, Wöhlerlinien, Zeitfestigkeitsgerade
Eingabe: Wöhlerlinienexponent $m = 3$
Berechnen: Speichern der Ergebnisse, efa2_1m.whl
Protokoll: Datei, Drucken (s. Seite 228)
Grafik: Maus rechts-Kopfzeile, Oben: 50% , Höhe: 37% (s. Seite 229)

Aufgabe 2.2: Für eine Schweißverbindung wird die Wöhlerlinie mit $m = 3$, $N_D = 5\,000\,000$ und $\sigma_D = 45$ N/mm² angenommen. Bei einem Locati-Versuch werden die Stufen mit $\Delta\sigma = 5$ N/mm² festgelegt und die Versuche bei 250 000 Belastungszyklen/Stufe mit einer Spannungsamplitude von 35 N/mm² begonnen. Die Belastungszyklen sind in Tabelle 8.4 angegeben.

Tabelle 8.4 Belastungszyklen

i	σ_a N/mm²	n
1	35,0	250 000
2	40,0	250 000
3	45,0	250 000
4	50,0	250 000
5	55,0	250 000
6	60,0	250 000
7	65,0	250 000
8	70,0	250 000
9	75,0	250 000
10	80,0	182 000

Lösung: Fatigue laden, Nennspannungskonzept, Wöhlerlinien, Dauerfestigkeit, Locativerfahren
Eingabe: Grenzlastzyklenzahl, $N_D = 5\,000\,000$, Tab-Taste
geschätzte Dauerfestigkeit, $\sigma_D = 45$, Tab-Taste
Wöhlerlinienexponent, $m = 3$, Tab-Taste
Schädigungssumme, $s = 1{,}0$, Tab-Taste
Anzahl der Horizonte = 10, Tab-Taste
Spannungsamplituden σ_{a1} bis σ_{a10} eingeben
Belastungszyklen n_1 bis n_{10} eingeben
Speichern: efa2_2.loc
Berechnen:
Protokoll: Datei, Drucken (s. Seite 230)
Grafik: Maus rechts- Wöhlerlinie, Oben: 65%, Höhe: 25%

```
===============================================================================
Naubereit, Weihert                                         Fatigue 1.1
Einführung in die                                 Programm zur Berechnung
Ermüdungsfestigkeit                               der Ermüdungsfestigkeit
Carl Hanser Verlag                                          25.11.98
===============================================================================
```

Ermittlung der Konstanten der Wöhlerliniengleichung und der Dauerfestigkeit
in Abhängigkeit von der Überlebenswahrscheinlichkeit

Eingabedaten: Datei "EFA2_1.ZFS"
================================

Spannung am Horizont und Bruchschwingspielzahlen:
----

j i	1	2	3
N/mm²	180,00	120,00	90,00
1	18500	87000	225000
2	20500	110000	272000
3	20900	118000	281000
4	23700	144000	314000
5	23900	151000	361000
6	25900	160000	378000
7	27900	168000	401000
8	28800	186000	546000
9	32200	226000	591000

Ergebnisse:
===========

Konstanten der Wöhlerlinie / Dauerfestigkeit: (N = 5000000)

Pü %	m	Lg K	X N/mm²
10,00	4,17301	13,92717	53,97
50,00	3,90999	13,22962	46,80
90,00	3,64698	12,53209	39,76
97,70	3,50042	12,14342	35,92

Bruchschwingspielzahlen:

| X N/mm² | 180,00 | 120,00 | 90,00 |
Pü %			
10,00	30652	209713	537789
50,00	24349	144662	357484
90,00	19342	99789	237630
97,70	17015	81143	189284

8.2 Nennspannungskonzept

```
===============================================================================
Naubereit, Weihert                                          Fatigue 1.1
Einführung in die                                   Programm zur Berechnung
Ermüdungsfestigkeit                                 der Ermüdungsfestigkeit
Carl Hanser Verlag                                          25.11.98
===============================================================================

Ermittlung von Dauerfestigkeit und Grenzschwingspielzahl

Eingabedaten:
=============

Versuche: Datei "EFA2_1.TRP"
----------------------------

 Horizont| X N/mm² | Brüche |Durchläufer|
-----------------------------------------
    1    |  63,40  |    1   |     0     |
    2    |  58,70  |    4   |     1     |
    3    |  54,00  |    4   |     5     |
    4    |  49,30  |    0   |     4     |

Wöhlerlinien: Datei "EFA2_1.WHL"
--------------------------------

   Pü %  |    m    |   Lg K   |
-------------------------------
  10,00  | 4,17301 | 13,92717 |
  50,00  | 3,90999 | 13,22962 |
  90,00  | 3,64698 | 12,53209 |
  97,70  | 3,50042 | 12,14342 |

Ergebnisse:
===========

Dauerfestigkeit, Grenzschwingspielzahl:
---------------------------------------

   Pü %  | X N/mm² |    Nd    |
-------------------------------
  10,00  |  59,40  | 3350021  |
  50,00  |  54,78  | 2700984  |
  90,00  |  50,16  | 2141938  |
  97,70  |  47,59  | 1868099  |
```

```
===============================================================
Naubereit, Weihert                              Fatigue 1.1
Einführung in die                   Programm zur Berechnung
Ermüdungsfestigkeit                  der Ermüdungsfestigkeit
Carl Hanser Verlag                              25.11.98
===============================================================
```

Ermittlung der Konstanten der Wöhlerliniengleichung und der Dauerfestigkeit
in Abhängigkeit von der Überlebenswahrscheinlichkeit

Eingabedaten: Datei "EFA2_1.ZFS"
=================================

Spannung am Horizont und Bruchschwingspielzahlen:
----

j i	1	2	3
N/mm²	180,00	120,00	90,00
1	18500	87000	225000
2	20500	110000	272000
3	20900	118000	281000
4	23700	144000	314000
5	23900	151000	361000
6	25900	160000	378000
7	27900	168000	401000
8	28800	186000	546000
9	32200	226000	591000

Ergebnisse:
===========

Konstanten der Wöhlerlinie / Dauerfestigkeit: (N = 5000000)

Pü %	m	Lg K	X N/mm²
10,00	3,00000	11,46826	38,88
50,00	3,00000	11,32206	34,76
90,00	3,00000	11,17586	31,07
97,70	3,00000	11,09443	29,18

Bruchschwingspielzahlen:

X N/mm² Pü %	180,00	120,00	90,00
10,00	30652	209713	537789
50,00	24349	144662	357484
90,00	19342	99789	237630
97,70	17015	81143	189284

8.2 Nennspannungskonzept

Wöhlerlinien

Spannung [N/mm²] vs. Schwingspiele N

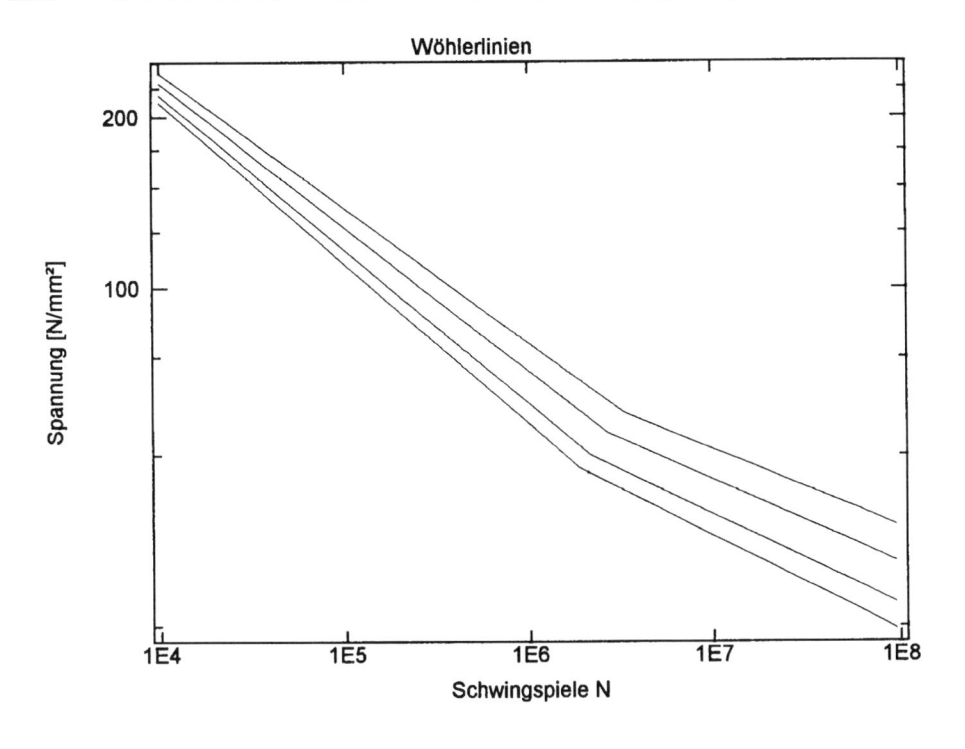

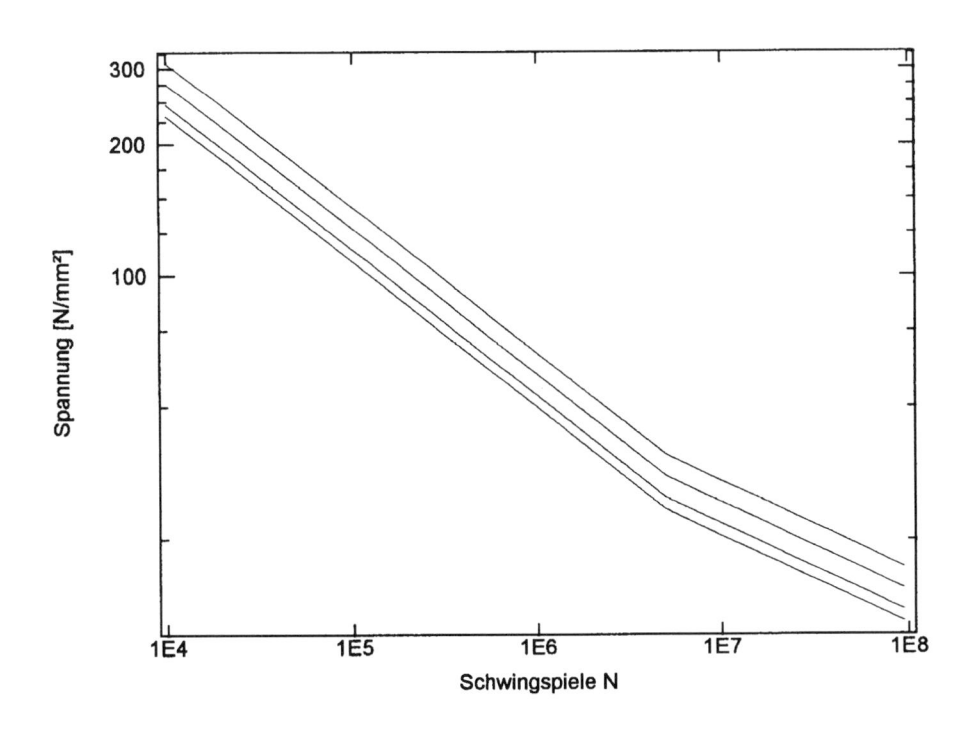

```
===========================================================================
 Naubereit, Weihert                                       Fatigue 1.1
 Einführung in die                              Programm zur Berechnung
 Ermüdungsfestigkeit                            der Ermüdungsfestigkeit
 Carl Hanser Verlag                                         25.11.98
===========================================================================

 Näherungsweise Bestimmung der Dauerfestigkeit

 Eingabedaten: Datei "EFA2_2.LOC"
 ================================

 Grenzschwingspielzahl: 5000000
 Wöhlerlinienexponent:  3,00000

 Horizont| X N/mm²|    n   |
 --------------------------
     1   | 35,00 | 250000 |
     2   | 40,00 | 250000 |
     3   | 45,00 | 250000 |
     4   | 50,00 | 250000 |
     5   | 55,00 | 250000 |
     6   | 60,00 | 250000 |
     7   | 65,00 | 250000 |
     8   | 70,00 | 250000 |
     9   | 75,00 | 250000 |
    10   | 80,00 | 182140 |

 Ergebnisse:
 ===========

 Dauerfestigkeit:
 ----------------

         |  X N/mm² |
 -------------------
  Miner  |   45,79  |
  Haibach|   46,98  |
   C/D   |   47,31  |
```

Wöhlerlinien

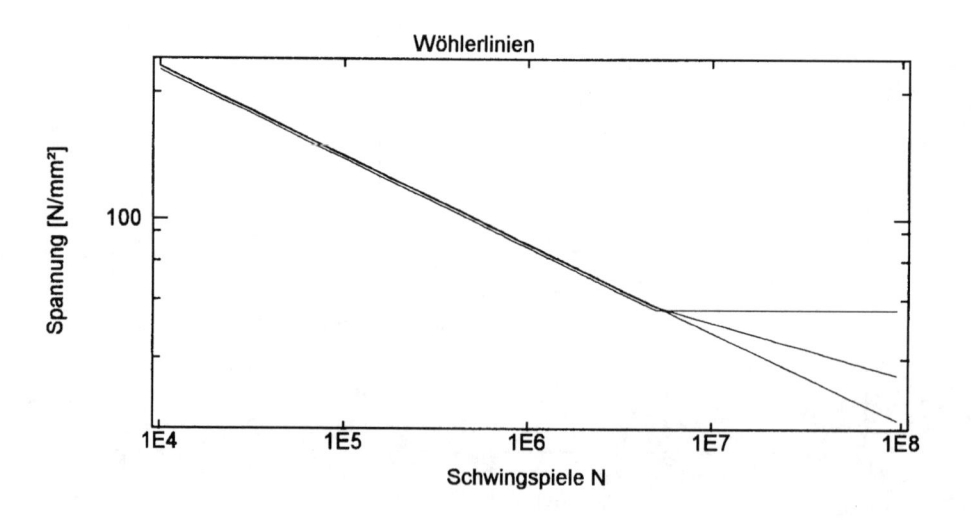

8.2 Nennspannungskonzept

Aufgabe 2.3 Für das Amplitudenkollektiv nach Aufgabe 1.2 (Tabelle 8.5, efa1_2.kol) und den Wöhlerlinien nach Aufgabe 2.1 (Tabelle 8.6, efa2_1m.whl) sind die Lebensdauerwerte nach MINER, CORTEN/DOLAN und HAIBACH zu berechnen.

Tabelle 8.5 Amplitudenkollektiv

i	σ_a [N/mm²]	n_i
1	165,0	1
2	135,0	16
3	105,0	142
4	75,0	656
5	45,0	1 575
6	15,0	1 945

Tabelle 8.6 Wöhlerlinien

$P_{\ddot{U}}$	m	$\lg K$	σ_a [N/mm²]
10,0	3,0	11,46826	38,88
50,0	3,0	11,32206	34,76
90,0	3,0	11,17586	31,07
97,7	3,0	11,09443	29,18

Lösung: Fatigue laden, Nennspannungskonzept, Lebensdauer

Eingabe: Amplitudenkollektiv, Laden, efa1_2.kol

Wöhlerlinien, Laden, efa2_1m.whl

Bzw.: Amplitudenkollektiv, Anzahl der Stufen = 6, Tab-Taste

Spannungsamplituden σ_{a1} bis σ_{a6} eingeben

Belastungszyklen n_1 bis n_6 eingeben

Wöhlerlinien, Grenzschwingspielzahl N_D = 5 000 000

Überlebenswahrscheinlichkeiten $P_{\ddot{U}1}$ bis $P_{\ddot{U}4}$ eingeben

Wöhlerlinienexponenten m_1 bis m_4 eingeben

Wöhlerlinienkonstante $\lg K_1$ bis $\lg K_4$ eingeben

Dauerfestigkeitswerte σ_{a1} bis σ_{a4} eingeben

Berechnen:

Protokoll: Datei, Drucken (s. Seite 232)

Grafik: Maus rechts- Betriebsdauer, Oben: 75%, Höhe: 15% (s. Seite 232)

```
=========================================================================
Naubereit, Weihert                                      Fatigue 1.1
Einführung in die                              Programm zur Berechnung
Ermüdungsfestigkeit                            der Ermüdungsfestigkeit
Carl Hanser Verlag                                        25.11.98
=========================================================================
```

Ermittlung der Lebensdauer nach dem Nennspannungskonzept

Eingabedaten:
============

Amplitudenkollektiv: Datei "EFA1_2.KOL"

Stufe	X N/mm²	n
1	165,00	1
2	135,00	16
3	105,00	142
4	75,00	656
5	45,00	1575
6	15,00	1945

Wöhlerlinien: Datei "EFA2_1M.WHL"

Grenzschwingspielzahl: 5000000

Pü %	m	Lg K	X N/mm²
10,00	3,00000	11,46826	38,88
50,00	3,00000	11,32206	34,76
90,00	3,00000	11,17586	31,07
97,70	3,00000	11,09443	29,18

Ergebnisse:
===========

Lebensdauer:

Pü %	Miner	Haibach	C/D
10,00	2,027E6	2,024E6	2,006E6
50,00	1,448E6	1,446E6	1,433E6
90,00	1,034E6	1,032E6	1,024E6
97,70	8,568E5	8,545E5	8,48E5

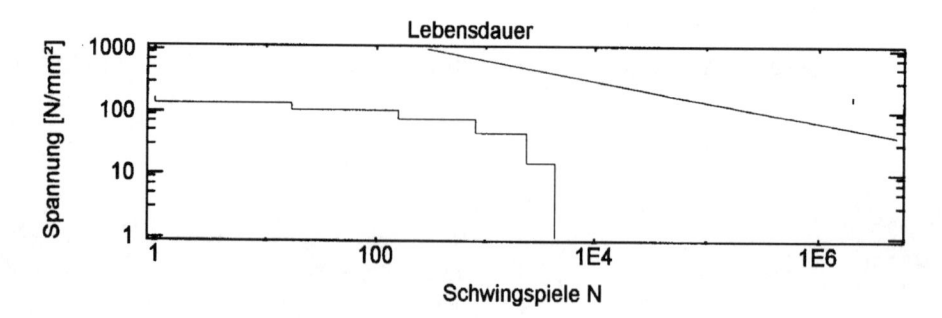

8.3 Kerbgrundkonzept

Aufgabe 3.1: Aus ZSD-Versuchen sind für den Werkstoff D36 elastische und plastische Dehnungsamplituden in Abhängigkeit von der Lastzyklenzahl bekannt (Tabelle 8.7). Der Elastizitätsmodul beträgt $E = 208\,000$ MPa. Aus den Versuchsergebnissen sind die Kennwerte der Dehnungswöhlerlinie und der ZSD-Kurve zu berechnen. Die ZSD-Kurve und die Dehnungswöhlerlinie sind darzustellen.

Tabelle 8.7 Versuchsergebnisse zu Aufgabe 3.1

Nr.	ε_{ae}	ε_{ap}	N_i	Nr.	ε_{ae}	ε_{ap}	N_i
1	1,95 e−3	6,97 e−3	708	12	1,43 e−3	1,54 e−3	16 035
2	1,96 e−3	6,98 e−3	731	13	1,43 e−3	1,54 e−3	17 021
3	1,98 e−3	6,95 e−3	846	14	1,43 e−3	1,54 e−3	19 503
4	1,84 e−3	5,11 e−3	1 500	15	1,23 e−3	0,75 e−3	56 093
5	1,85 e−3	5,10 e−3	1 585	16	1,25 e−3	0,74 e−3	58 343
6	1,85 e−3	5,10 e−3	1 710	17	1,25 e−3	0,74 e−3	60 720
7	1,65 e−3	3,30 e−3	2 890	18	1,25 e−3	0,73 e−3	62 888
8	1,67 e−3	3,28 e−3	3 268	19	1,13 e−3	0,35 e−3	146 600
9	1,65 e−3	3,30 e−3	3 553	20	1,15 e−3	0,33 e−3	175 011
10	1,65 e−3	3,30 e−3	3 659	21	1,14 e−3	0,34 e−3	183 192
11	1,44 e−3	1,54 e−3	14 012	22	1,14 e−3	0,34 e−3	215 762

Lösung: Fatigue laden, Kerbgrundkonzept, DWL/ZSDK, Versuchsauswertung
Eingabe: Elastizitätsmodul $E = 208\,000$, Tab-Taste
Anzahl der Versuche = 22, Tab-Taste
Dehnungsamplituden ε_{ae1} bis ε_{ae22} und ε_{ap1} bis ε_{ap22} eingeben
Belastungszyklen n_1 bis n_{22} eingeben
Speichern: efa3_1.edz
Berechnen:
Speichern: efa3_1.dwl
Protokoll: Datei, Drucken (s. Seite 234)
Grafik: Maus rechts - Dehnungswöhlerlinie, Drucken, Oben: 8%, Höhe: 37%
Maus rechts - ZSD-Kurve, Drucken, Oben: 50%, Höhe: 37% (s. Seite 235)

```
================================================================================
Naubereit, Weihert                                    Fatigue 1.1
Einführung in die                              Programm zur Berechnung
Ermüdungsfestigkeit                            der Ermüdungsfestigkeit
Carl Hanser Verlag                                    25.11.98
================================================================================
```

Bestimmung von Dehnungswöhlerlinie und zyklischer Spannungs- Dehnungs-
Kurve durch Auswertung einer Versuchsserie

Eingabedaten: Datei "EFA3_1.EDZ"
================================

E- Modul: 208000,00 N/mm²

```
Versuch i |eps_ae [i]|eps_ap [i]|   N[i]   |
-------------------------------------------
    1     |  0,00195 |  0,00697 |      708 |
    2     |  0,00196 |  0,00698 |      731 |
    3     |  0,00198 |  0,00695 |      846 |
    4     |  0,00184 |  0,00511 |     1500 |
    5     |  0,00185 |  0,00510 |     1585 |
    6     |  0,00185 |  0,00510 |     1710 |
    7     |  0,00165 |  0,00330 |     2890 |
    8     |  0,00167 |  0,00328 |     3268 |
    9     |  0,00165 |  0,00330 |     3553 |
   10     |  0,00165 |  0,00330 |     3659 |
   11     |  0,00144 |  0,00154 |    14012 |
   12     |  0,00143 |  0,00154 |    16035 |
   13     |  0,00143 |  0,00154 |    17021 |
   14     |  0,00143 |  0,00154 |    19503 |
   15     |  0,00123 |  0,00075 |    56093 |
   16     |  0,00125 |  0,00074 |    58343 |
   17     |  0,00125 |  0,00074 |    60720 |
   18     |  0,00125 |  0,00073 |    62888 |
   19     |  0,00113 |  0,00035 |   146600 |
   20     |  0,00115 |  0,00033 |   175011 |
   21     |  0,00114 |  0,00034 |   183192 |
   22     |  0,00114 |  0,00034 |   215762 |
```

Ergebnisse:
===========

Dehnungswöhlerlinie:
----
b   : -0,10065
Sigma_f´ : 792,06 [N/mm²]
c   : -0,54614
eps_f´   : 0,28052

Zyklische Spannungs- Dehnungs- Kurve:
----
n´   : 0,18429
K´   : 1001,14 [N/mm²]

8.3 Kerbgrundkonzept

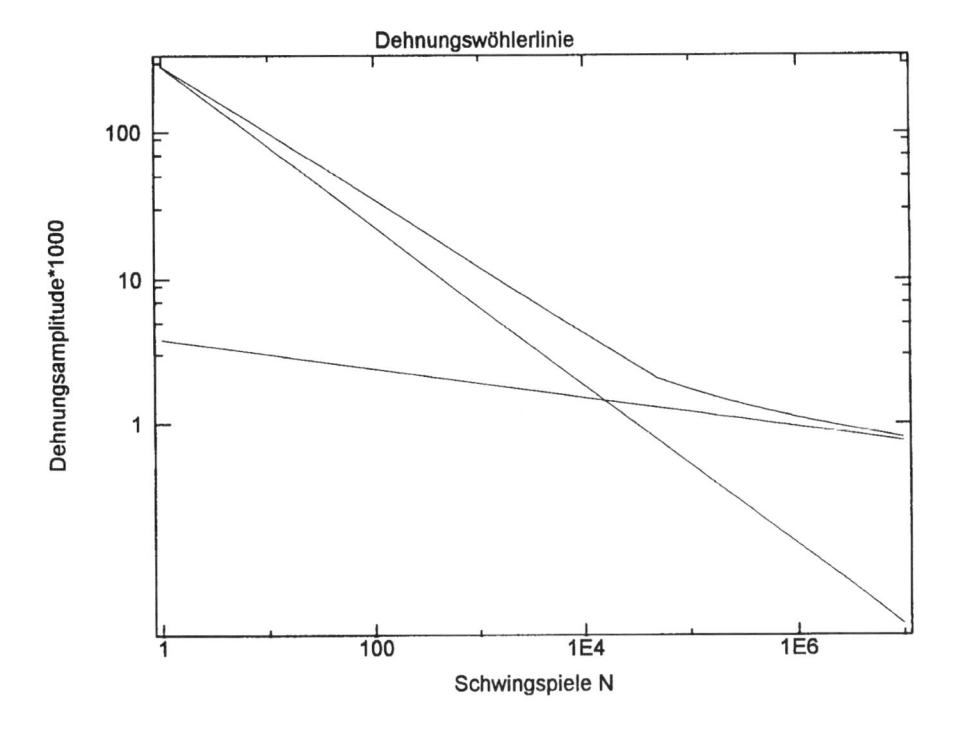

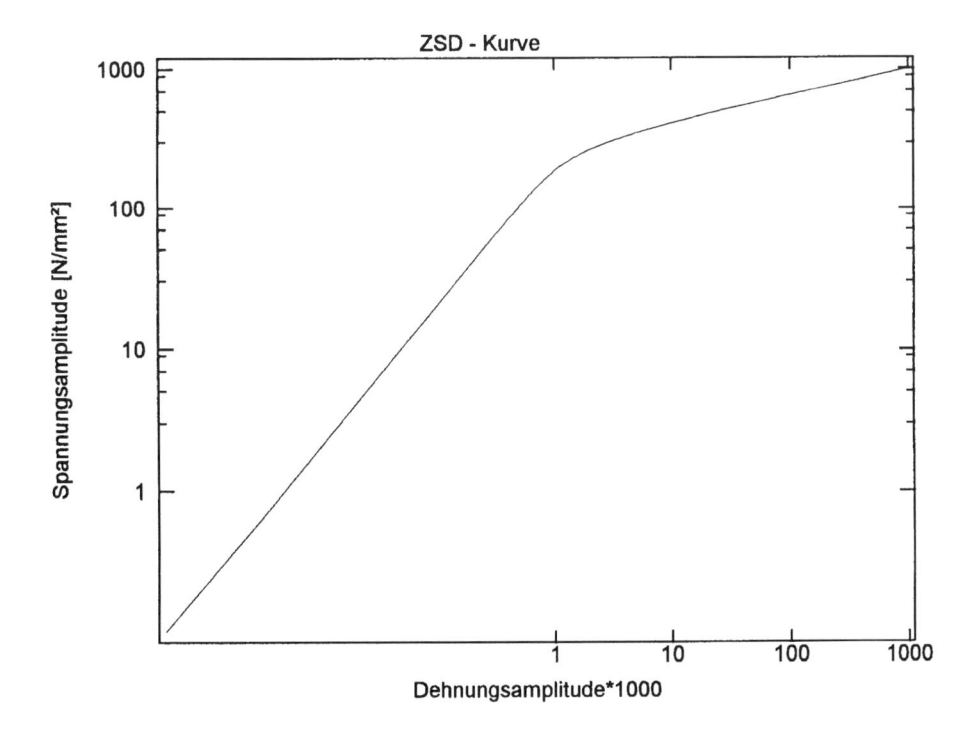

Dehnungswöhlerlinie

(Dehnungsamplitude*1000 vs. Schwingspiele N)

ZSD - Kurve

(Spannungsamplitude [N/mm²] vs. Dehnungsamplitude*1000)

Aufgabe 3.2: Aus ZSD-Versuchen sind für einen Werkstoff die Kennwerte der Dehnungswöhlerlinie (b, σ'_f, c, ε'_f) für 10 verschiedene Versuchsreihen ermittelt worden (Tabelle 8.8). Der Mittelwert des Elastizitätsmoduls beträgt E = 200 600 MPa. Mit einer statistischen Auswertung sind die Kennwerte der Dehnungswöhlerlinien $P_{\ddot{U}}$ = 10, 50, 90 und 97,7% zu berechnen.

Die Dehnungswöhlerlinie und die ZSD-Kurve sind darzustellen.

Tabelle 8.8 Kennwerte der Dehnungswöhlerlinien

j	b	σ'_f [N/mm²]	c	ε'_f
1	- 0,09500	817,00	- 0,51300	0,38300
2	- 0,08300	791,00	- 0,49700	0,29800
3	- 0,04400	632,00	- 0,67900	0,70000
4	- 0,05800	732,00	- 0,78900	1,39000
5	- 0,04800	535,00	- 0,49800	0,17200
6	- 0,03800	477,00	- 0,59100	0,39100
7	- 0,08800	678,00	- 0,81100	1,75200
8	- 0,09600	557,00	- 0,59200	0,45800
9	- 0,09100	472,00	- 0,65300	0,55200
10	- 0,09500	406,00	- 0,80800	0,97800

Lösung: Fatigue laden, Kerbgrundkonzept, DWL/ZSDK, statistische Auswertung, Dehnungswöhlerlinien

Eingabe: Elastizitätsmodul E = 200 600
Anzahl der Versuchsreihen = 10
Überlebenswahrscheinlichkeiten $P_{\ddot{U}1}$ bis $P_{\ddot{U}4}$ eingeben
Belastungszyklen für Auswertung n_1 bis n_3 eingeben
DWL-Kennwerte b, σ'_f, c, ε'_f, für j = 1 bis 10 eingeben

Speichern: efa3_2.sta
Berechnen:
Speichern: efa3_2.dwl
Protokoll: Datei, Drucken (s. Seite 237)
Grafik: ZSDK, Maus rechts - ZSD-Kurve, Oben: 8%, Höhe: 37%
DWL, Maus rechts - Dehnungswöhlerlinie, Oben: 50%, Höhe: 37%
(s. Seite 238)

8.3 Kerbgrundkonzept

```
===============================================================================
Naubereit, Weihert                                          Fatigue 1.1
Einführung in die                                   Programm zur Berechnung
Ermüdungsfestigkeit                                 der Ermüdungsfestigkeit
Carl Hanser Verlag                                          25.11.98
===============================================================================
```

Bestimmung von Dehnungswöhlerlinie und zyklischer Spannungs- Dehnungs-
Kurve durch statistische Auswertung mehrerer Versuchsreihen

Eingabedaten: Datei "EFA3_2.STA"
================================

E- Modul: 200600,00 N/mm²

N1   : 100
N2   : 1000
N3   : 10000

Reihe j	b	Sigma_f´ [N/mm²]	c	eps_f´
1	-0,09500	817,00	-0,51300	0,38300
2	-0,08300	791,00	-0,49700	0,29800
3	-0,04400	632,00	-0,67900	0,70000
4	-0,05800	732,00	-0,78900	1,39000
5	-0,04800	535,00	-0,49800	0,17200
6	-0,03800	477,00	-0,59100	0,39100
7	-0,08800	678,00	-0,81100	1,75200
8	-0,09600	557,00	-0,59200	0,45800
9	-0,09100	472,00	-0,65300	0,55200
10	-0,09500	406,00	-0,80800	0,97800

Ergebnisse:
===========

Pü [%]	b	Sigma_f´ [N/mm²]	c	eps_f´	n´	K´ [N/mm²]
10,00	-0,05770	765,30	-0,56355	0,51822	0,10238	818,57
50,00	-0,07360	594,57	-0,64310	0,56363	0,11445	634,90
90,00	-0,08950	461,93	-0,72265	0,61301	0,12385	490,80
97,70	-0,09836	401,35	-0,76696	0,64237	0,12825	424,79

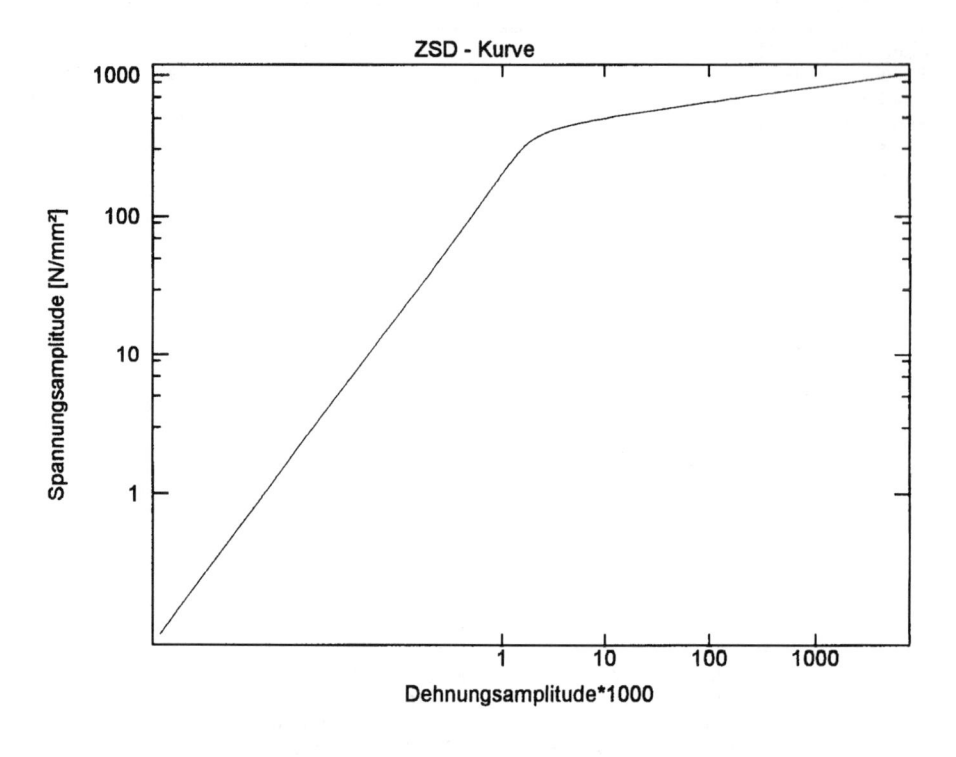

ZSD - Kurve

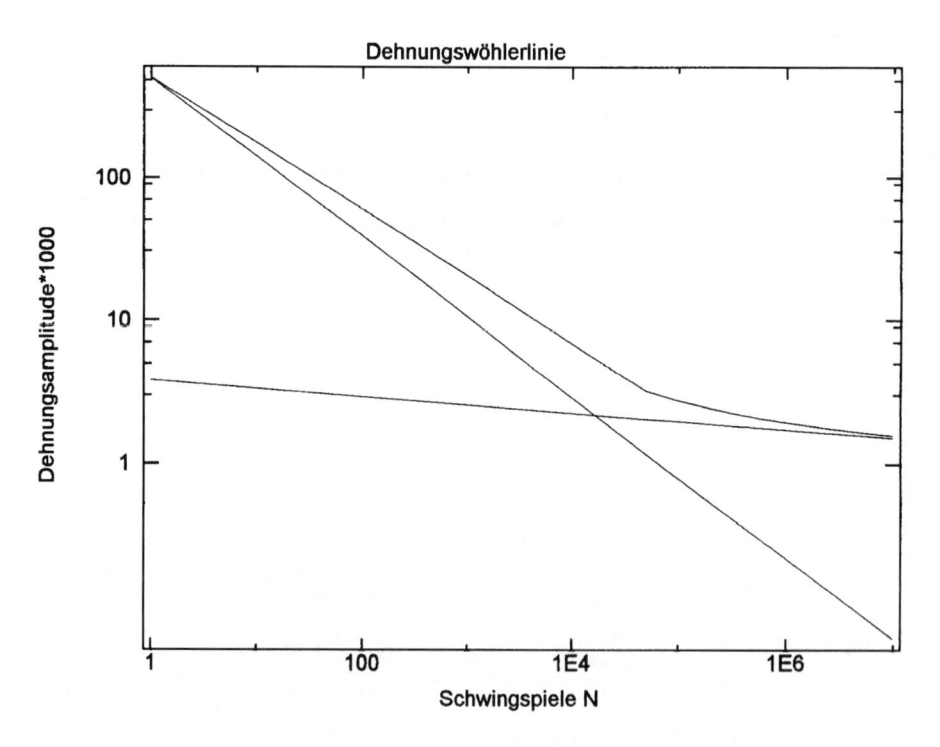

Spannungsamplitude [N/mm²] vs. Dehnungsamplitude*1000

Dehnungswöhlerlinie

Dehnungsamplitude*1000 vs. Schwingspiele N

8.3 Kerbgrundkonzept

Aufgabe 3.3: Für 6 verschiedene elastische Kerbgrundbeanspruchungen σ_{aHi} (Tabelle 8.9) sind mit der Neuber-Regel und der ZSD-Kurve nach Aufgabe 3.1 (efa3_1.dwl) die elastisch-plastischen Kerbgrundbeanspruchungen (σ_{aep}, ε_{aep}) zu berechnen.

Lösung: Fatigue laden, Kerbgrundkonzept, Kerbgrundbeanspruchung
Eingabe: Laden efa3_1.dwl
Elastizitätsmodul E = 208 000 eingeben,
Tab- Taste
Anzahl der Kerbspannungen = 6, Tab- Taste
Kerbspannung σ_{aH1} bis σ_{aH6} eingeben
Berechnen:
Protokoll: Datei, Drucken (s. Seite 240)
Grafik: Maus rechts - Kerbgrundbeanspruchung, Drucken, Oben: 55%, Höhe: 32%

Tabelle 8.9 Kerbspannungen

i	σ_{aHi} [N/mm²]
1	600,0
2	700,0
3	800,0
4	900,0
5	1 000,0
6	1 100,0

Aufgabe 3.4: Unter Verwendung der Dehnungswöhlerlinie nach Aufgabe 3.1 (efa3_1.dwl) sind aus der Schädigungskennwertwöhlerlinie die ertragbaren Belastungszyklen für 6 verschiedene Schädigungskennwerte (Tabelle 8.10) zu berechnen.

Lösung: Fatigue laden, Kerbspannungskonzept, Schädigungskennwertwöhlerlinie
Eingabe: Dehnungswöhlerlinie,
Laden: efa3_1.dwl, Tab- Taste
Spannung, Elastizitätsmodul E = 208 000, Tab- Taste
Anzahl der Schädigungskennwerte = 6
Schädigungskennwerte P_{SWT1} bis P_{SWT6} eingeben
Berechnen:
Protokoll: Datei, Drucken (s. Seite 241)
Grafik: Maus rechts - Schädigungskennwertwöhlerlinie, Drucken, Oben: 60%, Höhe: 27%

Tabelle 8.10 Schädigungskennwerte

i	P_{SWT} [N/mm²]
1	1 100,0
2	1 000,0
3	900,0
4	800,0
5	700,0
6	600,0

```
===============================================================================
Naubereit, Weihert                                              Fatigue 1.1
Einführung in die                                       Programm zur Berechnung
Ermüdungsfestigkeit                                     der Ermüdungsfestigkeit
Carl Hanser Verlag                                                    25.11.98
===============================================================================
```

Neuber-Regel - Iterative Berechnung von elastisch- plastischer Kerbgrund-
              spannung und -dehnung aus Hook´scher Spannung und ZSDK

Eingabedaten: Datei "EFA3_1.DWL"
================================

E- Modul: 208000,00 N/mm²

Zyklische Spannungs- Dehnungs- Kurve:
----
n´   : 0,18429
K´   : 1001,14 [N/mm²]

Ergebnisse:
===========

S_Hook N/mm²	S_a N/mm²	eps_a
600,00	348,94	0,00496004
700,00	370,87	0,00635199
800,00	390,11	0,00788732
900,00	407,35	0,00955995
1000,00	423,03	0,01136484
1100,00	437,47	0,01329769

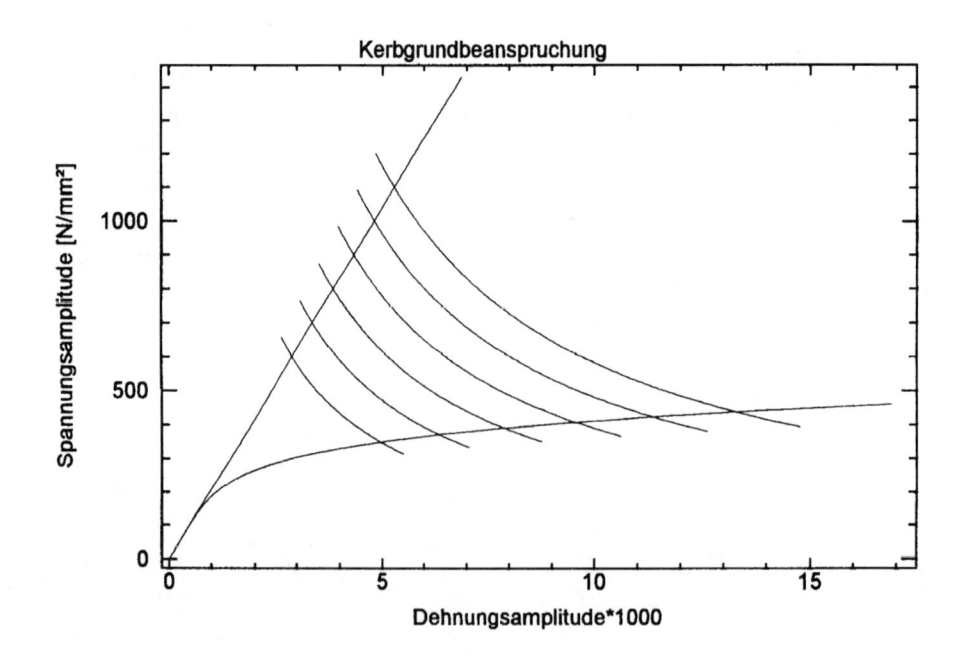

Kerbgrundbeanspruchung

8.3 Kerbgrundkonzept

```
===============================================================================
Naubereit, Weihert                                         Fatigue 1.1
Einführung in die                               Programm zur Berechnung
Ermüdungsfestigkeit                             der Ermüdungsfestigkeit
Carl Hanser Verlag                                           25.11.98
===============================================================================

Schädigungskennwertwöhlerlinie - Berechnung von Anrißschwingspielzahlen für
                                 vorgegebene Spannungen

Eingabedaten: Datei "EFA3_1.DWL"
================================

E- Modul: 208000,00 N/mm²

Dehnungswöhlerlinie:
--------------------
b       : -0,10065
Sigma_f´: 792,06 [N/mm²]
c       : -0,54614
eps_f´  : 0,28052

Ergebnisse:
===========

  Sigma N/mm² |   N_Anriß |
  ------------------------
      1100,00 |       365 |
      1000,00 |       509 |
       900,00 |       741 |
       800,00 |      1137 |
       700,00 |      1879 |
       600,00 |      3445 |
```

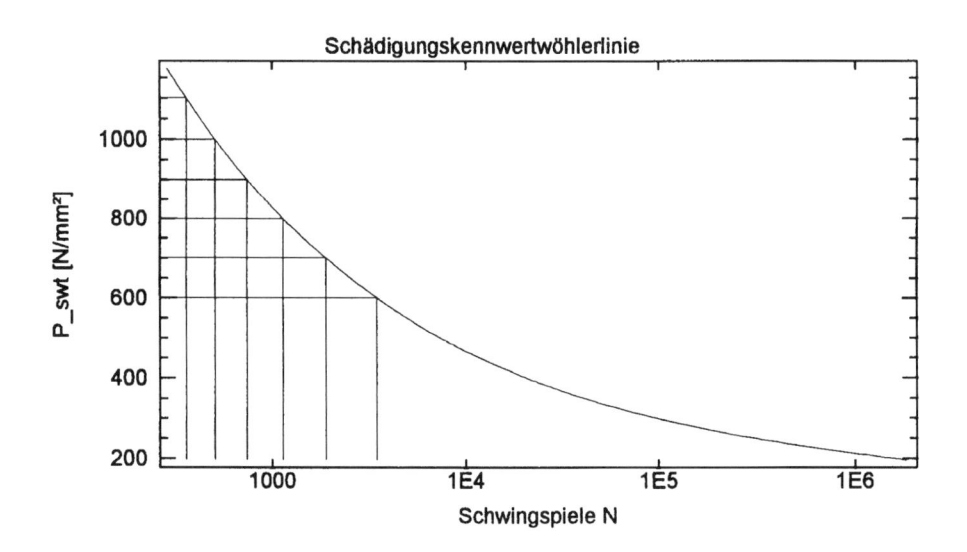

Schädigungskennwertwöhlerlinie

(Diagramm: P_swt [N/mm²] über Schwingspiele N)

Aufgabe 3.5: Die Lebensdauer nach dem Kerbgrundkonzept ist für das Beanspruchungskollektiv der elastischen Kerbgrundbeanspruchung (σ_{oH}, σ_{uH}, n_i) nach Tabelle 8.11 zu berechnen.

Tabelle 8.11 Beanspruchungskollektiv zu Aufgabe 3.5

i	σ_{oH} [N/mm²]	σ_{uH} [N/mm²]	n_i
1	559,30	111,80	2
2	531,00	139,70	10
3	503,10	167,70	64
4	475,10	195,60	340
5	447,20	223,60	2 000
6	419,20	251,50	11 000
7	391,30	279,50	61 600
8	363,30	307,40	925 000

Dazu ist die Dehnungswöhlerlinie nach Aufgabe 3.1 (efa3_1.dwl) und der Schädigungskennwert von SMITH-WATSON-TOPPER zu verwenden. Die Ergebnisse sind in einem Diagramm darzustellen.

Lösung: Fatigue laden, Kerbgrundkonzept, Lebensdauer, Schwingbeanspruchung
Eingabe: Elastizitätsmodul E = 208 000, Tab- Taste
Anzahl der Klassen = 8, Tab- Taste
Oberspannung σ_{oH1} bis σ_{oH8} eingeben
Unterspannung σ_{uH1} bis σ_{uH8} eingeben
Belastungszyklen n_1 bis n_8 eingeben
Speichern: efa3_5.ebk
DWL / ZSD-K laden, efa3_1.dwl
Berechnen:
Protokoll: Datei, Drucken (s. Seite 243)
Grafik: Maus rechts - Lebensdauer, Drucken, Links: 40%, Oben: 70%
Breite: 45%, Höhe: 20%

8.3 Kerbgrundkonzept

```
================================================================================
Naubereit, Weihert                                              Fatigue 1.1
Einführung in die                                       Programm zur Berechnung
Ermüdungsfestigkeit                                     der Ermüdungsfestigkeit
Carl Hanser Verlag                                               25.11.98
================================================================================
```

Ermittlung der Lebensdauer nach dem Kerbgrundkonzept

Eingabedaten: Datei "EFA3_5.EBK"
===============================

E- Modul: 208000,00 N/mm²

Schwingbeanspruchung:
----

i	S_oH [N/mm²]	S_uH [N/mm²]	n[i]
1	559,30	111,80	2
2	531,00	139,70	10
3	503,10	167,70	64
4	475,10	195,60	340
5	447,20	223,60	2000
6	419,20	251,50	11000
7	391,30	279,50	61600
8	363,30	307,40	925000

DWL / ZSDK: Datei "EFA3_1.DWL"
==============================

Dehnungswöhlerlinie:
----
b   : -0,10065
Sigma_f´ : 792,06 [N/mm²]
c   : -0,54614
eps_f´   : 0,28052

Zyklische Spannungs- Dehnungs- Kurve:
----
n´   : 0,18429
K´   : 1001,14 [N/mm²]

Schädigungskennwert: nach SMITH-WATSON-TOPPER

Ergebnisse:
===========

Lebensdauer: 2,999E+08

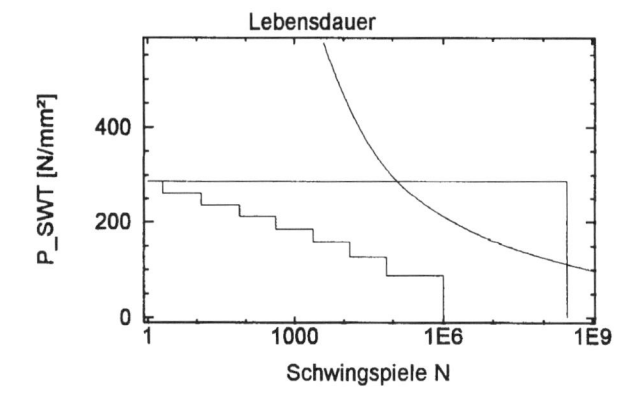

Aufgabe 3.6: Für eine zweiparametrische Häufigkeitsverteilung der elastischen Kerbgrundbeanspruchung (Tabelle 8.12) mit $\sigma_{oHmax}= 573{,}3$ N/mm² und $\sigma_{uHmin}= 97{,}8$ N/mm² ist die Lebensdauer nach dem Kerbgrundkonzept zu berechnen.

Tabelle 8.12 Zweiparametrische Häufigkeitsverteilung ($k = 17$)

p/n	1	2	3	4	5	6	7	8
10	0	0	0	0	0	0	0	925 000
11	0	0	0	0	0	0	61 600	0
12	0	0	0	0	0	11 000	0	0
13	0	0	0	0	2 000	0	0	0
14	0	0	0	340	0	0	0	0
15	0	0	64	0	0	0	0	0
16	0	10	0	0	0	0	0	0
17	2	0	0	0	0	0	0	0

Dazu sind DWL nach Aufgabe 3.1 (efa3_1.dwl) und der Schädigungsparameter von SMITH-WATSON-TOPPER zu verwenden.

Lösung: Fatigue laden, Kerbgrundkonzept, Lebensdauer, Korrelationstabelle
  Elastizitätsmodul $E = 208\,000$, Tab- Taste
  Anzahl der Klassen $k = 17$, Tab- Taste
  Kollektivgrößtwert $\sigma_{Hmax} = 573{,}3$, Tab- Taste
  Kollektivkleinstwert $\sigma_{Hmin} = 97{,}8$, Tab- Taste
  Häufigkeitsverteilung $h(p,n)$ eingeben
Speichern: efa3_6.ebk
  DWL / ZSD-K laden, efa3_1.dwl
Berechnen: Protokoll, Datei, Drucken (s. Seiten 245 und 246)
Grafik: Maus rechts - Lebensdauer, Drucken, Oben: 30%, Höhe: 50% (s. Seite 246)

8.3 Kerbgrundkonzept

```
================================================================================
Naubereit, Weihert                              Fatigue 1.1
Einführung in die                        Programm zur Berechnung
Ermüdungsfestigkeit                      der Ermüdungsfestigkeit
Carl Hanser Verlag                              25.11.98
================================================================================
```

Ermittlung der Lebensdauer nach dem Kerbgrundkonzept

Eingabedaten: Datei "EFA3_6.EBK"
==============================

E- Modul: 208000,00 N/mm²

S_oH: 573,30 N/mm²
S_uH: 97,80 N/mm²

Korrelationstabelle:
----

p|n	1	2	3	4	5	6	7	8
2	0							
3	0	0						
4	0	0	0					
5	0	0	0	0				
6	0	0	0	0	0			
7	0	0	0	0	0	0		
8	0	0	0	0	0	0	0	
9	0	0	0	0	0	0	0	0
10	0	0	0	0	0	0	0	925000
11	0	0	0	0	0	0	61600	0
12	0	0	0	0	0	11000	0	0
13	0	0	0	0	2000	0	0	0
14	0	0	0	340	0	0	0	0
15	0	0	64	0	0	0	0	0
16	0	10	0	0	0	0	0	0
17	2	0	0	0	0	0	0	0

p|n	9	10	11	12	13	14	15	16
10	0							
11	0	0						
12	0	0	0					
13	0	0	0	0				
14	0	0	0	0	0			
15	0	0	0	0	0	0		
16	0	0	0	0	0	0	0	
17	0	0	0	0	0	0	0	0

DWL / ZSDK: Datei "EFA3_1.DWL"
==============================

Dehnungswöhlerlinie:
----
b   : -0,10065
Sigma_f´ : 792,06 [N/mm²]
c   : -0,54614
eps_f´   : 0,28052

Zyklische Spannungs- Dehnungs- Kurve:
----
n´   : 0,18429
K´   : 1001,14 [N/mm²]

Schädigungskennwert: nach SMITH-WATSON-TOPPER

Ergebnisse:
===========

Lebensdauer: 2,988E+08

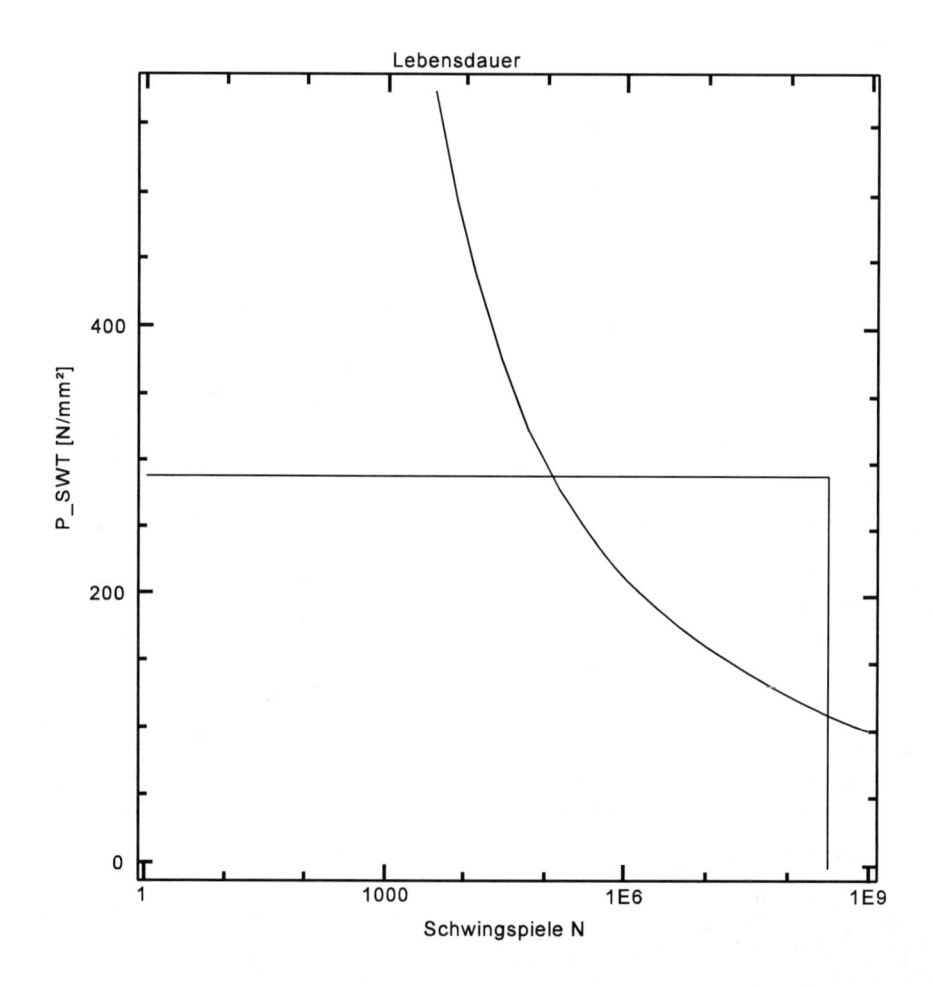

8.4 Rißwachstumskonzept

Aufgabe 4.1: Unter Verwendung der Rißwachstumsgeschwindigkeit $v_{j,i}$ für drei verschiedene Δk_j (Tabelle 8.13) sind die Konstanten der Paris-Erdogan-Gleichung (C und m) für P = 10, 50, 90 und 97,72 sowie die Konstanten C_m für m = 0 für die gleichen Wahrscheinlichkeiten zu berechnen. Die Rißwachstumskurven für C und m sowie für C_m und m = 3 sind darzustellen.

Tabelle 8.13 Rißwachstumsgeschwindigkeiten zu Aufgabe 4.1

ΔK_j	ΔK_1 = 1 000	ΔK_2 = 2 000	ΔK_3 = 3 000
j	v_1	v_2	v_3
1	1,31 e-4	1,13 e-3	3,94 e-3
2	1,94 e-4	1,30 e-3	3,98 e-3
3	2,28 e-4	1,57 e-3	4,05 e-3
4	2,60 e-4	1,78 e-3	4,56 e-3
5	2,98 e-4	1,92 e-3	5,75 e-3
6	3,10 e-4	1,98 e-3	5,79 e-3
7	3,56 e-4	2,03 e-3	5,89 e-3
8	3,57 e-4	2,07 e-3	6,49 e-3

Lösung: Fatigue laden, Rißwachstumskonzept, Konstantenbestimmung, Versuchsauswertung
Eingabe: Anzahl der Versuchsreihen i = 3
  Anzahl der Versuche j = 8
  Wahrscheinlichkeiten P_1 = 10, P_2 = 50, P_3 = 90, P_4 = 97,7
  m berechnen
  ΔK_1 = 1000, ΔK_2 = 2000, ΔK_3 = 3000,
  Versuchswerte v_1, v_2 und v_3 eingeben
Speichern: efa4_1.ekb (Eingabe)
Berechnen:
Protokoll: Datei, Drucken (s.Seite 248)
Grafik: Maus rechts - Rißwachstumsgeschwindigkeit, Drucken
  Oben: 8%, Höhe: 37% (s.Seite 250)
Speichern: efa4_1.kpe (Ergebnis)
  m berechnen, m = 3
Berechnen:
Protokoll: Datei, Drucken (s.Seite 249)
Grafik: Maus rechts - Rißwachstumsgeschwindigkeit, Drucken
  Oben: 50%, Höhe: 37% (s.Seite 250)
Speichern: efa4_1m.kpe (Ergebnis)

```
===============================================================================
Naubereit, Weihert                                           Fatigue 1.1
Einführung in die                                      Programm zur Berechnung
Ermüdungsfestigkeit                                    der Ermüdungsfestigkeit
Carl Hanser Verlag                                              25.11.98
===============================================================================
```

Ermittlung der Konstanten der Paris- Erdogan- Gleichung
in Abhängigkeit von der Überlebenswahrscheinlichkeit

Eingabedaten: Datei "EFA4_1.EKB"
=================================

Spannungsintensitätsfaktoren und Bruchschwingspielzahlen:
----

j i	1	2	3
delta K	1000,00	2000,00	3000,00
1	0,00013100	0,00113000	0,00394000
2	0,00019400	0,00130000	0,00398000
3	0,00022800	0,00157000	0,00405000
4	0,00026000	0,00178000	0,00456000
5	0,00029800	0,00192000	0,00575000
6	0,00031000	0,00198000	0,00579000
7	0,00035600	0,00203000	0,00589000
8	0,00035700	0,00207000	0,00649000

Ergebnisse:
===========

Konstanten der Paris- Erdogan- Gleichung:

P %	m	C
10,00	2,8707	4,07E-13
50,00	2,7060	1,9482E-12
90,00	2,5414	9,3255E-12
97,70	2,4497	2,2308E-11

8.4 Rißwachstumskonzept

```
================================================================================
Naubereit, Weihert                                            Fatigue 1.1
Einführung in die                                     Programm zur Berechnung
Ermüdungsfestigkeit                                   der Ermüdungsfestigkeit
Carl Hanser Verlag                                             25.11.98
================================================================================
```

Ermittlung der Konstanten der Paris- Erdogan- Gleichung
in Abhängigkeit von der Überlebenswahrscheinlichkeit

Eingabedaten: Datei "EFA4_1.EKB"
================================

Spannungsintensitätsfaktoren und Bruchschwingspielzahlen:
----

j i	1	2	3
delta K	1000,00	2000,00	3000,00
1	0,00013100	0,00113000	0,00394000
2	0,00019400	0,00130000	0,00398000
3	0,00022800	0,00157000	0,00405000
4	0,00026000	0,00178000	0,00456000
5	0,00029800	0,00192000	0,00575000
6	0,00031000	0,00198000	0,00579000
7	0,00035600	0,00203000	0,00589000
8	0,00035700	0,00207000	0,00649000

Ergebnisse:
===========

Konstanten der Paris- Erdogan- Gleichung:

P %	m	C
10,00	3,0000	1,5418E-13
50,00	3,0000	2,1452E-13
90,00	3,0000	2,9848E-13
97,70	3,0000	3,5876E-13

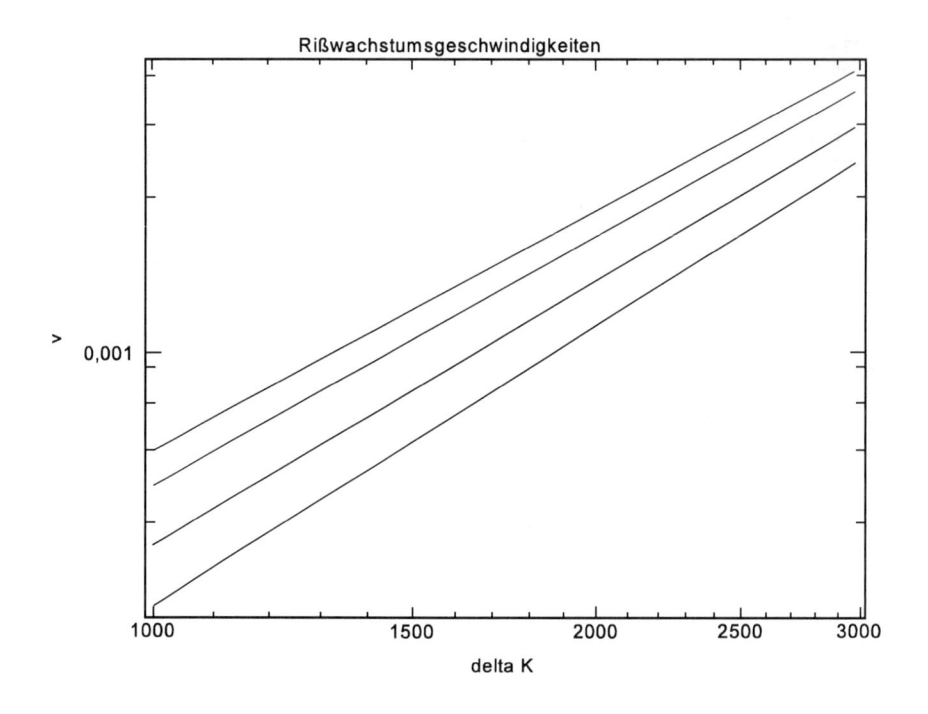

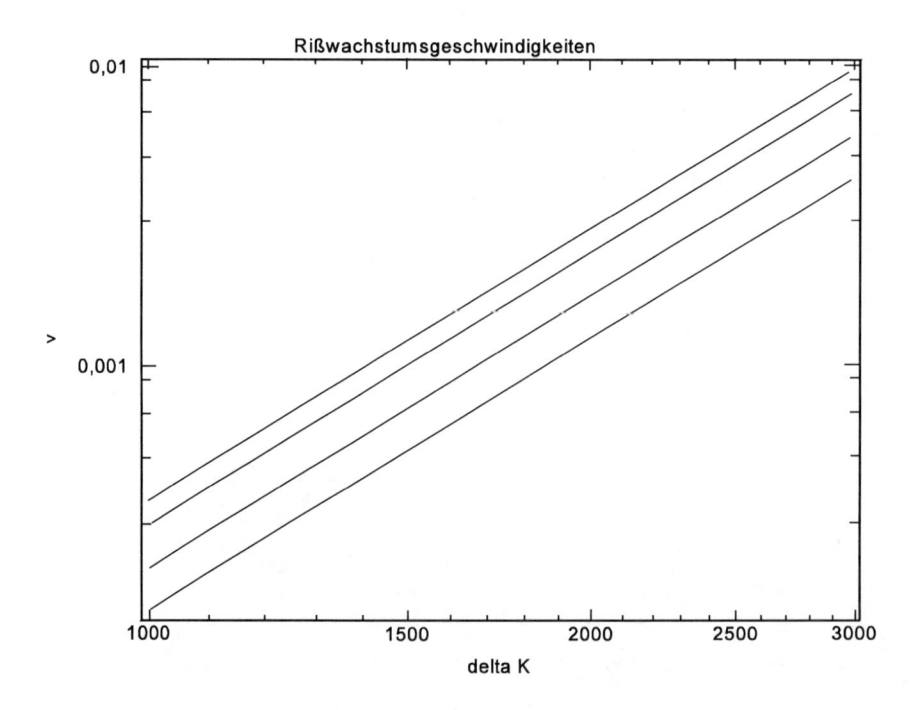

Rißwachstumsgeschwindigkeiten

Rißwachstumsgeschwindigkeiten

8.4 Rißwachstumskonzept

Aufgabe 4.2: Aus Einstufenversuchen sind für einen Werkstoff die Kennwerte der Paris-Erdogan-Gleichung (m,C) für 10 verschiedene Versuchsreihen ermittelt worden (Tabelle 8.14). Mit einer statistischen Auswertung für $\Delta K_1 = 794.3$, $\Delta K_2 = 1698.0$, und $\Delta K_3 = 3631.0$ sind die Kennwerte m und C für P = 10, 50, 90 und 97% zu berechnen.

Tabelle 8.14 Kennwerte zu Aufgabe 4.2

j	m	C
1	3,5900	1,59 e-15
2	3,1200	5,35 e-14
3	3,4400	4,76 e-15
4	3,3400	8,54 e-15
5	3,4600	3,26 e-15
6	3,1900	3,33 e-14
7	3,4600	3,35 e-15
8	3,0300	1,16 e-13
9	3,1700	2,64 e-14
10	3,2200	3,02 e-14

Lösung: Fatigue laden, Rißwachstumskonzept, Konstantenbestimmung, statistische Auswertung

Eingabe: Anzahl der Versuchsserien $j = 10$
Wahrscheinlichkeiten $P_1 = 10$, $P_2 = 50$, $P_3 = 90$, $P_4 = 97,7$
$\Delta K_1 = 794.3$, $\Delta K_2 = 1698.0$, $\Delta K_3 = 3631.0$
m_j und C_j eingeben

Speichern: efa4_2.eks

Berechnen:

Protokoll: Datei, Drucken (s.Seite 252)

Grafik: Maus rechts - Rißwachstumsgeschwindigkeiten, Drucken
Oben: 70%, Höhe: 20%

```
===============================================================================
Naubereit, Weihert                              Fatigue 1.1
Einführung in die                               Programm zur Berechnung
Ermüdungsfestigkeit                             der Ermüdungsfestigkeit
Carl Hanser Verlag                                    25.11.98
===============================================================================
```

Ermittlung der Konstanten der Paris- Erdogan- Gleichung
durch statistische Auswertung mehrerer Versuchsserien

Eingabedaten: Datei "EFA4_2.EKS"
================================

Spannungsintensitätsfaktoren:
----
delta K1: 794,30
delta K2: 1698,00
delta K3: 3631,00

Serie j	m	C
1	3,5900	1,59E-15
2	3,1200	5,35E-14
3	3,4400	4,76E-15
4	3,3400	8,54E-15
5	3,4600	3,26E-15
6	3,1900	3,33E-14
7	3,4600	3,35E-15
8	3,0300	1,16E-13
9	3,1700	2,64E-14
10	3,2200	3,02E-14

Ergebnisse:
===========

Konstanten der Paris- Erdogan- Gleichung:

P %	m	C
10,00	3,3698	5,9595E-15
50,00	3,3020	1,2781E-14
90,00	3,2342	2,741E-14
97,70	3,1964	4,1925E-14

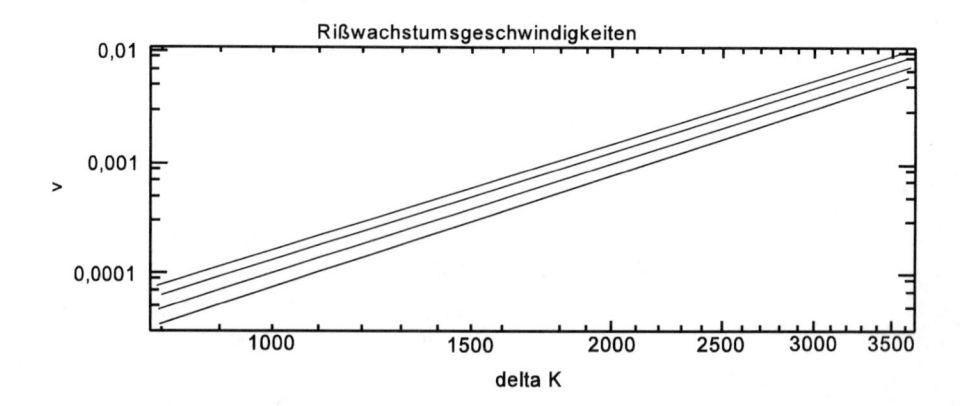

Rißwachstumsgeschwindigkeiten

8.4 Rißwachstumskonzept

Aufgabe 4.3: Für das Beanspruchungskollektiv (Tabelle 8.15) und den folgenden Parametern ist die Belastungszyklenzahl für eine Rißlängendifferenz von $a_0 = 15$ mm bis $a = 45$ mm zu berechnen.

Tabelle 8.15 Beanspruchungskollektiv zu Aufgabe 4.3

i	σ_{oi} [N/mm²]	σ_{ui} [N/mm²]	n_i
1	155,20	5,00	3
2	145,20	15,10	17
3	135,20	25,10	57
4	125,10	35,10	244
5	115,10	45,10	1 009
6	105,10	55,10	4 314
7	95,10	65,10	16 680
8	85,10	75,10	17 054

Probenbreite $B = 58$ mm
Geometriefunktion

$$\Delta K = \sigma \sqrt{a\pi} \left(1{,}12 + 2{,}87 \left(\frac{a}{W} \right)^2 \right)$$

Konstanten der Paris-Gleichung
für $P = 50\%$
$m = 3$, $C = 1{,}82\text{e-}13$
Konstanten für den Mittelspannungseinfluß
$A = 0{,}3$, $B = 0{,}42$

Lösung: Fatigue laden, Rißwachstumskonzept, Rißwachstum
Eingabe: Schwingbeanspruchung - Effektivwert
Anzahl der Klassen = 8, Tab-Taste
σ_{oi}, σ_{ui} und n_i für $i = 1 - 8$ eingeben
Speichern: efa4_3.ebk
Geometrie: $W = 58$ mm, $a_0 = 15$ mm eingeben
Probenform - freie Geometriefunktion
$C_0 = 1{,}12$, $C_2 = 2{,}87$ eingeben
Speichern: efa4_3.elr
Rißwachstumsgleichung - Erweitert Paris, $A = 0{,}3$, $B = 0{,}42$ eingeben
Konstanten, $P = 50$, $m = 3$, $C = 1{,}82\text{ e-}13$ eingeben
Einfluß Spannungsverhältnis $U(R)$ eingeben
Speichern: efa4_3.kpe
Integration über gesamte Rißlänge, Romberg
Abbruchkriterium, erreichen definierte Rißlänge
$a = 45$ mm eingeben
Berechnen:
Protokoll: Datei, Drucken (s. Seite 254 und 255)

```
===============================================================================
Naubereit, Weihert                                          Fatigue 1.1
Einführung in die                                   Programm zur Berechnung
Ermüdungsfestigkeit                                 der Ermüdungsfestigkeit
Carl Hanser Verlag                                            25.11.98
===============================================================================
```

Ermittlung der Lebensdauer anhand des Rißwachstums

Eingabedaten:
=============

Schwingbeanspruchung: Datei "EFA4_3.EBK"
----

i	S_o [N/mm²]	S_u [N/mm²]	n[i]
1	155,20	5,00	3
2	145,20	15,10	17
3	135,20	25,10	57
4	125,10	35,10	244
5	115,10	45,10	1009
6	105,10	55,10	4314
7	95,10	65,10	16680
8	85,10	75,10	17054

Geometrie: Datei "EFA4_3.ELR"

Probenbreite W: 58,00000 mm
Anrißlänge a0:   15,00000 mm
Probenform: Freie Geometriefunktion - Y(a)

$Y(a) = Pi^{(1/2)} [C\_0 + C\_1 (a/W) + C\_2 (a/w)^2 + \ldots + C\_5 (a/w)^5]$

C_0:	1,12000
C_1:	0,00000
C_2:	2,87000
C_3:	0,00000
C_4:	0,00000
C_5:	0,00000

Rißwachstumsgleichung Erweitert Paris: Datei "EFA4_3.ELR"

Einfluß Spannungsverhältnis: 1 + A * R für R >= -1; 1 / (1 - B * R)
für R < -1

A: 0,30000
B: 0,42000

Konstanten der Rißwachstumsgleichung: Datei "EFA4_3.KPE"

P %	m	C
50,00	3,0000	1,82E-13
0,00	0,0000	0
0,00	0,0000	0
0,00	0,0000	0

8.4 Rißwachstumskonzept   255

```
Integration über gesamte Rißlänge: Datei "EFA4_3.ELR"
-----------------------------------------------------

Integrationsverfahren : Romberg

Abbruch Integration bei Rißlänge a: 45,00000 mm


Ergebnisse: (P = 50,00 %)
==========

Schwingspielzahl N:     803993
Rißlänge a:             45,00000000 mm
da/dN:                  4,4703E-04 mm/SSp
delta_K:                1349,24N mm^(-3/2)
```

Aufgabe 4.4: Für die zweiparametrische Häufigkeitsverteilung der Nennspannung (Tabelle 8.16) mit den Kollektivgrößtwerten von σ_{max} = 160,2 N/mm² und σ_{min} = 0 N/mm² und den folgenden Parametern ist die Belastungszyklenzahl für eine Differenzrißlänge von a_0 = 15mm bis a = 45mm mit m = 3 und c = 4,6e-13 zu berechnen.

Tabelle 8.16 Zweiparametrische Häufigkeitsverteilung der Nennspannung

$p\backslash n$	1	2	3	4	5	6	7	8
2	0							
3	0	0						
4	0	0	0					
5	0	0	0	2				
6	0	0	3	7	18			
7	0	0	4	20	63	153		
8	0	1	8	30	142	631	2 430	
9	0	3	19	61	298	1456	6 956	8 261
10	2	6	10	71	302	1420	5 483	6 956
11	1	4	8	35	121	485	1 420	1 456
12	0	2	3	12	48	121	302	298
13	0	1	1	4	12	35	71	61
14	0	0	1	1	3	8	10	19
15	0	0	0	1	2	4	6	3
16	0	0	0	0	0	1	2	0

$p\backslash n$	9	10	11	12	13	14	15
10	2 436						
11	631	153					
12	142	63	18				
13	30	20	7	2			
14	8	4	3	0	0		
15	1	0	0	0	0	0	
16	0	0	0	0	0	0	0

Lösung: Fatigue laden, Rißwachstumskonzept, Rißwachstum
Eingabe: Korrelationstabelle, Effektivwert
Anzahl der Klassen = 16, Tab-Taste
σ_{max} = 160,2, Tab-Taste
σ_{min} = 0,0, Tab-Taste
Häufigkeiten (p,n) eingeben
Speichern: efa4_4.ebk
Geometrie: W = 58 mm, Tab-Taste, a_0 = 15 mm Tab-Taste
Probenform - freie Geometriefunktion
C_0 = 1,12, C_2 = 2,87 eingeben
Speichern: efa4_4.elr
Rißwachstumsgleichung - Erweitert Paris, A = 0,3, B = 0,42 eingeben
Konstanten, P = 95, m = 3, C = 4,6 e-13 eingeben
Einfluß Spannungsverhältnis $U(R)$ eingeben
Speichern: efa4_4.kpe
Integration über gesamte Rißlänge, Romberg
Abbruchkriterium, erreichen definierte Rißlänge
a = 45 mm eingeben
Berechnen:
Protokoll: Datei, Drucken (s. Seite 257 und 258)

8.4 Rißwachstumskonzept

```
===============================================================================
   Naubereit, Weihert                                          Fatigue 1.1
   Einführung in die                                 Programm zur Berechnung
   Ermüdungsfestigkeit                                der Ermüdungsfestigkeit
   Carl Hanser Verlag                                             25.11.98
===============================================================================

Ermittlung der Lebensdauer anhand des Rißwachstums

Eingabedaten:
=============

Korrelationstabelle: Datei "EFA4_4.EBK"
---------------------------------------

S_max: 160,20 N/mm²
S_min:   0,00 N/mm²

p|n|    1   |   2   |   3   |   4   |   5   |   6   |   7   |   8   |
-----------------------------------------------------------------------
  2|    0|
  3|    0|      0|
  4|    0|      0|      0|
  5|    0|      0|      0|      2|
  6|    0|      0|      3|      7|     18|
  7|    0|      0|      4|     20|     63|    153|
  8|    0|      1|      8|     30|    142|    631|   2430|
  9|    0|      3|     19|     61|    298|   1456|   6956|   8261|
 10|    2|      6|     10|     71|    302|   1420|   5483|   6956|
 11|    1|      4|      8|     35|    121|    485|   1420|   1456|
 12|    0|      2|      3|     12|     48|    121|    302|    298|
 13|    0|      1|      1|      4|     12|     35|     71|     61|
 14|    0|      0|      1|      1|      3|      8|     10|     19|
 15|    0|      0|      0|      1|      2|      4|      6|      3|
 16|    0|      0|      0|      0|      0|      1|      2|      0|

p|n|    9   |  10   |  11   |  12   |  13   |  14   |  15   |
-------------------------------------------------------------
 10|  2436|
 11|   631|    153|
 12|   142|     63|     18|
 13|    30|     20|      7|      2|
 14|     8|      4|      3|      0|      0|
 15|     1|      0|      0|      0|      0|      0|
 16|     0|      0|      0|      0|      0|      0|      0|

Geometrie: Datei "EFA4_4.ELR"
-----------------------------

Probenbreite W:  58,00000 mm
Anrißlänge a0:   15,00000 mm
Probenform:      Freie Geometriefunktion - Y(a)

Y(a) = Pi^(1/2) [C_0 + C_1 (a/W) + C_2 (a/w)^2 + ... + C_5 (a/w)^5]

C_0:             1,12000
C_1:             0,00000
C_2:             2,87000
C_3:             0,00000
C_4:             0,00000
C_5:             0,00000
```

Rißwachstumsgleichung Erweitert Paris: Datei "EFA4_4.ELR"

Einfluß Spannungsverhältnis: $1 + A * R$ für $R >= -1$; $1 / (1 - B * R)$ für $R < -1$

A: 0,30000
B: 0,42000

Konstanten der Rißwachstumsgleichung: Datei "EFA4_4.KPE"

P %	m	C
95,00	3,0000	4,6E-13
0,00	0,0000	0
0,00	0,0000	0
0,00	0,0000	0

Integration über gesamte Rißlänge: Datei "EFA4_4.ELR"

Integrationsverfahren : Romberg

Abbruch Integration bei Rißlänge a: 45,00000 mm

Ergebnisse: (P = 95,00 %)
==========

Schwingspielzahl N: 560590
Rißlänge a: 45,00000000 mm
da/dN: 6,4113E-04 mm/SSp
delta_K: 1117,03 N mm^(-3/2)

Antworten zu den Fragen

Auswertung von Betriebsbeanspruchungen

2.1 Ursachen der Betriebsbeanspruchungen sind Eigenspannungen, statische und dynamische Beanspruchungen.

2.2 Nach dem zeitlichen Verlauf werden Betriebsbeanspruchungen in stationäre und instationäre Beanspruchungen eingeteilt. Die stationären Beanspruchungen enthalten periodische und zufallsartige Beanspruchungen. Zu den instationären Beanspruchungen gehören stoßartige und zufallsartige Beanspruchungen.

2.3 Die charakteristischen Größen der harmonischen Beanspruchung sind Mittelwert, Amplitude, Maximum, Minimum, Schwingbreite, Spannungsverhältnis und Kreisfrequenz.

2.4 Mittelwert: $X_m = \dfrac{1}{T} \displaystyle\int_0^T X(t)\,dt$

Standardabweichung: $s = \sqrt{\dfrac{1}{T}\displaystyle\int_0^T (X(t)-X_m)^2\,dt}$

2.5 Für ein Erzeugnis bzw. Bauteil muß die Beanspruchungsfunktion charakteristisch sein und alle Betriebsbedingungen für die gesamte Einsatzzeit enthalten. Weiterhin muß der Umfang der Beanspruchungsfunktion für eine geforderte Wahrscheinlichkeit ein statistisch gesichertes Ergebnis ermöglichen.

2.6 Der Einsatzspiegel eines Erzeugnisses beinhaltet Betriebsbedingungen, Einsatzzyklen, Betriebszustände und deren Belastungszustände. Weiterhin sind der Umfang der Belastungszustände und die Zuordnung zu den Funktionsgruppen und Einsatzzyklen erforderlich.

2.7 Die Diskretisierung der Beanspruchungsfunktion erfolgt nach folgenden Merkmalen: Die Funktion erreicht bzw. überschreitet ein bestimmtes Niveau, die Schwingbreite hat definierte Werte, die Funktion durchläuft einen Extremwert und die Funktion wird zu äquidistanten Zeitpunkten bestimmt.

2.8 Die regellose Beanspruchungsfunktion wird auch als Betriebs-, Random- oder zufallsartige Beanspruchung bezeichnet.

2.9 Folgende einparametrische Zählverfahren sind bekannt: Zählung der Überschreitungshäufigkeiten, der Schwingbreiten und der Spitzenwerte. Die Zählung der Spitzenwerte wird unterschieden in Spitzenwertverfahren I, II und III.

2.10 Zweiparametrische Zählverfahren sind: Zweiparametrische Spitzenwertzählung, Zählverfahren Volle Zyklen und Rain Flow.

2.11 Aus der Korrelationstabelle können die Ergebnisse der einparametrischen Zählverfahren berechnet werden. Klassenhäufigkeiten der

- Schwingbreiten $h_{j,a}$ ⇒ Summation in Richtung der Diagonalen
- Maxima $h_{j,\max}$ ⇒ Summation in Zeilenrichtung
- Minima $h_{j,\min}$ ⇒ Summation in Spaltenrichtung
- reguläre Spitzenwerte $h_{j,\text{rsp}}$

  $h_{j,\text{rsp}} = h_{j,\min}$ für $X < \overline{X}$

  $h_{j,\text{rsp}} = h_{j,\max}$ für $X \geq \overline{X}$
- Spitzenwerte

  $h_{j,\text{sp}} = h_{j,\min} - h_{j,\max}$ für $X < \overline{X}$

  $h_{j,\text{sp}} = h_{j,\max} - h_{j,\min}$ für $X \geq \overline{X}$

2.12 Beim zweiparametrischen Zählverfahren der Extremwerte werden alle Schwingungen mit Ober- und Unterwert registriert. Auf der Grundlage des zyklischen Spannungs- Dehnungsverhalten erfolgt nach dem Zählverfahren Volle Zyklen und Rain Flow die Registrierung eingeschlossener und übergeordneter Extremwerte der Hystereseschleifen. Das Zählverfahren Volle Zyklen erfordert die Speicherung des gesamten Beanspruchungsverlaufes und die Zählung, Registrierung und Aussonderung der Schwingungen mit gleicher Schwingbreite. Demgegenüber gestattet das Zählverfahren Rain Flow eine kontinuierliche Zählung der eingeschlossenen und übergeordneten Extremwerte.

2.13 Die Häufigkeitsdichte $h(X)$ ist die Abhängigkeit der Klassenhäufigkeit h_j von der Beanspruchung X. Werden die Klassenhäufigkeiten h_j von 1 bis j summiert, so wird das Ergebnis mit absoluter Summenhäufigkeit H_j bezeichnet. Die Häufigkeitsfunktion $H(X)$ ist die Abhängigkeit der Summenhäufigkeit H_j von der Beanspruchung X und die komplementäre Haufigkeitsfunktion $\overline{H}(X)$ die Abhängigkeit der komplementären Summenhäufigkeit $\overline{H}_j$ von der Beanspruchung.

2.14 Summenhäufigkeit: $H_j = \sum\limits_{j=1}^{j} h_j$

Komplementäre Summenhäufigkeit: $\overline{H}_j = \sum\limits_{j=k}^{i} h_j$

2.15 Das Beanspruchungskollektiv entspricht der Fläche zwischen der Häufigkeitsfunktion und der komplementären Häufigkeitsfunktion und entspricht der Schwingbreite in Abhängigkeit von der Summenhäufigkeit. Das Amplitudenkollektiv ist die Abhängigkeit der Amplituden von der Summenhäufigkeit.

2.16 Normkollektive sind bezogene Beanspruchungskollektive, die zur Vergleichbarkeit von Versuchsergebnissen vereinbart wurden. Es sind p- und q-Wertkollektive bekannt. In der Stahlbaunorm werden p-Wertkollektive verwendet.

2.17 Relative Klassenhäufigkeit: $f_j = \dfrac{h_j}{H_k}$

Relative Summenhäufigkeit: $F_j = \dfrac{H_j}{H_k}$

2.18 Die Verteilungsdichte $f(X)$ ist die Abhängigkeit der relativen Klassenhäufigkeit f_j von der Beanspruchung X und die Verteilungsfunktion $F(X)$ ist die Abhängigkeit der relativen Summenhäufigkeit F_j von der Beanspruchung X. Zur Extrapolation von Beanspruchungskollektiven wird die Verteilungsfunktion verwendet.

2.19 Mittelwert: $\overline{X} = \dfrac{\sum_{j=1}^{k} X_{M,j} \, h_j}{H_k}$

Standardabweichung: $s = \sqrt{\dfrac{\sum_{j=1}^{k} (X_{M,j} - \overline{X})^2}{H_k - 1}}$

2.20 Der Crestfaktor ist der Kollektivgrößtwert, bezogen auf die Standardabweichung.

2.21 Ein Zeitanteil ist die Zeit eines Beanspruchungskollektives im gesamten Beanspruchungsverlauf und ein relativer Zeitanteil ist der Zeitanteil bezogen auf die gesamte Zeit des Beanspruchungsverlaufes.

2.22 Klassenhäufigkeit des Gesamtkollektives: $h_j = \sum h_{ij} \, \tau_i$

Lebensdauer nach dem Nennspannungskonzept

3.1 Die bekanntesten Wöhlerliniengleichungen sind:

- Wöhlerlinie in σ-lg$N$-Koordinaten
- Wöhlerliniengleichung nach STÜSSI
- Wöhlerliniengleichung nach KLIEMAND
- Wöhlerlinie als Gerade in lgσ-lg$N$-Koordinaten

Die Wöhlerlinie als Gerade in lgσ-lg$N$-Koordinaten hat sich international durchgesetzt. Sie ist auch in der FKM-Richtlinie und in den Normen des Stahlbaues enthalten.

3.2 Aus Mittelwert $\overline{N}$ und Standardabweichung $s_{\lg N}$ kann die Lastzyklenzahl mit dem Quantil der standardisierten Normalverteilung, für eine vorgegebene Wahrscheinlichkeit, mit der folgenden Formel berechnet werden.

$$\lg N_{\text{Pü}} = \lg \overline{N} - u_{\text{P}}\, s_{\lg N}$$

3.3 Mit einer Ausgleichsrechnung nach dem Fehlerquadratminimum werden die Konstanten m und K der Wöhlerliniengleichung berechnet. Grundlage dafür sind die Versuchsergebnisse N_{iV} und die Wöhlerliniengleichung $N_i(m,K)$ sowie die Bedingungen $\partial FQ / \partial m = 0$ und $\partial FQ / \partial \lg K = 0$.

3.4 Der Wöhlerlinienexponent m ist von vielen Einflußgrößen abhängig und kann aus Versuchsergebnissen berechnet werden. In den Vorschriften sind für den Wöhlerlinienexponent Werte definiert, z.B. $m = 5$ für Maschinenbauteile und $m = 3$ für Schweißverbindungen. Sollen Versuchsergebnisse mit Festlegungen der Vorschriften verglichen werden, so ist eine Ausgleichsrechnung mit vorgegebenen Wöhlerlinienexponent sinnvoll.

3.5 Dauerfestigkeit: $s_D = (K / N_D)^{1/m}$

3.6 Die bekanntesten Verfahren zur Berechnung der Dauerfestigkeit sind das Treppenstufen-Verfahren, Probit-Verfahren und Locati-Verfahren.

3.7 Nach der FKM-Richtlinie kann die Wöhlerlinie für mechanisch gekerbte Bauteile ermittelt werden. Dazu sind die wesentlichsten Angaben zum Bauteil:
- Werkstoff
- Abmessungen
- Kerbwirkungszahl
- Rauhigkeitsfaktor
- Randschichtfaktor

3.8 Für Schweißverbindungen kann die Wöhlerlinie nach der Stahlbaunorm ermittelt werden. Dazu sind Angaben zum Werkstoff und Kerbfall erforderlich.

3.9 Die Hypothesen zur Berechnung der Lebensdauer unterscheiden sich durch die unterschiedliche Berücksichtigung der Schädigungsanteile unterhalb der Dauerfestigkeit.
- Originale Miner-Hypothese: Keine Berücksichtigung der Schädigungsanteile unterhalb der Dauerfestigkeit.
- Elementare Miner-Hypothese: Schädigungsanteile unterhalb der Dauerfestigkeit werden mit dem Wöhlerlinienexponent m berechnet
- Modifizierte Miner-Hypothese: Unterhalb der Dauerfestigkeit werden die Schädi-gungsanteile mit einem Wöhlerlinienexponent $(2m - 1)$ berechnet.

3.10 In der Stahlbaunorm enthalten die Beanspruchungsgruppen die Kollektivform und die zulässigen Lastzyklen.

3.11 Nach der Stahlbaunorm wird die zulässige Spannung beim Ermüdungsfestigkeitsnachweis durch den Werkstoff, den Kerbfall, die Beanspruchungsgruppe und das Spannungsverhältnis beeinflußt.

Lebensdauer nach örtlichen Konzepten

4.1 Bei Einstufenversuchen mit konstanter Dehnungsamplitude werden Hystereseschleifen registriert. Die Hystereseschleife bei 50 % der Anrißlastzyklen N_A wird ausgewertet (s_a, ε_a, N_a) und aus der gesamten Dehnungsamplitude der elastische und plastische Anteil ermittelt (ε_{ae}, ε_{ap}). Aus einer statistischen Auswertung der Einstufenversuche auf verschiedenen Dehnungshorizonten folgen die Konstanten der Dehnungswöhlerlinie und daraus die Konstanten der zyklischen Spannungs-Dehnungskurve.

4.2 Die zyklische Spannungs-Dehnungs-Kurve charakterisiert das Verformungsverhalten des Werkstoffes im elastischen und plastischen Bereich bei einer dynamischen Belastung. Sie dient zur Berechnung der plastischen Spannung und Dehnung der Beanspruchung. Näherungsweise ist das unter Verwendung der Neuberhyperbel bzw. mit einer FE-Berechnung möglich.

4.3 Für mechanisch gekerbte Bauteile, bei denen eine Nennspannung definiert werden kann, sind in der FKM-Richtlinie Formzahlen angegeben. Ist die Definition einer Nennspannung nicht möglich, so kann die Berechnung der Kerbspannung mit einem FE-Programm erfolgen. Bei Schweißverbindungen ist an der Kerbe, bzw. am Schweißnahtübergang ein Übergangsradius von 1mm zu verwenden.

4.4 Der Schädigungskennwert nach SMITH, WATSON und TOPPER wird am häufigsten angewendet. Für Werkstoffe mit einer Mittelspannungsempfindlichkeit von $M > 0{,}6$ ist der Schädigungskennwert von BERGMANN erforderlich. Ein weiterer Schädigungskennwert wurde von HAIBACH und LEHRKE veröffentlicht. Er enthält eine effektive Schwingbreite der elastisch-plastischen Spannung und Dehnung.

4.5 Von BOLLER und SEEGER sind für eine große Anzahl von Stählen die Kennwerte der ZSD-Kurve und der Dehnungswöhlerlinie veröffentlicht. Damit kann für Bauteile aus diesen Werkstoffen die Lebensdauer berechnet werden, d.h., es sind zur Berechnung der Lebensdauer keine Bauteilwöhlerlinien erforderlich. Die Ergebnisse der Lebensdauerberechnung nach dem Kerbgrundkonzept sind Mittelwerte. Eine Aussage zu der zulässigen Lebensdauer bei Anwendung des Kerbgrundkonzeptes ist bisher nicht veröffentlicht.

4.6 Das Kerbspannungskonzept wird vorwiegend für Schweißverbindungen angewendet. An der Kerbe bzw. an Schweißnahtübergängen sind Übergangsradien von 1 mm zu verwenden und damit die Kerbspannung zu berechnen. Im IIW-Bericht von 1996 sind Kerbspannungswöhlerlinien für Schweißverbindungen veröffentlicht. Unter diesen beiden Voraussetzungen kann mit der modifizierten Miner-Hypothese die Lebensdauer berechnet werden.

4.7 Das Strukturspannungskonzept wurde für meerestechnische Bauteile entwickelt und kommt auch im Behälterbau zur Anwendung. Je nach Vorschrift wird an definierten Stellen die Spannung berechnet. Daraus folgt die Hot-Spot-Spannung an der gefährdeten Stelle. Eine vorgegebene Strukturspannungswöhlerlinie gestattet die Berechnung der Lebensdauer nach der modifizierten Miner-Hypothese.

Ermüdungsrißwachstum angerissener Bauteile

5.1 Modus I: Bewegung der Rißoberfläche senkrecht zur Rißebene.
Modus II: Bewegung der Rißoberfläche in Richtung der Rißrichtung.
Modus III: Bewegung der Rißoberfläche quer zur Rißrichtung.

5.2 Für Mittenriß und Seitenriß in Proben oder Bauteilen mit konstanter Spannung am Rand sind Ergebnisse für den Spannungsintensitätsfaktor aus der Literatur bekannt. Bei bekannter Spannungsverteilung können Näherungslösungen (BUECKNER) und verwendet werden. Komplexe Strukturen erfordern die Berechnung der Spannungsintensitätsfaktoren mit FE-Programmen. Das FE-Programm ANSYS enthält Rißspitzenelemente, mit denen die Berechnung der Spannungsintensitätsfaktoren problemlos erfolgen kann.

5.3 Die bekannteste Rißwachstumsgleichung ist die Beziehung von PARIS und ERDOGAN. Sie gibt die Rißwachstumsgeschwindigkeit in Abhängigkeit vom zyklischen Spannungsintensitätsfaktor ΔK, von einer werkstoffabhängigen Konstante C und einem Exponenten m an. Mit den Forman-Gleichungen kann das Spannungsverhältnis des zyklischen Spannungsintensitätsfaktors berücksichtigt werden.

5.4 Der zyklische Spannungsintensitätsfaktor ΔK ist die Schwingbreite des Spannungsintensitätsfaktors.

5.5 Die Werte ΔK_0 und ΔK_c sind Grenzwerte der Rißwachstumskurve. Der untere Grenzwert ist ΔK_0, bei dem Rißwachstum beginnt. Der obere Grenzwert ist Δk_c, bei dem instabiles Rißwachstum auftritt.

5.6 Mit Werkstoffproben wird bei Einstufenversuchen die Rißwachstumsgeschwindigkeit in Abhängigkeit vom zyklischen Spannungsintensitätsfaktor bestimmt. Unter Verwendung einer Ausgleichsrechnung erhält man daraus die Konstanten C und m der Paris-Erdogan-Gleichung.

5.7 Das Spannungsverhältnis des zyklischen Spannungsintensitätsfaktors kann mit der Forman-Gleichung oder mit einem effektiven zyklischen Spannungsintensitätsfaktors berücksichtigt werden. Für den effektiven zyklischen Spannungsintensitätsfaktor sind zwei Lösungsansätze bekannt. Die darin enthaltenen Konstanten A und B müssen experimentell ermittelt werden.

5.8 Bei einer einstufigen Belastung erhält man die Rißlänge aus der Integration der Paris-Erdogan-Gleichung. Für einen von der Rißlänge unabhängigen zyklischen Spannungsintensitätsfaktor ist eine geschlossene Lösung möglich. Ist diese Bedingung nicht erfüllt, so folgt die Rißlänge aus einer numerischen Integration.

5.9 Bei einer nichteinstufigen Belastung kann aus dem Schwingbreitenkollektiv eine effektive Schwingbreite berechnet werden. Mit dieser effektiven Schwingbreite folgt die Rißlänge aus der Integration der Paris-Erdogan-Gleichung. Beschleunigungs- und Verzögerungseffekte durch Tief-hoch- und Hoch-tief-Belastungssprünge bleiben dabei unberücksichtigt.

Literaturverzeichnis

[1] *Blumenauer, H.*; *Pusch, G.*: Technische Bruchmechanik. Deutscher Verlag für Grundstoffindustrie, Leipzig 1982.

[2] *Boller, C.*; *Seeger, T.*: Materials data for cyclic loading, Part A - E. Elsevier Science Publishers, Amsterdam, 1987.

[3] *Buxbaum, O.*: Betriebsfestigkeit, Sichere und wirtschaftliche Bemessung schwingbruchgefährdeter Bauteile. Verlag Stahleisen mbH, Düsseldorf 1986.

[4] *Cottin, D.*; *Puls, E.*: Angewandte Betriebsfestigkeit. Carl Hanser Verlag München Wien, 1992.

[5] *Haibach, E.*: Betriebsfestigkeit, Verfahren und Daten zur Bauteilberechnung. VDI-Verlag GmbH, Düsseldorf 1989.

[6] *Nickel, A.*; *Theilig, H.*: Spannungsintensitätsfaktoren. Fachbuchverlag Leipzig 1987.

[7] *Radaj, D.*: Ermüdungsfestigkeit, Grundlagen für Leichtbau, Maschinen- und Stahlbau. Springer Verlag, 1995.

[8] *Schott, G.*: Werkstoffermüdung, Verhalten metallischer Werkstoffe unter wechselnden mechanischen und thermischen Beanspruchungen. Deutscher Verlag für Grundstoffindustrie, Leipzig 1977.

[9] *Schwalbe, K.H.*: Bruchmechanik metallischer Werkstoffe. Carl Hanser Verlag, München 1980.

[10] *Zammert, W.U.*: Betriebsfestigkeitsberechnung. Grundlagen, Verfahren und Technische Anwendungen. Friedrich Vieweg und Sohn, Braunschweig 1985.

[11] DIN 45667: Klassierverfahren für das Erfassen regelloser Schwingungen. Oktober 1969.

[12] DIN 50100: Werkstoffprüfung, Dauerschwingversuche. Begriffe, Zeichen, Durchführung, Auswertung, Februar 1978.

[13] DINVENV 1993-Teil 1-1: Bemessung u. Konstruktion von Stahlbauten, Apr. 93.

[14] DIN 15018: Krane. Teil 1 Grundsätze für Stahltragwerke, Berechnung, November 1984.

[15] DIN 4132: Kranbahnen, Stahltragwerke, Grundsätze für Berechnung, bauliche Durchbildung und Ausführung, Februar 1981.

[16] Richtlinie: Festigkeitsnachweis, Rechnerischer Festigkeitsnachweis für Maschinenbauteile. Forschungshefte, Heft 183-2, Forschungskuratorium Maschinenbau e.V., 1994.

[17] *Stüssi, F.*: Die Theorie der Dauerfestigkeit und die Versuche von August Wöhler. Mitteilung der TKVSB Nr.13, Zürich 1955.

[18] *Kliemand, W.*: Beitrag zur Theorie der Dauer- und Zeitfestigkeit. Diss. TU Dresden 1967.

[19] TGL 19336: Ermüdungsfestigkeit, Planung und Auswertung von Ermüdungsfestigkeitsversuchen. Dezember 1983.

[20] *Bühler, H.; Schreiber, W.*: Lösung einiger Aufgaben der Dauerfestigkeit mit dem Treppenstufen-Verfahren. Arch. Eisenhüttenwesen 28 (1957) H.3, S.153-156.

[21] *Miner, M.A.*: Cumulative Fatigue Damage. J. Appl. Mech. 12 (1945) H.3, S.159-164.

[22] *Palmgren, A.*: Die Lebensdauer von Kugellagern. VDI-Z. 58 (1924), S.339-341.

[23] *Corten, H.T.; Dolan, T.I.*: Cumulative Fatigue Damage. Proc. of the Int. Conference on Fatigue of Metals, London 1956, S.235-246.

[24] *Serensen, S.W.; Koslow, L.A.*: Die Berechnung der Sicherheit nichtstationärer, veränderlicher Spannungszustände. Konstruirovanie, rasect i isptanie masin (1962) 4, S.11-17.

[25] *Oxfort, J.*: Beitrag zur Betriebsfestigkeitsuntersuchung von Stahlkonstruktionen bei beliebiger Form des Beanspruchungskollektives. Der Stahlbau 38 (1969) 3, S.210-247.

[26] *Haibach, E.*: Modifizierte lineare Schadensakkumulations-Hypothese zur Berücksichtigung des Dauerfestigkeitsabfalls mit fortschreitender Schädigung. Technische Mitteilung Nr. 50/70 des Laboratoriums für Betriebsfestigkeit, 1970.

[27] *Mogwitz, H.; Wirthgen, G.*: Betriebsfestigkeit, Sammlung von Versuchsergebnissen, Vergleich mit Berechnungsverfahren und Korrekturvorschlägen. IfL-Berichts-Nr. 530-9/85.

[28] *Buxbaum, O.; u.a.*: Vergleich der Lebendauervorhersage nach dem Kerbgrundkonzept und dem Nennspannungskonzept. Frauenhofer-Institut für Betriebsfestigkeit Darmstadt, Bericht Nr.FB-169(1983).

[29] *Morrow, Jo Dean*: Cyclic Plastic Strain Energy and Fatigue of Metals. ASTM, STP 378, 1965, pp. 45-87.

[30] *Landgraf, R.W.; Morrow, Jo Dean; Endo, T.*: Determination of the Cyclic Stress-Strain Curve. Journ. of Materials, IMLSA, Vol.4, No.1, March 1969, pp. 176-188.

[31] *Smith, K.N.; Watson, P.;Topper, T.H.*: A Stress-Strain Function of the Fatigue of Metals. Journal of Materials,IMLSA, Vol.5, No.4, 1970, pp. 767-778.

[32] *Haibach, E.*: Betriebsfestigkeit, Verfahren und Daten zur Bauteilberechnung. VDI-Verlag GmbH, Düsseldorf, 1989.

[33] *Bergmann, I.W.*: Zur Betriebsfestigkeit gekerbter Bauteile auf der Grundlage der örtlichen Beanspruchung. Dissertation, Technische Hochschule Darmstadt, 1983.

[34] *Haibach, E.*; *Lehrke, H.P.*: Das Verfahren der Amplituden-Transformation zur Lebensdauerberechnung bei Schwingbeanspruchung. Arch. Eisenhüttenw. 47 (1976) Nr.10, S.623-628.

[35] *Müller, G.*; *Rehfeld, I.*; *Katheder, W.*: FEM für Praktiker. Die Methode der Finiten Elemente mit dem FE-Programm ANSYS Rev. 5.0. expert verlag, 1994.

[36] *Groth, C.*; *Müller, G.*: FEM für Praktiker - Temperaturfelder. Basiswissen und Arbeitsbeispiele zur Methode der Finiten Elemente mit dem FE-Programm ANSYS 5.0: Temperaturfeldberechnungen. expert verlag, 1995.

[37] *Masing, G.*: Eigenspannung und Verfestigung beim Messing. Proc. 2nd. Int. Conf. Applied Mech., Zürich (1926), S.332-335.

[38] *Radaj, D.*: Gestaltung und Berechnung von Schweißkonstruktionen. Fachbuchreihe Schweißtechnik, Band 82. Deutscher Verlag für Schweißtechnik GmbH, Düsseldorf, 1985.

[39] *Hobacher, A.*: Fatigue design of welded joints and components. The International Institute of Welding. XIII - 1539 - 96 / XV - 845 - 96.

[40] *Bakczewitz, F.*; *Friedrich, P.*; *Naubereit, H.*: Betriebsfestigkeit schiffbaulicher Schweißverbindungen bei verschiedenen Randombelastungen. Abschlußbericht zum BMFT - Vorhaben 18S0038, Universität Rostock, Mai 1995.

[41] *Naubereit, H.*: Anwendung der FEM zur Berechnung der Lebensdauer von Schweißkonstruktionen. 14. CAD-FEM Users Meeting, 9. bis 11. Oktober 1996.

[42] *Naubereit, H.*: Anwendung des Kerbspannungskonzeptes zur Berechnung der Lebensdauer von Schweißkonstruktionen. 15. CAD-FEM Users Meeting, 15. Bis 17. Oktober 1997.

[43] Germanischer Lloyd: Klassifikations- und Bauvorschriften, Schiffstechnik, Teil 1 - Seeschiffe, Kapitel 1-Schiffskörper, Ausgabe 1992.

[44] *Bueckner, H.F.*: A Noval Principle for the Computation of Stress Intensity Factors. ZAMM 50,9, S.529-546 (1970).

[45] *Cartwright, D.J.*: Stress Intensity Factor Determination. Developments in Fracture Mechanics. Editor G.G.Chell, Applied Science Publishers LTD, London, 1979.

[46] *Chell, G.G.*: The Stress Intensity Factors for Cracks in Stress Gradients. Int. Journal of Fracture 9, (1973), S.338-340.

[47] *Bueckner, H.F.*: Weight Functions for the Notched Bar. ZAMM 51 (1971), S.97-109.

[48] *Paris, P. C.*; *Gomez, M. P.*; *Anderson, W. E.*: The Trend in Engineering. University of Washington, Vol. 13 (1961), Nt.I.

[49] *Gurney, T. R.*: Fatigue of welded structures. Cambridge University Press, Cambridge 1979.

[50] *Heyer, H.*: Beitrag zum Rißwachstumsverhalten bei nichteinstufiger Belastung. Diss. A, Universität Rostock, 1990.

[51] *Lukacz, I.*: Lebensdauerabschätzung auf der Basis von Materialkennwerten und der Zuverlässigkeit von Methoden der Messung von Rißlängen. WZdTH Magdeburg, 1985, H.5.

[52] DET NORSKE VERITAS: Rules for the design, construction and inspection of offshore structures. Appendix C, steel structures, 1977, reprint with corrections (1982).

[53] *Forman, R. G.; Kearney, V. E.; Engle, R. M.*: Journal of Basic Engineering ASME, Serie D 89, 459 (1967).

[54] *Bakczewitz,F.; Friedrich,P.; Naubereit, H.*: Zum Einfluß der Druckmittelspannung auf die Betriebsfestigkeit. Abschlußbericht zum BMBF-Vorhaben 18S0059B, Universität Rostock, Dezember 1998.

[55] *Wheeler, O. E.*: Spectrum loading and crack growth. Trans. ASME, Journal of Engineering 94 (1972), S.181-186.

[56] *Willenborg, J.; Engle, R. M.; Wood, H. A.*: A crack Growth Retardation Model Using an Effective Stress Concept. TM 71-1-FBR, Wright-Patterson AFB, Ohio (1971).

[57] *Hanel, J. J.*: Rißfortschreitung in ein- und mehrstufig schwingbelasteten Scheiben mit besonderer Berücksichtigung des partiellen Rißschließens. Veröffentlichungen des Institutes für Statik und Stahlbau, TH Darmstadt, H.27, 1975.

[58] *Führing, H.*: Modell zur nichtlinearen Rißfortschrittsvorhersage unter Berücksichtigung von Lastreihenfolgeeinflüssen (LOSEQ). LBF-Bericht Nr. FB-162 (1982).

[59] *Engeln-Müllges, G.; Reuter, F.*: Formelsammlung zur numerischen Mathematik mit Turbo-Pascal Programmen. Wissenschaftsverlag Mannheim, Wien, Zürich 1991.

Sachwortverzeichnis

absolute Klassenhäufigkeit 28
absolute Summenhäufigkeit 29
absolutes Kollektiv 34
Amplitudenkollektiv 63, 140
Amplitudenspektrum 36
arithmetischer Mittelwert 33
Ausgleichsrechnung
-, Dehnungswöhlerlinien 74, 147
-, Rißwachstumskurven 99, 154
-, Wöhlerlinie 41, 142
Auswertung im Amplitudenbereich 19
-, Einparametrische Zählverfahren 20
-, -, Klassendurchgangsverfahren 20
-, -, Spannenverfahren 21
-, -, Zählung der Spitzenwerte 22
-, -, Spitzenwertverfahren I 22
-, -, Spitzenwertverfahren II 22
-, -, Spitzenwertverfahren III 22
-, -, Zählung der Schwingbreiten 21
-, -, Zählung der Überschreitungshäufigkeiten 20
-, Zweiparametrische Zählverfahren 22
-, -, Zählverfahren „Rain Flow" 24
-, -, Zählverfahren „Volle Zyklen" 24
-, -, Zweiparametrische Spitzenwertzählung 22
Auswertung im Frequenzbereich 35
-, Amplitudenspektrum 36
-, spektrale Leistungsdichte 36
Auswertung im Zeitbereich 35

Beanspruchungsfunktion, s. Funktion
Beanspruchungsgruppe 57, 64, 65
Beanspruchungskollektiv 9, 139
-, Kollektivendwert 29
-, Kollektivgrößtwert 29
-, Kollektivkleinstwert 29
-, Kollektivumfang 29
-, Lastzyklenzahl 30
-, Spannungsamplitude 51
-, Spannungsverhältnis 16
-, Stufenzahl 51
Berechnung der Lebensdauer 51

-, Nennspannungskonzept 38, 146
-, -, elementare Miner-Hypothese 53
-, -, modifizierte Miner-Hypothese 53
-, -, originale Miner-Hypothese 52
-, Kerbgrundkonzept 80, 151
-, Kerbspannungskonzept 88
-, Strukturspannungskonzept 89
Berechnung der Rißlänge 101, 160
-, lineare Berechnung 101
-, -, Einstufenbelastung 101
-, -, nichteinstufige Belastung 102
-, nichtlineare Berechnung 103
Betriebsbeanspruchung 17, 139
-, instationäre 17
-, -, stoßartige 17
-, -, zufallsartige 17
-, stationäre 17
-, -, periodische 17
-, -, zufallsartige 17
Betriebsbedingungen 18
-, Belastungszustände 18
-, Betriebszustände 18
-, Einsatzzyklen 18
Betriebsfestigkeit 9

Crestfaktor 34

Dauerfestigkeit 45, 143
Dehnungsamplitude 70
Dehnungswöhlerlinie 73, 147
-, elastischer Anteil 73, 74
-, plastischer Anteil 73, 75
Dialog
-, Dauerfestigkeit
-, -, Locativerfahren 176
-, -, Treppenstufenverfahren 173
-, Dehnungswöhlerlinie
-, -, statistische Auswertung 183
-, -, Versuchsauswertung 181
-, drucken 212
-, Kerbgrundbeanspruchung 186
-, Kollektive 166
-, laden 212

-, Lebensdauer
-, -, Kerbgrundkonzept 191
-, -, Nennspannungskonzept 178
-, Paris-Erdogan-Gleichung
-, -, statistische Auswertung 198
-, -, Versuchsauswertung 195
-, Rißwachstum 200
-, Rißwachstumskurve 195
-, Schädigungskennwert-Wöhlerlinie 188
-, speichern 214
-, Wöhlerlinie 170
-, Zeitfestigkeit 170
DINVENV 1993 - Stahlbau 58
-, Ermüdungsfestigkeitskurve 59
-, Ermüdungsfestigkeitsnachweis 60
-, periodische Beanspruchung 60
-, Teilsicherheitsbeiwert 59
DIN 4132 - Kranbahnen 65
DIN15018 - Krane 63
-, Beanspruchungsgruppe 57, 64, 65
-, -, Amplitudenkollektiv 63
-, -, Kerbfall 63
-, Zulässige Spannung 63
Diskretisierung 19
drucken, Diagramm 215
-, Protokoll 212

Einparametrische Zählverfahren 20
elementare Miner-Hypothese 53
Entfestigung 71
erfaßte Wahrscheinlichkeit 32
Ermüdungsfestigkeit 9
erweiterte Forman-Gleichung 100

Forman-Gleichung 100
Funktion, deterministische 16
-, -, Maximum 16
-, -, Minimum 16
-, -, Schwingbreite 16
-, -, Spannungsverhältnis 16
-, random- 16
-, regellose 16
-, stochastische 16

Geometrieeinfluß 158
Gesamtkollektiv 34
Grafik, Dehnungswöhlerlinie 185
-, Kollektive 168
-, Wöhlerlinie 172
-, Zeitfestigkeit 172
-, ZSD-Kurve 185

Häufigkeitsdichte 28
Häufigkeitsfunktion 29
Häufigkeitsverteilung 28
-, absolute Klassenhäufigkeit 28
-, absolute Summenhäufigkeit 29
-, erfaßte Wahrscheinlichkeit 32
-, Häufigkeitsdichte 28
-, Häufigkeitsfunktion 29
-, meßtechnisch erfaßte Wahrscheinlichkeit 32
-, relative Klassenhäufigkeit 30
-, relative Summenhäufigkeit 32
-, Verteilungsdichte 31
-, Verteilungsfunktion 32
Hauptfenster 164

Incremental-Step-Test 73
Installation 136
Integrationsverfahren 162

Kerbfall 64, 65
Kerbgrundbeanspruchung 150
Kerbgrundkonzept 13, 80, 147
Kerbspannungskonzept 13, 88
Klassen 19
-, Klassengrenze 20
-, Klassenmitte 20
-, Randklasse 19
Klassendurchgangsverfahren 20
Klassierverfahren, s. Auswertung
Kollektivendwert 29
Kollektivgrößtwert 29
Kollektivkleinstwert 29
Kollektivumfang 29
Korrelationskoeffizient 34

Sachwortverzeichnis

Lastzyklenzahl 30
Lebensdauer, Kerbgrundkonzept 80, 151
-, Nennspannungskonzept 52, 146
Locativerfahren 49

meßtechnisch erfaßte Wahrscheinlichkeit 32
modifizierte Miner-Hypothese 53

Nennspannungskonzept 11, 38, 141
numerische Integration 162

originale Miner-Hypothese 52

Paris-Erdogan-Gleichung 13, 97, 100, 153
Probenform 203
Probitverfahren 47
Programmbedienung 164
Programmbeschreibung 136
Protokoll 211
relative Klassenhäufigkeit 30
relative Summenhäufigkeit 32
relativer Häufigkeitsanteil 35
relativer Zeitanteil 34
relatives Kollektiv 34
Richtlinien für Maschinenbauteile 54
-, Bauteilbetriebsfestigkeit 55
-, Beanspruchung 54
-, -, Beanspruchungsgruppe 57, 64, 65
-, -, Kollektivbeiwert 55
-, Wöhlerlinie 57
-, -, Anisotropiefaktor 55
-, -, Kerbwirkungszahl 55
-, -, mehrachsiger Spannungszustand 55
-, -, Mittelspannungsfaktor 55
-, -, Randschichtfaktor 55
-, -, Rauhigkeitsfaktor 55
-, -, Schweißverbindung 55
-, -, technologischer Größeneinflußfaktor 55
Rißlänge 13

Rißlängenmessung 97
-, diskrete Rißmeßverfahren 98
-, Potentialmethode 97
-, -, Gleichstrom- 97
-, -, Wechselstrom- 98
Rißöffnungsart 91
-, Modus I 91
-, Modus II 91
-, Modus III 91
Rißwachstumsgleichung 97, 160
-, erweiterte Forman-Gleichung 100, 161
-, Forman-Gleichung 100, 161
-, Paris-Erdogan-Gleichung 97, 153
-, -, Ausgleichsrechnung 99
-, -, Exponent- 99
-, -, Konstante- 99
Rißwachstumskonzept 11, 13, 153
Schädigungskennwert 70, 77
-, Bergmann 77
-, Haibach, Lehrke 77
-, Smith, Watson, Topper 77
-, Wöhlerlinie 77, 151

Spannenverfahren 21
Spannungsamplitude 51
Spannungsintensitätsfaktor 92
-, Näherungslösung 93
-, -, Bueckner 95
-, -, Chell 95
-, -, FE-Berechnung 96
-, Standardfälle 92
-, zyklischer 97
-, -, ΔK_0 97
-, -, ΔK_c 97
Spannungsverhältnis 16, 156
spektrale Leistungsdichte 36
speichern 214
Spitzenwertverfahren I 22
Spitzenwertverfahren II 22
Spitzenwertverfahren III 22
Standardabweichung 34
Statistische Kennwerte 33
-, arithmetischer Mittelwert 33
-, Crestfaktor 34

-, Korrelationskoeffizient 34
-, Standardabweichung 34
-, Varianz 34
Strukturspannungskonzept 89
Stufenzahl 51
Systemvoraussetzungen 137

Teilkollektiv 34
Teilsicherheitsbeiwert 59
Treppenstufenverfahren 45, 143

Überlagerung 34
-, absolutes Kollektiv 34
-, Gesamtkollektiv 34
-, relativer Häufigkeitsanteil 35
-, relativer Zeitanteil 34
-, relatives Kollektiv 34
-, Teilkollektiv 34

Varianz 34
Verfestigung 71
Verteilungsdichte 31
Verteilungsfunktion 32, 141

Wöhlerlinie 9, 11, 38, 141
-, Dauerfestigkeit 45, 143
-, -, Locativerfahren 49, 144
-, -, Probitverfahren 47
-, -, Treppenstufenverfahren 45, 143
-, Geradengleichung 40
-, -, Wöhlerlinienexponent 40

-, Wöhlerliniengleichung 39, 141
-, -, Kliemand 39
-, -, Stüssi 39
-, Zeitfestigkeit 41, 141
-, -, Ausgleichsrechnung 41, 141
-, -, Bruchlastzyklenzahl 41
-, -, Spannungshorizont 44
Wöhlerlinienexponent 40
Wöhlerliniengleichung 39

Zählung der Schwingbreiten 21
Zählung der Spitzenwerte 22
Zählung der Überschreitungshäufigkeiten 20
Zählverfahren „Rain Flow" 24
Zählverfahren, s. Auswertung
Zählverfahren „Volle Zyklen" 24
zweiparametrische Spitzenwertzählung 22
zweiparametrische Zählverfahren 22
zyklische Spannungs-Dehnungskurve 70, 72, 76, 148
-, elastische Dehnungsamplitude 70
-, Entfestigung 71
-, Gesamtdehnungsamplitude 70
-, Incremental-Step-Test 73
-, plastische Dehnungsamplitude 70
-, Verfestigung 71
zyklischer Spannungsintensitätsfaktor 155